3.2

3.4

3.2 绘制几何图形
使用简单的几何工具快速制作效果出众的矢量图标。
3.4 绘制机器人图标
展示几何工具在标志设计中的应用技巧。

3.6

4.2

3.6 绘制大众标志
标志设计中对图形的快速切割和删减是 AI 的一大强项。

4.2 应用"钢笔工具"绘制图形
AI 软件核心工具的使用技巧和详细解读。

4.4 绘制矢量标志
利用 AI 进行规律切割和快速填色的方法和技巧。

4.4

4.6　绘制卡通人物

矢量卡通人物绘制的详细流程和技巧。

5.2　金币质感效果

在 AI 中快速提升作品质感的不二法门。

5.4　图标效果

质感细腻的图标制作技巧将是提升 AI 操作技能的侧重点。

5.6　钢铁文字效果

针对特殊文字的另类效果添加技巧。

6.2 色板配色

利用 AI 自身色板功能的快速配色技巧。

6.4 图像描摹

提高工作效率的图像描摹技巧将是 AI 进阶的必经之路。

7.2 水滴效果

解读如何使用 AI 再现晶莹剔透的水滴效果。

7.4 时尚插画

效果出众的时尚插画详细制作流程。

9.1　花卉 / AI 绘制写实类插图的精美之作。

9.2　玻璃质感 / 效果出众、方法简单的 AI 超写实绘画技巧。

9.3　蔬菜 / 逼真的矢量蔬菜，效果惊人的 AI 超写实作品。

9.4 提琴

触动人心的矢量作品，让人仿佛能感受到
音乐的力量。

10.1 插画风格汽车

超写实矢量作品的详细绘制流程，让你领会 AI 高手制作技巧。

10.2 变形金刚

震撼人心的矢量视觉精品，少有的 AI 矢量顶尖作品。

矢量的力量

Illustrator 创作启示录

创作启示录

赵君韬 李晓艳 编著

清华大学出版社

北京

内 容 简 介

本书由基础知识、知识拓展、技巧提示、实例设计分析、技术概述、绘制过程、举一反三等多个部分组成。章节的安排采用了"软件概述——基础工具——提升作品——终极矢量作品"的方式。"软件概述"部分针对软件的整个功能布局进行介绍,侧重于介绍工作应用方面的相关知识点,让读者能够迅速了解整个软件的大概功能和在行业内的作用。"基础工具"部分则按照实际操作顺序依次介绍相关知识点,如第3章中的"矢量绘画五步走"小节就是按照这种思路编写,有利于读者理解该软件在实际工作中经常涉及的操作工具和技巧。

如何能够使初学者通过自学迅速摆脱初级阶段并达到高级水平,是本书的重点,在"提升作品"和"终极矢量作品"部分就是通过各种工具使用技巧和案例详解,不但了解行业内设计师的"秘籍",且完美阐述了行业内不公开的秘密——"矢量超写实"绘制技巧。

图书在版编目(CIP)数据

矢量的力量——Illustrator创作启示录 / 赵君韬,李晓艳 编著. —北京:清华大学出版社,2014

ISBN 978-7-302-35660-8

Ⅰ.①矢… Ⅱ.①赵… ②李… Ⅲ.①图形软件 Ⅳ.①TP391.41

中国版本图书馆CIP数据核字(2014)第053002号

责任编辑:李 磊
封面设计:王 晨
责任校对:邱晓玉
责任印制:李红英

出版发行:清华大学出版社
   网　　址:http://www.tup.com.cn,http://www.wqbook.com
   地　　址:北京清华大学学研大厦 A 座　　　邮　　编:100084
   社 总 机:010-62770175　　　　　　　　　邮　　购:010-62786544
   投稿与读者服务:010-62776969,c-service@tup.tsinghua.edu.cn
   质 量 反 馈:010-62772015,zhiliang@tup.tsinghua.edu.cn
印 装 者:北京亿浓世纪彩色印刷有限公司
经　　销:全国新华书店
开　　本:190mm×260mm　印　张:23　插页:4　字　数:680千字
    (附 DVD 光盘 1 张)
版　　次:2014 年 5 月第 1 版　　　　　　　　印　　次:2014 年 5 月第 1 次印刷
印　　数:1~3000
定　　价:99.00 元

产品编号:057366-01

前言 Preface

  Adobe Illustrator 作为全球最著名的矢量图形软件，被广大图形设计师、专业插画师、印刷制版设计师和网页制作设计师所推崇。Adobe Illustrator 已经完全占据专业印刷出版领域。1985 年，Adobe 公司在由苹果公司 LaserWriter 打印机带领下的 PostScript 桌面出版革命中扮演了重要的角色，公司名称 "Adobe"来自于奥多比溪：这条河在公司原位于加州山景城的办公室不远处。2005 年 4 月 18 日，Adobe 公司以 34亿美元的价格收购了原先最大的竞争对手 Macromedia 公司，这一收购极大丰富了 Adobe 的产品线，提高了其在多媒体和网络出版业的能力，这宗交易在 2005 年 12 月完成。2006 年 12 月，Adobe 宣布全线产品采用新图示，以彩色的背景配搭该程序的简写，例如：蓝色配搭 Ps 是 Photoshop，感觉像是元素符号，引起社会极大反响。2012 年，Adobe 公司推出 Adobe CS6 套装。2013 年 4 月 30 日，Adobe 公司宣布不再销售盒装版 CS 和 Acrobat，专注于在线的 Creative Cloud 云服务。也就是说，CS6 将是 Adobe 最后销售的实体版本。

  Adobe Illustrator CS6 软件使用 Adobe Mercury 支持，能够高效、精确处理大型复杂文件。Adobe Illustrator CS6 全新的追踪引擎可以快速地设计流畅的图案以及对描边使用渐变效果，快速又精确地完成设计，其强大的性能系统提供各种形状、颜色、复杂效果和丰富的排版，可以自由尝试各种创意并传达您的创作理念。

  Adobe Illustrator CS6 比 Adobe Illustrator CS4 和 Adobe Illustrator CS5 在增加大量功能和问题修复之外，最主要的是通过 Adobe Mercury 实现 64 位支持，优化了内存和整体性能，可以提高处理大型、复杂文件的精确度、速度和稳定性，实现了原本无法完成的任务。

  本书是根据工作流程顺序讲解，同时结合 Adobe Illustrator CS6 来详细介绍设计行业中的 Adobe Illustrator CS6 使用技巧。本书不仅适合初学者，也适合有一定基础的中级读者。读者可根据自己的掌握程度来选择自己需要阅读的章节。本书结构分为三大部分。

  第 1~4 章：初级操作必备——基础工具全接触。这几章着重介绍了有关 Adobe Illustrator 的基础知识、基本工具和面板，并在各章对应单个知识点设置相关案例练习。

  第 5~7 章：中级升级必备——如何提升作品质感。这几章着重介绍了有关 Adobe Illustrator 的中级操作知识和技巧，包括渐变调整、文字操作、位图编辑、配色技巧、混合渐变技巧等。

  第 8~10 章：高级突破必备——质感的力量。这几章着重介绍了有关 Adobe Illustrator 的高级操作知识技巧，包括网格工具使用、质感的表现以及如何制作写实物体的技巧等。

  本书由赵君韬、李晓艳编著，作者常年工作在设计教育第一线，书中不仅凝结了作者多年教学工作的心得，还包含着对初学者如何快速提升水平的思考。在成书的过程中，参与编写的还有都莎莎、胥金路、杨健、赵赫、杨思雨、杨瑞、李仪、周影、黄平平、靖培培等人，是他们让作者认识到人的潜能是无限的，操作能力可以通过合理的训练短期达到很高的程度。

  通过阅读本书，真诚希望读者能够从中学习到帮助自己提高的知识。书中不但凝结了作者的丰富经验，还集纳了许多国际顶尖电脑艺术作品水平的精美图片，能让读者在享受丰富视觉大餐的同时，激发浓厚的学习兴趣，更加深入地投入学习中。

编 者

目录 Contents

第 3 章　基本工具全接触　▸▸|

第 4 章　路径的秘密　▸▸|

第 5 章 提升作品质感的法宝

第 6 章 设计配色的技巧

第9章 写实的力量

第10章 终极矢量效果秀

第 1 章

无与伦比的 Adobe Illustrator CS6

初识 Adobe Illustrator CS6 总会让人不知所措,本章将介绍这款风靡全球的设计软件为何如此吸引设计师、它神秘的特点是什么、它擅长于哪些领域以及该版本的新增功能有哪些令人兴奋的更新等内容。

本章重点

- 新手快速入门

- Adobe Illustrator 所具备的特色

- 桌面图形之矢量和位图的关系

- Adobe Illustrator CS6 的新功能

Adobe Illustrator 是美国 Adobe 公司推出的专业矢量绘图工具。Adobe Illustrator 是出版、多媒体和在线图像的工业标准矢量插画软件。无论是生产印刷出版线稿的设计者和专业插画家、生产多媒体图像的艺术家，还是互联网网页或在线内容的制作者，都会发现 Adobe Illustrator 不仅仅是一个艺术产品工具，同时可以为线稿提供无与伦比的精度和控制能力，适合生产任何小型设计到大型的复杂项目。

Adobe Illustrator 作为全球最著名的图形软件，以其强大的功能和便于用户操作的界面已占据全球矢量编辑软件的绝对地位。据不完全统计，全球有 67% 的设计师在使用 Illustrator 进行艺术设计！尤其基于 Adobe 公司专利的 PostScript 技术的运用，使 Illustrator 已经完全占领专业的印刷出版领域。

2002 年，Adobe Illustrator CS 发布，被纳入 Creative Suite 套装后不用数字编号，而改称 CS 版本，并同时拥有 Mac OS X 和微软视窗操作系统两个版本。

2012 年 4 月 26 日，Adobe 正式宣布了新一代面向设计、网络和视频领域的终极专业套装 Creative Suite 6(简称 CS6)，包含 4 大套装和 14 个独立程序。如图 1-1 所示为 Adobe Creative Suite 6 页面。与此同时，Adobe 还发布了订阅式云服务 "Creative Cloud"（创意云），可让用户下载安装任何一款 CS6 程序。CS6 软件包括新的 Adobe Mercury Performance System，该系统具有 Mac OS 和 Windows 的本地 64 位支持，可执行打开、保存和导出大文件以及预览复杂设计等任务。支持 64 位的好处是，软件可以有更大的内存支持，运算能力更强。还新增了不少功能和对原有的功能进行增强。全新的图像描摹，利用全新的描摹引擎将栅格图像转换为可编辑矢量图形。无需使用复杂控件即可获得清晰的线条、精确的拟合及可靠的结果。新增的高效、灵活的工具，借助简化的界面，减少完成日常任务所需的步骤。体验图层名称的内联编辑、精确的颜色取样以及可配合其他 Adobe 工具顺畅调节亮度的 UI。另外，还有高斯模糊增强功能、颜色面板增强功能、变换面板增强功能和控制面板增强功能等。

[➡ 图 1-1

1.1　新手快速入门

Adobe Illustrator 作为最著名的矢量绘图软件，以其方便快捷的绘图方式和无损失的图像显示而著称。Adobe Illustrator 是针对于锚点进行编辑和修改，从而更改图形外观的软件。所以 Adobe Illustrator 的作品通过特殊视图会发现由许多的节点和线条组成。如图 1-2 所示为 Adobe Illustrator 正常预览模式下作品的显示状态；图 1-3 所示为选择图形后的选择状态，会发现作品由非常多的路径和节点构成；图 1-4 所示为采用 Adobe Illustrator 的轮廓查看模式，会发现构成作品的路径线条状态。如图 1-5~ 图 1-7 所示的分别为另一幅图形的正常预览模式、选择状态和轮廓查看模式。

[➡ 图 1-2

[➡ 图 1-3

[➡ 图 1-4

[➡ 图 1-5

[➡ 图 1-6

[➡ 图 1-7

1.2　Adobe Illustrator 所具备的特色

　　Adobe Illustrator 所具备的特色主要来源于它的矢量特点。接下来将针对 Adobe Illustrator 的特点进行讲解。

1.2.1　矢量图形

　　Adobe Illustrator 是一款矢量软件，所以 Adobe Illustrator 的主要功能将围绕矢量图形的特点进行设置。基于矢量绘制原理来绘制图形的 Adobe Illustrator 具备矢量的特色信息。由于采用矢量这一特殊的绘制图像的方法，使得 Adobe Illustrator 可以在任意尺寸和空间上随意缩放图形大小，同时保持着图形的高清晰度。

1.2.2　绘图工具和控制项

　　Adobe Illustrator 的"钢笔工具"是绘制矢量贝塞尔路径的主要工具，也是 Adobe Illustrator 的主要绘图工具。"钢笔工具"专门用于绘制贝塞尔路径，由于具有极其方便的操作方式，使得很多设计师都使用该工具来手绘图形,从而得到优美的作品。Adobe Illustrator CS6 的更新功能使得"钢笔工具"比以往更快速、流畅地在 Illustrator 中绘图,以更容易、更有弹性的方式选取锚点,加上作业效能的提升以及全新的"橡皮擦工具",均可帮助用户有效地以直觉化方式建立图稿。

1.2.3 即时色彩 »

Adobe Illustrator 的色彩编辑方式极其方便,同时为设计师考虑的便捷的搭配颜色的操作方式很受用户欢迎。Adobe Illustrator 中关于颜色的编辑方式有很多种,其中较为特殊的是使用"即时色彩"探索、套用和控制颜色变化;"即时色彩"可让用户选取任何图片,并以互动的方式编辑颜色,而能立即看到结果。使用"色彩参考"面板以快速选择色调、色相或调和色彩组合。

综合以上的几个特点,Adobe Illustrator 的矢量绘制特点使得 Adobe Illustrator 的设计作品可以用在任何尺寸的桌面出版类型。无论是传统的印刷品还是最新的电子数码产品,Adobe Illustrator 的设计作品都可以完美地为其输出图形图像作品,同时保持清晰的图片质量。这也是 Adobe Illustrator 完全占领专业的印刷出版领域的原因。Adobe Illustrator 的绘图工具可以非常方便地创建贝塞尔路径,所以很多的数码插画师会利用这一便利的功能来提高自己作品的制作效率。而 Adobe Illustrator 也在插画行业拥有一定的位置。Adobe Illustrator 的实时填色可以非常方便地为作品添加漂亮的配色,同时便利的更改颜色功能也是很多设计师选择 Adobe Illustrator 的原因之一。所以为作品提供更多的配色的可能性是 Adobe Illustrator 的特色。

1.2.4 Adobe Illustrator 的用途 »

根据上述内容会发现 Adobe Illustrator 非常适合数码设计师和电脑绘图员等方面的工作。目前无论是生产印刷出版线稿的设计者、专业插画师、生产多媒体图像的艺术家还是互联网页或在线内容的制作者,都经常利用 Adobe Illustrator 来制作作品。Illustrator 不仅仅是一个艺术产品工具,它能够胜任从小型设计到大型工程的大部分复杂项目。由于 Illustrator 和 Photoshop 同属于 Adobe 公司,所以两个软件在互相联合制作和导入导出工作时无缝联合的程度更加紧密,更加安全可靠。所以,目前市面上很多设计师都在使用 Adobe Illustrator 软件来制作诸如画册、包装盒、海报招贴、便签、明信片、名片制作、网站设计甚至是影视片头。而行业的覆盖面更扩大到了社会上的各个角落,可以这样说,只要涉及到电脑艺术、电脑绘画、电脑输出的行业及工作,都会用到 Illustrator。

如图 1-8~ 图 1-12 所示分别为海报设计、标志设计、VI 设计、名片设计和网页设计。

[➡ 图 1-8

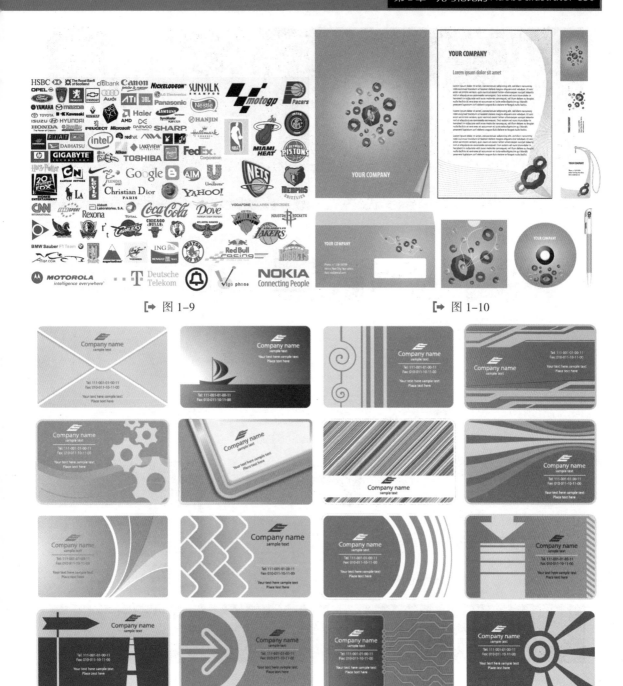

图 1-9

图 1-10

图 1-11

[→ 图 1-12

1.3　桌面图形之矢量和位图的关系

在桌面图形设计软件中，图片类型分为两种类型，即位图图像和矢量图形。

1.3.1　矢量图形　»

矢量图形是使用直线和曲线来描述图形的，这些图形的元素是一些点、线、矩形、多边形、圆和弧线等，它们都是通过数学公式计算获得。同时，图形也包含了色彩和位置信息。由于矢量图形可通过公式计算获得，所以矢量图形文件体积一般较小。可以把矢量图形理解为一个"形状"，比如一个圆、一个抛物线等。矢量图形与分辨率无关，无论如何更改图形的大小都不会影响画面的清晰度和平滑性，但不易制作色调丰富的图像。矢量图形最大的优点就是无论放大、缩小或旋转等都不会失真，但缺点是难以轻松表现色彩层次丰富的图像效果。

　　如图 1-13~ 图 1-17 所示的矢量图形中，就是利用大量的点连接成曲线来描述图形的轮廓线，然后根据轮廓线，在图形内部填充一定的色彩。

[➡ 图 1-13

[➡ 图 1-14

[➡ 图 1-15

[➡ 图 1-16

[➡ 图 1-17

　　在进行矢量图形的编辑时，定义的是描述图形形状的线和曲线的属性，这些属性将被记录下来。对矢量图形的操作，例如移动、重新定义尺寸、重新定义形状，或者改变矢量图形的色彩，都不会改变矢量图形的显示品质。也可以通过矢量对象的交叠，使得图形的某一部分被隐藏，或者改变对象的透明度。矢量图形是"分辨率独立"的，这就是说，当显示或输出图形时，图形的品质不受设备的分辨率的影响。

　　如图 1-18 和图 1-19 所示，放大后的矢量图形可以看到图形的品质没有受到影响。

[➡ 图 1-18

[➡ 图 1-19

　　所以，矢量图形常用于制作标志图形、工程制图等表达比较小而精确的图形。由于移动、缩放、旋转、拷贝、改变属性都很容易，一般可用来做成一个图库，方便以后随时调用。

1.3.2 位图图像 ≫

　　位图图像的最小单位是像素。也就是说，在位图软件中绘制的图像，当把图像放大到一定程度时，会看见一个个的小方框，那就是组成美丽图像的最小单位——像素。

　　像素是描述图像大小的依据。每个像素都是以独立的小方格，在固定的位置上显示出单一的色彩值。屏幕上所显示的图像便是利用这些小方格一点点模拟出来的。在更高分辨率下观看图像时，每一个小点看上去就像是一个个马赛克色块。

　　如图 1-20~ 图 1-22 所示的是放大后的位图图像效果。

[➡ 图 1-20

[➡ 图 1-21

[➡ 图 1-22

　　在进行位图图像编辑时，其实是在定义图像中的所有像素点的信息，而不是类似矢量图形中只需要定义图形的轮廓线段和曲线。所以，位图图像更多地应用在制作图片中，如图像合成等。

　　Adobe 公司的位图图像软件 Photoshop 是当今软件行业中的佼佼者，对于位图的处理得到了各个行业的认同。同时对于矢量图形的支持也是非常不错的。

　　如图 1-23 所示为矢量图形和位图图像的细节对比。图中是相同的图片内容，但图片类型不同，从图中可以看到矢量图形在细节显示方面的清晰度要优于位图图像，而位图图像在细节显示的丰富性上则要优于矢量图形。

[➡ 图 1-23

1.4 Adobe Illustrator CS6 的新功能

Adobe Illustrator CS6 软件使用 Adobe Mercury 支持，能够高效、精确地处理大型复杂文件。Adobe Illustrator CS6 全新的追踪引擎可以快速设计流畅的图案以及对描边使用渐变效果，从而快速、精确地完成设计，其强大的性能系统提供各种形状、颜色、复杂效果和丰富的排版，可以自由尝试各种创意并传达用户的创作理念。

Adobe Illustrator CS6 除了比 Adobe Illustrator CS4 和 Adobe Illustrator CS5 增加大量功能和问题修复之外，最主要的是通过 Adobe Mercury 实现 64 位支持，优化了内存和整体性能，可以提高处理大型、复杂文件的精确度、速度和稳定性，实现了原本无法完成的任务。

1.4.1 便捷的描边渐变

由于 Adobe Illustrator CS6 进行了重新编码，所以增加了描边渐变的功能，弥补了一直以来常见的矢量软件对路径描边不能添加渐变的问题，从此对于做出如图 1-24 所示的效果真是易如反掌。在"渐变"面板中增加了对描边渐变的控制参数。

图 1-24

1.4.2 类似书法的笔触效果

在 Adobe Illustrator CS6 中可以通过调节"描边"面板中的宽度配置文件为描边设置不同的描边粗细，如图 1-25 所示。

[➡ 图 1-25

1.4.3 方便的图案设置 »

　　图案设置的更新应该是 Adobe Illustrator CS6 最具有代表性的改进。Adobe Illustrator CS6 为自定义图案增加了面板来设置图案，可以轻松创建"四方连续填充"。在"色板"中双击一个图案就可以打开"图案选项"面板，通过它可以快速创建出无缝拼贴的效果，还有足够多的参数可以调整。如图 1-26 所示为基本图案单位，如图 1-27 所示为将该图案基本单位设置为图案后的效果，如图 1-28 和图 1-29 所示为不同参数设置的图案效果。

[➡ 图 1-26

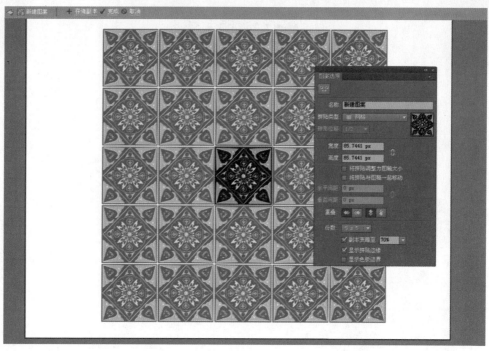

[➡ 图 1-27

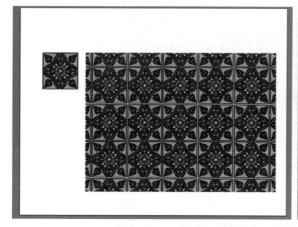

[➡ 图 1-28

[➡ 图 1-29

1.4.4 功能强大的图像描摹 »

  Adobe Illustrator 从 CS2 版本开始就增加了实时描摹功能，一直到 CS6 功能和精度都在不断的强化。升级后的 CS6 版本在"窗口"菜单下增加了一个"图像描摹"面板，将以前描摹选项中的复杂参数简单直观化，让用户能够快速得到自己想要的效果。但效果如何还需要设计师自己根据经验进行手工设置，如图 1-30 所示。

[➡ 图 1–30

1.4.5 可改变的画布、用户界面颜色 》》

　　在 Adobe Illustrator CS6 的"首选项"对话框中可以调整"用户界面"相关参数，如"画布颜色"等。如图 1-31 所示为不同亮度的用户界面，如图 1-32~ 图 1-34 所示为不同颜色的界面效果。

[➡ 图 1–31

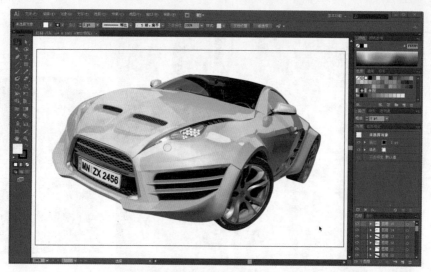

➡ 图 1-32

➡ 图 1-33

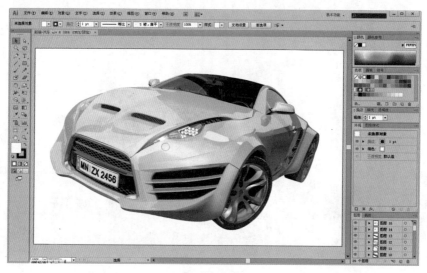

➡ 图 1-34

1.4.6　面板名称的修改　»

　　目前 Adobe Illustrator CS6 面板都采用"内联编辑"。以"图层"面板为例，直接在图层名字上双击即可修改图层名称（以前是通过双击图层弹出对话框来修改），如图 1-35 所示。

[➡ 图 1-35

1.4.7　增强的高斯模糊预览选项　»

　　执行"效果"/"模糊"/"高斯模糊"命令，在弹出的对话框中增加了"预览"选项，可以直接看到效果。同时，由于软件性能加强，模糊计算速度也变快了许多，如图 1-36 所示。

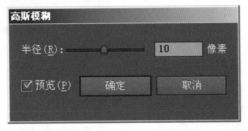

[➡ 图 1-36

1.4.8　直观的颜色代码　»

　　"颜色"面板中的 RGB 模式（WebRGB 模式）增加了颜色代码名称，这样在用户选择一种 RGB（WebRGB）颜色后，可以直接得到该颜色的代码，从而复制到其他软件中，如图 1-37 所示。

[➡ 图 1-37

1.4.9　增强的"变换"面板　»

　　"变换"面板中增加了"缩放描边和效果"和"对齐像素网格"的控制选项，可随时供用户使用，如图 1-38 所示。

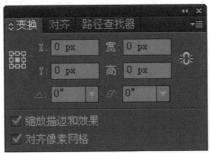

[➡ 图 1-38

1.4.10 增强的"字符"面板 »

"字符"面板中增加了"文字大小写"和"上标下标"按钮。
之前版本需要在菜单命令中调取，如图 1-39 所示。

1.4.11 方便调取的隐藏工具 »

目前 Adobe Illustrator CS6 的隐藏工具可以纵向放置，这对于
一些快捷键不熟，或者把任何工具都随意放置的用户来说，可以
节省不少空间，如图 1-40 所示。

1.4.12 便于整理的工作界面 »

工作区中增加了"重置"命令，可以很方便地定义自己存储
的工作界面，如图 1-41 所示。

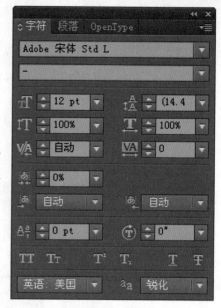

[➡ 图 1-39

[➡ 图 1-40

[➡ 图 1-41

1.4.13 增强的"透明度"面板 »

"透明度"面板中增加了"制作蒙版"（释放不透明蒙版）按钮，不需要再进入隐藏菜单中选择，
如图 1-42 所示。

[➡ 图 1-42

第2章
开始学习前的准备

本章将向初学者介绍在开始学习 Adobe Illustrator CS6 之前需要掌握的知识，如必须要掌握的新建技巧，如何选择正确的颜色模式，如何将自己的设计作品正确输出等。

本章重点

- 矢量图形的好处

- 认识工作界面和新建文档的设置

- 设置自己的工作区窗口

- 如何选择颜色模式和"颜色"面板

- 建立良好的文件保存习惯

- 正确输出自己的作品

2.1 矢量图形的好处

　　矢量图形是根据几何特性来绘制图形，矢量可以是一个点或一条线，矢量图只能靠软件生成，文件占用空间较小，因为这种类型的图形文件包含独立的分离图形，可以自由无限制地重新组合。它的特点是放大后图形不会失真，和分辨率无关，适用于图形设计、文字设计、标志设计和版式设计等。

　　矢量文件中的图形元素称为对象。每个对象都是一个自成一体的实体，它具有颜色、形状、轮廓、大小和屏幕位置等属性。既然每个对象都是一个自成一体的实体，就可以在维持它原有清晰度和弯曲度的同时，多次移动和改变它的属性，而不会影响其他对象。这些特征使基于矢量的程序特别适用于图例和三维建模，因为它们通常要求能创建和操作单个对象。基于矢量的绘图同分辨率无关，这意味着它们可以按最高分辨率显示到输出设备上。

　　矢量图形具有如下 4 个优点。

　　✱ 文件小：文件中保存的是线条和图块的信息，所以矢量图形文件与分辨率和图形大小无关，只与图形的复杂程度有关。整个文件所占的存储空间较小。

　　✱ 图形可自由缩放：对图形进行缩放、旋转或变形操作时，不会产生锯齿效果，使得矢量图形能够完全胜任标志作品的特殊要求。

　　✱ 可采取高分辨率印刷：矢量图形文件可以在任何输出设备打印机上以打印或印刷的最高分辨率进行打印输出。

　　✱ 细腻的颜色过渡：早期版本的矢量软件由于硬件支持和图形显示等方面的问题，造成最大的缺点就是难以表现色彩层次丰富的逼真图像效果，但新版的矢量软件可以弥补这方面的问题，在本书中将有详细的介绍。

2.2 认识工作界面和新建文档的设置

　　启动 Adobe Illustrator CS6 后，启动画面出现，该画面不再和以往一样，显示出 Adobe 公司针对 Illustrator CS6 软件定位的改变。如图 2-1 所示为启动界面；图 2-2 所示为默认工作界面。

图 2-1

[➡ 图 2-2

2.2.1 认识工作界面 »

如图 2-3 所示为工作界面介绍。

[➡ 图 2-3

菜单栏

在菜单栏中包含 Adobe Illustrator CS6 所有的菜单命令。如图 2-4 所示为菜单界面，菜单命令包含以下 4 种类型。

✦ 打开对话框设置命令：在名称后有 3 个小点，激活后会出现一个对话框来进行设置。

✦ 打开下拉菜单：名称后有三角形，激活后会有下拉菜单出现。

✦ 直接执行命令：激活后会直接执行而无任何提示。

✦ 快捷键：在常用菜单命令后会提示该命令的常用快捷键，修改快捷键方式可执行"编辑"/"键盘快捷键"命令（Alt+Shift+Ctrl+K），然后在打开的对话框中进行设置。如图 2-5 所示为"键盘快捷键"对话框，用户可在该对话框中修改默认的键盘快捷键。

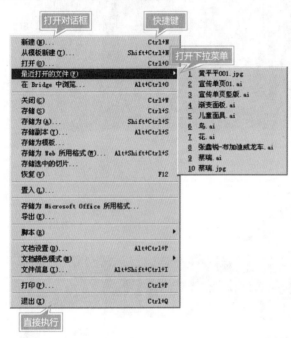

图 2-4　　　　　　　　　　　　　　　　图 2-5

文档名称

在文件窗口左上角显示当前打开的工作文档信息，包含文档名称、视图比例、颜色模式和预览方式等。如图 2-6 所示为文档名称。Adobe Illustrator CS6 的工作界面中支持同时打开多个文档，未激活的文档显示为灰色，激活的文档显示为白色。如图 2-7 所示为打开的多个文档。

鸟.ai @ 200% (RGB/预览) ×

图 2-6

鸟.ai @ 200% (RGB/预览) ×　花.ai @ 25% (CMYK/预览) ×　儿童面具.ai @ 50% (CMYK/预览) ×

图 2-7

控制栏

在控制栏中显示辅助选项。根据选择对象的不同将显示不同的控制选项。如图 2-8 所示为选择对象时的控制栏状态；图 2-9 所示为选择符号图形后的控制栏状态；图 2-10 所示为选择位图后的控制栏状态。

图 2-8

[➡ 图 2-9]

[➡ 图 2-10]

打开 Bridge

单击该按钮，可打开 Adobe Illustrator CS6 中内置的 Adobe Bridge 软件，该软件是 Adobe Creative Suite 的控制中心。使用它来组织、浏览和寻找所需资源，用于创建供印刷、网站和移动设备使用的内容。Adobe Bridge 可以方便地访问本地 PSD、AI、INDD 和 Adobe PDF 文件以及其他 Adobe 和非 Adobe 应用程序文件。可以将资源按照需要拖移到版面中进行预览，甚至向其中添加元数据。Adobe Bridge 既可以独立使用，也可以从 Adobe Photoshop、Adobe Illustrator、Adobe InDesign 和 Adobe GoLive 中使用。图 2-11 所示为 Bridge 界面。

[➡ 图 2-11]

多文档显示

对于 Adobe Illustrator CS6 中同时打开的多个文档，其视图管理有很多种方式来满足需要。如图 2-12 所示为文档管理方式。如图 2-13 所示为管理后的状态。

工作界面

在 Adobe Illustrator CS6 中，可以选择针对不同任务的工作界面来提高效率。也可以自定义工作界面来满足自己的需求，如将自己需要的面板调出、关闭不需要的面板。在工作界面中摆放完成后，选择"新建工作区"即可创建自己的工作界面。"管理工作区"则是删除、重命名工作区等。

如图 2-14 所示为工作界面；图 2-15 所示为基本功能工作界面；图 2-16 所示为打印工作界面；图 2-17 所示为 Web 工作界面；图 2-18 所示为自动工作界面。

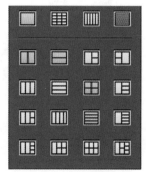

[➡ 图 2-12]

[➡ 图 2-13]　　　　　　　　　　　　　　　　　　　　[➡ 图 2-14]

[➡ 图 2-15]

图 2-16

图 2-17

[➡ 图 2–18

在线帮助

用于打开 Adobe Illustrator CS6 在线帮助网站。

面板群

面板群中放置了常用面板，可在"窗口"菜单中调出或关闭面板。
也可针对面板进行合并，只需要拖曳面板即可。如图 2-19 所示为拖曳
面板；图 2-20 所示为蓝色框显示放置面板；图 2-21 所示为并排放置完
成；图 2-22 所示为蓝色线显示放置；图 2-23 所示为上下合并放置完成。

[➡ 图 2–19

[➡ 图 2–20

[➡ 图 2–21

[➡ 图 2–22

[➡ 图 2–23

文档滚动条

用于移动文档显示位置。

工具信息

用于显示当前选择工具名称。可以在右边下拉菜单中选择显示属性。如图 2-24 所示为选择工具；图 2-25 所示为显示不同的属性。

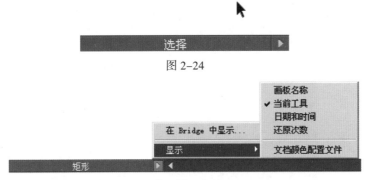

图 2-24

图 2-25

画板导航

管理 Adobe Illustrator CS6 多画板显示。

视图显示

显示当前文档视图显示比例。最小缩小比例为 3.13%、最大放大比例为 6400%。可以通过 Ctrl+= 放大视图、Ctrl+- 缩小视图、Ctrl+0 满画布显示视图等快捷键来管理视图。

工具箱

工具箱中内置软件的选择工具、绘图工具、辅助调整工具、颜色调整工具等。长按工具右下角箭头可弹出隐藏工具。如图 2-26 所示为弹出隐藏工具；图 2-27 所示为展开后的隐藏工具。可以将展开的隐藏工具箱和工具箱并排显示，只需要拖曳隐藏工具箱至默认工具箱旁边，出现蓝色显示条即可。如图 2-28 所示为管理隐藏工具。

图 2-26   图 2-27   图 2-28

工作区

工作区为文档的正常工作区域，在范围内图形才能被打印和输出。

2.2.2 详解新建文档命令 ≫

使用 Adobe Illustrator CS6 来开始工作时，第一步就是新建文件。执行 "文件" / "新建"（Ctrl+N）命令，即可打开 "新建文档" 对话框，如图 2-29 所示。如何保证作品能够正确输出，关键就在于前期的新建文档。

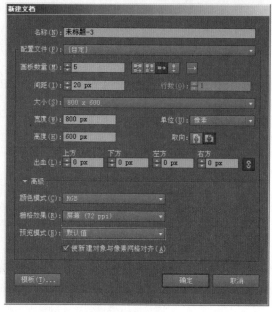

[➡ 图 2-29

名称

在该文本框中可设置新建文档的名称。名称的重要性不言而喻。要知道设计工作会产生大量的素材和文件，在海量的文件中，恰当的名称能够帮助用户快速定位文件。在此推荐一种命名方式：时间＋文档名称＋尺寸，如 20130508 环保海报 362×781mm，这样命名的好处是不需要打开文件就可以迅速知道当前文件的创建时间和尺寸。当然，用户也可以根据自己的喜好来对文档命名，还可以采取专业化的命名方式来协助设计人员快速识别文档属性。

配置文件

Adobe Illustrator CS6 内置规范的文档尺寸，类型分别为打印、Web、设备、视频和胶片、基本 RGB 和 Flash Builder。可以根据需要选择合适的配置文件。如果需要设置其他类型，则选择"自定"选项。如图 2-30 所示的配置文件下会有不同的文档大小。如选择"打印"配置文件时"大小"分别为 letter、Legal、tabloid、A4 等单位为毫米的输出打印文档尺寸。如选择"Web"配置文件时"大小"分别为"640×480"等单位为像素的屏幕显示尺寸。如图 2-31 所示为"打印"配置文件下的尺寸；图 2-32 所示为"Web"配置文件下的尺寸。

[➡ 图 2-30

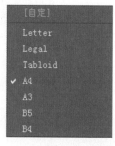

[➡ 图 2-31

[➡ 图 2-32

画板数量

在画板数量中可设置多个工作页面，类似分页功能。可设置多工作页面的排列方式、各工作页面的间距和列数。

大小

　　选择输出的文档尺寸，可针对用途选择不同配置文件下的文档大小，也可以自定义。这里的"单位"比较重要。根据不同用途可归纳为输出打印尺寸和屏幕显示尺寸。输出打印尺寸多选择"毫米"，而只在电子屏幕中显示时多选择"像素"。配置文件中"打印"配置文件单位为毫米，而其他"Web"、"设备"等的单位均为像素，可以看到"打印"配置文件用于输出打印的作品，而其他"Web"、"设备"等配置文件只用于电子屏幕显示。如图 2-33 所示为配置文件为"设备"时的文档大小选项；图 2-34 所示为视频和胶片配置文件下的大小。

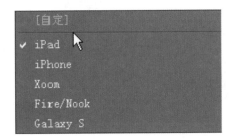

[➡ 图 2-33

[➡ 图 2-34

出血

　　出血是指在印刷时任何超过裁切线或进入书槽的图像。出血必须超过所预设的线，以使在修整裁切或装订时允许有微量的对版不准。出血实际上就是在原文档周围，比原文档大的部分，就像一个外框。出血部分有背景，但是没有内容。一般情况下，3mm 出血足够使用，最好不要超过 7mm。

　　如图 2-35 所示为设置好出血的宣传海报。如图 2-36 所示为放大后的海报左上角，红线为出血线，虚线为裁切线。这样，在裁切时多出来的部分才会被裁掉而不会出现边线留白的现象。

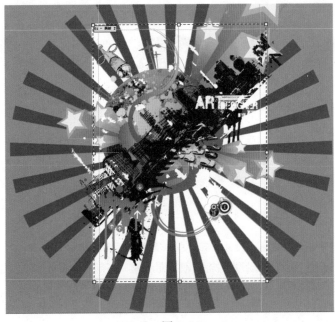

[➡ 图 2-35

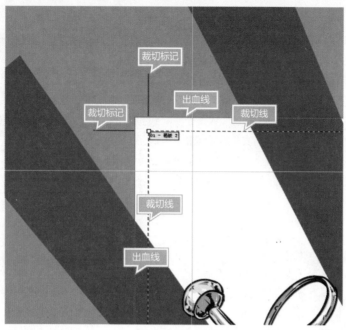

[➡ 图 2-36

用于设置文档使用何种颜色模式。RGB 颜色模式用于电子显示文档，如电脑桌面、手机屏幕等。CMYK 颜色模式则主要用于印刷文档。

栅格效果 ▶

用于设置对文档进行栅格效果时使用何种分辨率。屏幕 72ppi 主要面向于低清晰度的栅格效果，如电脑桌面、手机屏幕等。中 150ppi 主要面向于中等清晰度的栅格效果，如喷绘、打印效果。高 300ppi 主要面向于高清晰度的栅格效果，如印刷、写真等。如图 2-37 所示为不同的栅格效果。

[➡ 图 2-37

预览模式 ▶

用于设置使用的文档使用何种预览模式，包括像素和叠印两种预览方式，针对的情况不一样。

★ 像素预览: 针对于印前，快速查看版式、构图，使在低分辨率下创建的矢量图形是否和位图像素能够对齐。如图 2-38 所示就是像素预览模式下，左边为绘制图形和像素对齐，右边为绘制图形和像素不对齐。当对齐时绘制的图形可以使用 1 个像素宽度来替换矢量图形描边，而不对齐时就需要 3 个像素宽度来替换矢量图形描边。

★ 叠印预览: 针对于印后，主要检查色彩叠印、添加了效果的对象变化，使在叠印填充时可以直观地看到颜色叠印部分。如图 2-39 所示为叠印前后的状态。所谓叠印，在印刷中就是把一种颜色印在另一种颜色上，叠加以后得到的颜色。通常情况下，只对 100% 黑色进行叠印，使其在印刷时不会出现露白。但是白字和白色色块一定不能叠印，否则它显示出来的是底色，而不是白色。 在正常的情况下，预览是看不到叠印效果的，只有在"视图"/"叠印预览"命令下才可以看到效果。

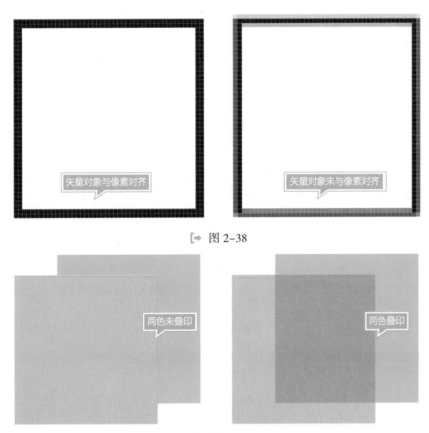

矢量对象与像素对齐

矢量对象未与像素对齐

[➡ 图 2-38

两色未叠印

两色叠印

[➡ 图 2-39

模板

　　Adobe Illustrator CS6 提供了丰富的模板供用户使用，模板是设置好的文档类型，包括出血、版心、裁切线、字体类型、颜色搭配等，使用时只需要将内容替换即可。这样可成倍提高工作效率，同时不会出现设置错误。单击会出现默认路径打开模版。如图 2-40 所示为"从模板新建"对话框；图 2-41 所示为丰富多彩的模板类型；图 2-42 所示为模板内完整的文档类型。

[➡ 图 2-40

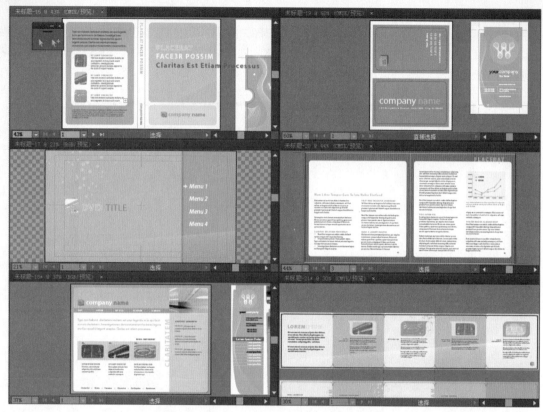

[➡ 图 2-41

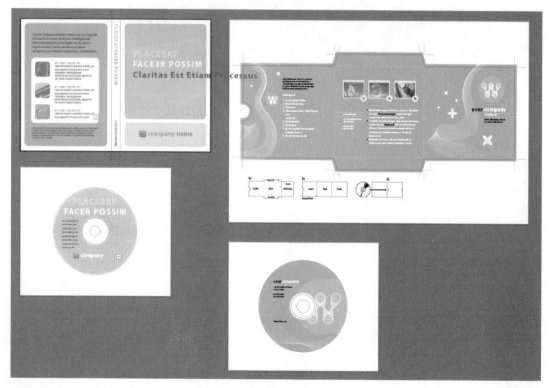

[➡ 图 2-42

在新建文档时，根据文档用途通常分为打印印刷类型和电子显示类型。当作品最终需要输出为印刷品时，新建文档设置单位为毫米、CMYK 颜色模式、高 300ppi 栅格效果、预览模式为叠印；当作品最终需要在电脑等电子设备上显示时，新建文档设置单位为像素、RGB 颜色模式、屏幕 72ppi、预览模式为像素。

2.3　设置自己的工作区窗口

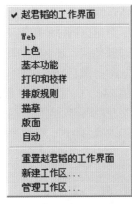

不同的工作类型会有不同的工具和面板来配合使用。如果经常使用该工具和面板，可以将其存储在工作界面当中，以便随时提取。Adobe Illustrator 中可以选择不同的工作界面来满足不同的工作需要。如图 2-43 所示为工作界面。

* Web：适用于网络设计工作的界面布局。
* 上色：适用于专门上色工作的界面布局。
* 基本功能：适用于多数普通设计工作的界面布局。
* 打印和校样：适用于专门校样和打印胶版的设计工作界面布局。
* 排版规则：适用于排版设计工作的界面布局。
* 描摹：适用于描摹位图设计工作的界面布局。
* 版面：适用于版面排版设计工作的界面布局。
* 自动：适用于自动化命令的界面布局。

[➡ 图 2-43

* 新建工作区：可以将用户自己排列的工作区存储下来以便提取。如图 2-44 所示为"新建工作区"对话框；图 2-45 所示为存储后的工作区名称。
* 管理工作区：可管理用户自己存储的工作区。如图 2-46 所示为"管理工作区"对话框。

[➡ 图 2-44

[➡ 图 2-45

[➡ 图 2-46

2.4　如何选择颜色模式和"颜色"面板

新建时会涉及文件颜色模式的选择。正确的颜色模式会让作品在输出时得到正确的还原。颜色模式直接决定设计作品是面向于传统印刷领域还是电子显示领域。

在 Adobe Illustrator CS6 中颜色模式分为两类，即 RGB（加色）和 CMYK（减色）。

2.4.1 RGB（加色）

R- 红色、 G- 绿色、 B- 蓝色

　　绝大多数可视光谱都可表示为红、绿、蓝 (RGB) 三色光在不同比例和强度上的混合。这些颜色若发生重叠，则产生青、洋红和黄。RGB 颜色称为加色，因为通过将 R、G 和 B 添加在一起（即所有光线反射回眼睛）可产生白色。加色用于照明光、电视和计算机显示器。例如，显示器通过红色、绿色和蓝色荧光粉发射光线产生颜色。如图 2-47 所示为 RGB 颜色模式。

　　可以通过使用基于 RGB 颜色模型的 RGB 颜色模式处理颜色值。在 RGB 颜色模式下，每种 RGB 成分都可使用从 0（黑色）到 255（白色）的值。例如，亮红色使用 R 值 246、G 值 20 和 B 值 50。当所有 3 种成分值相等时，产生灰色阴影；当所有成分的值均为 255 时，结果是纯白色；当该值为 0 时，结果是纯黑色。

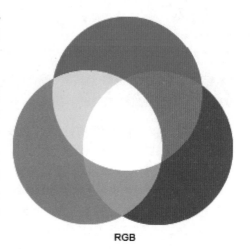

RGB

[→ 图 2-47

　　Illustrator 还包括称为 Web 安全 RGB 的经修改的 RGB 颜色模式，这种模式仅包含适合在 Web 上使用的 RGB 颜色。

2.4.2 CMYK（减色）

C- 青色、M- 洋红色、Y- 黄色、K- 黑色

　　RGB 模型取决于光源来产生颜色，而 CMYK 模型基于纸张上打印的油墨的光吸收特性。当白色光线照射到半透明的油墨上时，将吸收一部分光谱。没有吸收的颜色反射回人们的眼睛。

　　混合纯青色 (C)、洋红色 (M) 和黄色 (Y) 色素可通过吸收产生黑色，或通过相减产生所有颜色。因此，这些颜色称为减色。添加黑色 (K) 油墨以实现更好的阴影密度。使用字母 K 的原因是黑色将产生其他颜色的"主"色，而字母 B 也代表蓝色。将这些油墨混合重现颜色的过程称为四色印刷。如图 2-48 所示为 CMYK 颜色模式。

　　可以通过使用基于 CMYK 颜色模型的 CMYK 颜色模式处理颜色值。在 CMYK 颜色模式下，每种 CMYK 四色油墨可使用从 0%~100% 的值。为最亮颜色指定的印刷色

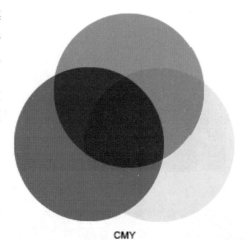

CMY

[→ 图 2-48

油墨颜色百分比较低，而为较暗颜色指定的百分比较高。例如，亮红色可能包含 2% 青色、93% 洋红、90% 黄色和 0% 黑色。在 CMYK 对象中，低油墨百分比更接近白色，高油墨百分比更接近黑色。

CMYK 模式用于采用印刷色油墨打印文档。

2.4.3　如何确定选择 RGB 颜色模式或 CMYK 颜色模式

设计作品面向传统印刷

作品需要输出为传统成品如海报、书籍、宣传册等印刷制品时，需要在"新建文档"对话框的"高级"下的"颜色模式"中选择 CMYK 颜色模式、"栅格效果"选择为"高（300ppi）"、"预览模式"选择为"叠印"。"单位"选择为"毫米"，如图 2-49 所示。在确定后文档显示信息为"（CMYK/ 预览）"，"颜色"面板也需要使用 CMYK 颜色模式。如图 2-50 所示为"颜色"面板选择。

设计作品面向电子设备

作品需要输出为如在线显示、电脑桌面、电子图片、手机图片、网页图片等电子成品时，需要在"新建文档"对话框的"高级"下的"颜色模式"中选择 RGB 颜色模式、"栅格效果"选择为"高（72ppi）"、"预览模式"选择为"像素"，"单位"选择为"像素"，勾选"使新建对象与像素网格对齐"复选框。在确定后文档显示信息为"（RGB/ 预览）"，"颜色"面板也需要使用 RGB 颜色模式。

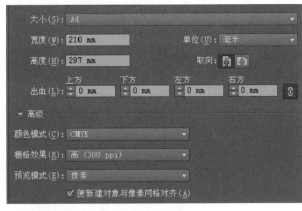

图 2-49

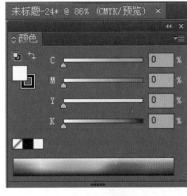

图 2-50

当在多个文档间切换时，很容易出现在 RGB 颜色模式下使用 CMYK 颜色的问题，这时很容易在颜色选择中出现问题。如图 2-51 所示为颜色模式和面板不一致。所以一定要保持文档中选择统一的颜色模式和"颜色"面板。

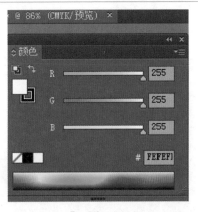

图 2-51

2.5　建立良好的文件保存习惯

2.5.1　使用快捷键保存文件

　　在设计工作过程中，经常会产生不同情况的问题，需要将正在编辑的文档暂时关闭，或者因为软硬件的问题导致软件中途强退、重启，而让我们的工作前功尽弃。为了不出现这样的问题，这时候可以随时保存正在编辑的文档，以防出现上述问题。所以随时按快捷键 Ctrl+S 进行保存就显得尤为重要。保存时可以保存 2 份以上的备份，交替保存。这样在软件出现问题时，可以通过打开之前的版本再进行编辑，而不至于从头再来。

　　同时准确的文件格式可以最大化保留文件的可编辑性。所以选择哪种文件格式可根据需要来选择。这里简单介绍几种文件类型，更详细的文件格式在后面章节中会详细介绍。

　　执行"文件"/"存储"命令，在"存储为"对话框中出现的格式如图 2-52 所示。

AI 格式

　　该格式可以最大化保存文件中的效果。同时保留其可编辑性，这也是 Adobe Illustrator 的标准编辑格式。

PDF 格式

[➡ 图 2-52

　　该格式可以使文件无损失地在不同软件之间互相传输，同时保持其最终效果，此格式为 Adobe Acrobat 的安全文档格式。

　　执行"文件"/"存储为 Web 所用格式"命令，打开如图 2-53 所示的对话框。将文件存储为网页格式，如 .gif、.png 等。

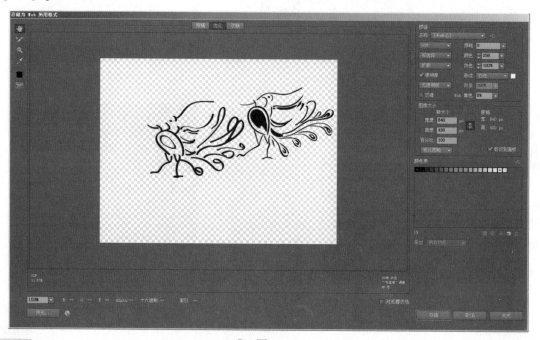

[➡ 图 2-53

单击"确定"按钮后会出现存储选项，如图 2-54 所示。在打开的对话框中可选择存储版本、嵌入字体、压缩格式、透明度设置等。

存储

可以将文件存储为 Adobe Illustrator 的标准编辑格式如 .ai 格式文件。这种格式中可以存储 Adobe Illustrator 的多数特效和编辑状态，下次打开后可以随时继续编辑文件。

导出

可以将文件导出成其他格式文件如 .jpg 格式文件，方便用户查看最终的效果，但导出的文件不允许再次使用 Adobe Illustrator 编辑，如图 2-55 所示。导出时会根据选择格式不同出现该格式的设置选项，如图 2-56 所示。

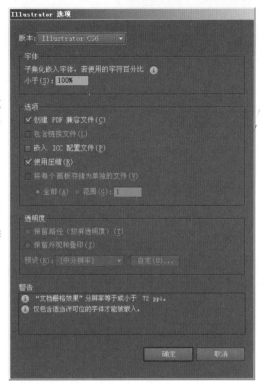

[➡ 图 2-54

[➡ 图 2-55

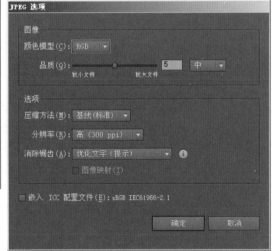

[➡ 图 2-56

2.5.2 快捷键的设置 »

良好的习惯是成功的一半。在设计工作时，操作习惯直接决定工作效率。而工作效率决定工作数量和质量。所以初学设计工作流程时，快捷键的操作方法是提高工作效率的关键。而 Adobe Illustrator 的工作方式非常适合快捷键操作。

在 Adobe Illustrator 中可以自由设置快捷键，以满足每个不同用户的操作习惯。

执行"编辑"/"键盘快捷键"命令（快捷键 Alt+Shift+Ctrl+K）打开"键盘快捷键"对话框，如图 2-57 所示。通过"键集"可以使用默认的"Illustrator 默认值"，也可以自定义快捷键。选择不同的快捷键类型后，在对话框中输入对应键盘键。设置完毕后，存储即可。

在中文输入法激活的状态下快捷键操作失效。

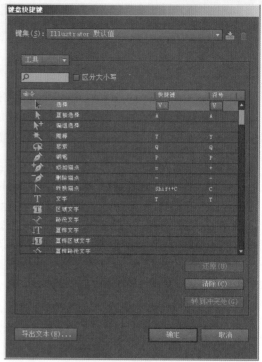

[➡ 图 2-57

2.5.3 "文件"菜单 »

在"文件"菜单栏中，可以创建和保存由 Adobe Illustrator CS6 编辑的工作文档，如图 2-58 所示。

✳ 新建：打开"新建"对话框，创建需要的工作文档。

✳ 从模板新建：使用 Adobe Illustrator 中自带的官方模板来创建需要的工作文档。

✳ 打开：打开"打开"对话框，然后打开电脑上已经保存过的后缀名为 .ai 的文件。

✳ 最近打开的文件：Adobe Illustrator 中可以保存经常使用的文档，以便用户查找。

✳ 在 Bridge 中浏览：打开"Bridge"程序，以更方便的形式查找电脑上的文件。

✳ 关闭：关闭当前正在编辑中的工作文档。

✳ 存储：存储当前正在编辑中的工作文档为 .ai 等标准编辑文档。

✳ 存储为：另存储一个当前正在编辑中的工作文档副本，将其激活为编辑状态。

✳ 存储副本：另存储一个当前正在编辑中的工作文档副本，同时针对原始的工作文档进行编辑。

✳ 存储为模板：将当前正在编辑中的工作文档存储为 .ait 模板，以便在"从模板新建"中查找。

✳ 存储为 Web 所用格式：将当前正在编辑中的工作文档导出为网络专用格式。格式包括 .gif、.png、.swf 等格式。

✳ 存储选中的切边：将选择的切片保存至电脑为 .gif 图像。

[➡ 图 2-58

✳ 恢复：可以将文件恢复到上次存储的版本（但如果已关闭文件，然后将其重新打开，则无法执行此操作），但无法还原此动作。

✳ 置入：将文件置入当前文档中。通常针对位图。

✳ 存储为 Microsoft Office 所用格式：将当前正在编辑中的工作文档导出为 Microsoft Office 所用格式。

✳ 导出：将当前正在编辑中的工作文档导出为其他格式。

★　脚本：Illustrator 提供了多种方法来对必须进行的重复任务进行自动化编辑，让用户留出更多的时间专注于工作的创意环节。

　　★　文档设置：设置当前编辑的文档，包括尺寸、出血、透明显示方式、文字显示方式等。

　　★　文档颜色模式：切换当前文档使用的颜色模式。

　　★　文件信息：设置当前文档的编辑信息。

　　★　打印：链接打印机打印当前文档。

　　★　退出：关闭当前 Adobe Illustrator 程序，如打开文档未保存，会提示是否保存。

2.5.4　便捷的自动化任务　»

Adobe Illustrator 中可以使用脚本和"动作"面板来完成一些单调的重复性操作。如图 2-59 所示为执行"文件"/"脚本"命令，打开下拉菜单会出现相关命令。选择命令后，Adobe Illustrator 会自动完成需要的操作。"动作"面板则可以更加灵活地编辑、录制所需要的自动化任务。如图 2-60 所示为"动作"面板。

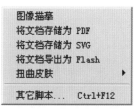

[➡ 图 2-59

　　★　A：执行的动作命令。

　　★　B：可弹出对话框的动作命令。

　　★　C：动作文件夹。

　　★　D：单个的动作。

　　★　E：隐藏菜单项。

　　★　F：删除动作命令。

　　★　G：新建动作命令。

　　★　H：新建动作文件夹。

　　★　I：播放动作。

　　★　J：记录动作。

　　★　K：停止播放和记录动作。

执行"简化"动作

01　使用文字工具创建文字，如图 2-61 所示。

02　将文字转换为曲线，如图 2-62 所示。

03　选择转曲后的文字。

04　打开"动作"面板。

05　选择默认动作中的"简化（所选项目）"，如图 2-63 所示。

06　单击"动作"面板底部的播放按钮，如图 2-64 所示。

07　将会对转曲后的文字进行播放。播放简化动作后的效果如图 2-65 所示。

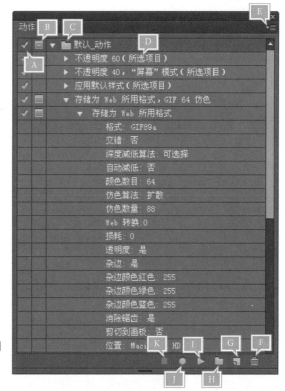

[➡ 图 2-60

图 2-61

图 2-62

图 2-63

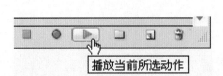

播放当前所选动作

图 2-64

图 2-65

 在"动作"面板中并非所有任务都能直接记录。例如，对于"效果"和"视图"菜单中的命令，用于显示或隐藏面板的命令，以及使用选择工具、钢笔工具、画笔工具、铅笔工具、渐变工具、网格工具、吸管工具、实时上色工具和剪刀工具等的情况，则无法记录。

2.6 正确输出自己的作品

Adobe Illustrator 输出作品时可以使用"文件"菜单中一系列的存储命令。输出前一定要设置好文档的相关尺寸大小，确保输出无误。建立好文档后可以通过文档设置重新制定文档信息。

2.6.1 文档设置 »

执行"对象"/"文档设置"命令，打开"文档设置"对话框，如图 2-66 所示。在该对话框中可以重新设置文档尺寸等信息。单击属性栏上的"文档设置"按钮，同样可以调出"文档设置"对话框。

★ 编辑画板：可自由设置画板大小。如图 2-67 所示，可通过调整控制柄来控制画板大小。也可通过数值输入来精确调整画板比例。

★ 透明度：设置文档中透明度的显示方式。

★ 文字选项：设置文档中文字的相关显示方式及导出后是否可编辑。

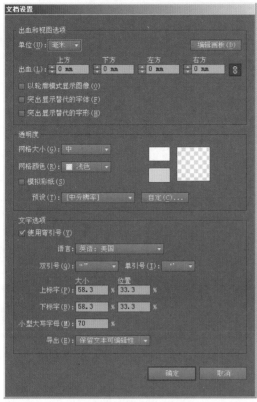

[→ 图 2-66

[→ 图 2-67

2.6.2　Adobe Illustrator 中的打印输出 ≫

打印 ▶

　　执行"对象"/"打印"命令，打开"打印"对话框进行打印设置。如果电脑外接打印机，可从 Adobe Illustrator 中直接输出成品。如图 2-68 所示为"打印"对话框，可以在该对话框中设置相关的文档信息，如打印机信息、打印尺寸、出血和裁切标记、文档信息等。

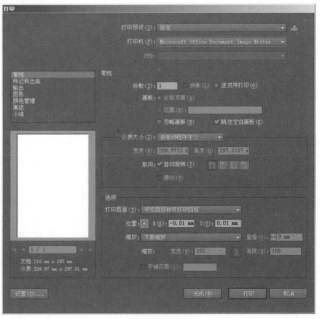

[→ 图 2-68

2.6.3 Adobe Illustrator 格式兼容 »

在 Adobe Illustrator 中可以保存和导入不同软件的格式文件。支持在不同平台间相互输入和输出编辑文档。

从 Photoshop 中导入图稿

可以使用"打开"命令、"置入"命令、"粘贴"命令和拖放功能将图稿从 Photoshop (.PSD) 文件导入到 Illustrator 中。如图 2-69 所示为"Photoshop 导入选项"对话框。

Illustrator 支持大部分 Photoshop 数据，包括图层复合、图层、可编辑文本和路径。这意味着可在 Photoshop 和 Illustrator 间传输文件，而不失去编辑图稿的功能。为了能够在两个应用程序之间轻松传输文件，已关闭可视性的调整图层会导入到 Illustrator 中（但不可访问），并会在导回到 Photoshop 时恢复。

在 Illustrator 中必须转换 Photoshop 数据时，将显示警告消息。例如，导入 16 位 Photoshop 文件时，Illustrator 会警告用户将以 8 位平面复合图导入图像。

✳ 图层复合：如果 Photoshop 文件包含图层复合，指定要导入的图像版本。勾选"显示预览"复选框，可显示所选图层复合的预览。"注释"文本框中显示来自 Photoshop 文件的注释。

✳ 更新链接时：更新包含图层复合的链接 Photoshop 文件时，请指定如何处理图层可视性设置。保持图层可视性优先选项，在最初置入文件时，根据图层复合中的图层可视性状态更新链接图像。"使用 Photoshop 的图层可视性"选项，根据 Photoshop 文件中图层可视性的当前状态更新链接的图像。

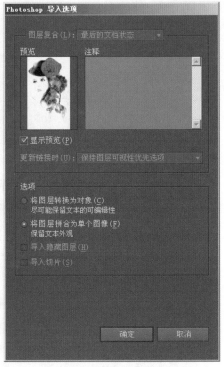

[➡ 图 2-69

✳ 将图层转换为对象，尽可能保留文本的可编辑性：保留尽可能多的图层结构和文本可编辑性，而不破坏外观。但是，如果文件包含 Illustrator 不支持的功能，Illustrator 将通过合并和栅格化图层保留图稿的外观。

✳ 将图层拼合为单个图像，保留文本外观：将文件作为单个位图图像导入。转换的文件不保留各个对象，文件剪切路径除外（如果有）。不透明度将作为主图像的一部分保留，但不可编辑。

将图像的一部分从 Photoshop 移动到 Illustrator 中

⬇01 在 Photoshop 中复制选区，粘贴到 Illustrator 中。选择"复制"命令时如果图层蒙版为启用状态，则 Photoshop 将复制蒙版而不是主图层。

⬇02 在 Photoshop 中选择"移动工具"，然后将选区拖动到 Illustrator 中。Illustrator 以白色填充透明像素。

将路径从 Photoshop 移动到 Illustrator 中

⬇01 在 Photoshop 中选择"路径组件选择工具"或"直接选择工具"，以选择要移动的路径。

⬇02 复制并粘贴或将路径拖动到 Illustrator 中。

⬇03 在"粘贴选项"对话框中，选择将路径作为复合形状或复合路径粘贴。作为复合路径粘贴速度更快，但可能丢失一些可编辑性。

⬇04 执行"文件"/"导出"/"路径到 Illustrator"命令（在 Photoshop 中），可以从 Photoshop 文档中导入所有路径（不包括像素），然后在 Illustrator 中打开生成的文件。

创建 Adobe PDF 文件

便携文档格式 (PDF) 是一种通用的文件格式，这种文件格式保留在各种应用程序和平台上创建的字体、图像和版面。Adobe PDF 是对全球使用的电子文档和表单进行安全可靠的分发和交换的标准。Adobe PDF 文件小而完整，任何使用免费 Adobe Reader® 软件的人都可以对其进行共享、查看和打印。

　　Adobe PDF 在印刷出版工作流程中尤为高效。通过将复合图稿存储在 Adobe PDF 中，可以创建一个可以查看、编辑、组织和校样的小且可靠的文件。然后，在工作流程的适合时间，可以或直接输出 Adobe PDF 文件，或使用各个来源的工具处理它，用于后处理任务，例如准备检查、陷印、拼版和分色。

01 执行"文件"/"存储为"命令或"文件"/"存储副本"命令。

02 键入文件名，并选择存储文件的位置。

03 选择 Adobe PDF (*.pdf) 作为文件格式，然后单击"存储"按钮。

04 从"Adobe PDF 预设"下拉列表中选择一个预设，或从对话框左侧列表中选择一种类别，然后自定义选项，如图 2-70 所示。

05 设置完成后单击"存储 PDF"按钮。

[➔ 图 2-70

★ 标准：指定文件的 PDF 标准。

★ 兼容性：指定文件的 PDF 版本。

★ 说明：显示来自所选预设的说明，并提供编辑说明的地方。

★ 保留 Illustrator 编辑功能：在 PDF 文件中存储所有 Illustrator 数据。

★ 嵌入页面缩览图：创建图稿的缩览图图像。缩览图显示在 Illustrator"打开"或"置入"对话框中。

★ 优化快速 Web 查看：优化 PDF 文件以在 Web 浏览器中更快速查看。

★ 存储后查看 PDF：在默认 PDF 查看应用程序中打开新创建的 PDF 文件。

★ 从顶层图层创建 Acrobat 图层：将 Illustrator 的顶层图层作为 Acrobat 图层存储在 PDF 文件中。这将允许 Adobe Acrobat 6、7 和 8 用户利用单个文件生成文档的多个版本。

★ 常规：指定基本文件选项。

★ 压缩：指定图稿是否应压缩和缩减像素取样，如果这样做，使用哪些方法和设置。

★ 标记和出血：指定印刷标记和出血及辅助信息区。尽管选项与"打印"对话框中相同，但计算存在微妙差别，因为 PDF 不是输出到已知页面大小。

★ 输出：控制颜色和 PDF/X 输出目的配置文件存储在 PDF 文件中的方式。

★ 高级：控制字体、压印和透明度存储在 PDF 文件中的方式。

★ 安全性：向 PDF 文件添加安全性。安全性是 PDF 文档的一大特色。

下列表格中比较了不同 PDF 版本的特点。

PDF 版本级别			
版本	Acrobat 4 (PDF 1-3)	Acrobat 5 (PDF 1-4)	Acrobat 6 (PDF 1-5)	Acrobat 7 (PDF 1-6)、Acrobat8 和 Acrobat 9 (PDF 1-7)
图层	不支持图层	不支持图层	从支持生成分层 PDF 文档的应用程序创建 PDF 文件时保留图层，例如 Illustrator CS 或 InDesign CS 及更高版本	从支持生成分层 PDF 文档的应用程序创建 PDF 文件时保留图层，例如 Illustrator CS 或 InDesign CS 及更高版本
字体	可以嵌入多字节字体（当嵌入时，Distiller 转换字体）	可以嵌入多字节字体	可以嵌入多字节字体	可以嵌入多字节字体
颜色	支持包含 8 种颜料的 DeviceN 色彩空间	支持包含 8 种颜料的 DeviceN 色彩空间	支持包含最多 31 种颜料的 DeviceN 色彩空间	支持包含最多 31 种颜料的 DeviceN 色彩空间
透明度	无法包含使用实时透明度效果的图稿。在转换为 PDF 1-3 之前，必须拼合任何透明区域	支持在图稿中使用实时透明度效果（Acrobat Distiller 功能拼合透明度）	支持在图稿中使用实时透明度效果（Acrobat Distiller 功能拼合透明度）	支持在图稿中使用实时透明度效果（Acrobat Distiller 功能拼合透明度）
兼容性	可以在 Acrobat 3-0 和 Acrobat Reader 3-0 及更高版本中打开 PDF	PDF 可以用 Acrobat 3-0 和 Acrobat Reader 3-0 和更高版本打开。但更高版本的一些特定功能可能丢失或无法查看	大多数 PDF 可以用 Acrobat 4-0 和 Acrobat Reader 4-0 和更高版本打开。但更高版本的一些特定功能可能丢失或无法查看	大多数 PDF 可以用 Acrobat 4-0 和 Acrobat Reader 4-0 和更高版本打开。但更高版本的一些特定功能可能丢失或无法查看
安全性	支持 40 位 RC4 安全性	支持 128 位 RC4 安全性	支持 128 位 RC4 安全性	支持 128 位 RC4 和 128 位 AES（高级加密标准）安全性

2.6.4 Adobe Illustrator 常用文件格式 ≫

图像文件格式决定了文件如何与各种应用软件兼容，文件如何与其他文件交换数据。由于图像的格式有很多，应该根据图像的用途决定图像应存为何种格式。Adobe Illustrator 中常用图像格式包括 12 项存储格式和 13 项导出格式两种。下面介绍关于 Adobe Illustrator 中常用文件格式的特点，可以根据设计目的来选择合适的文件格式。

AI

Adobe Illustrator 的标准编辑格式，能够存储 Adobe Illustrator 中几乎所有操作命令的效果。

PDF

Adobe Acrobat 的标准编辑格式，存储文档文件，包括位图图像、矢量图形、视频、声频、超链接等。

FXG

FXG 是基于 MXML（由 FLEX 框架使用的基于 XML 的编程语言）子集的图形文件格式。可以在 Adobe Flex Builder 等应用程序中使用 FXG 文件以开发丰富多彩的 Internet 应用程序和体验。存储为 FXG 格式时，图像的总像素必须少于 6,777,216，并且长度或宽度应限制在 8,192 像素范围内。

EPS

EPS（Encapsulated PostScript）是 PC 用户较少见的一种格式，而苹果 Mac 机的用户则用得较多。它是用 PostScript 语言描述的一种 ASCII 码文件格式，主要用于排版、打印等输出工作。

AIT

Adobe Illustrator 的模板文件格式。

GIF

GIF 是英文 Graphics Interchange Format（图形交换格式）的缩写。GIF 格式的特点是压缩比高，磁盘空间占用较少，所以这种图像格式迅速得到了广泛的应用。考虑到网络传输中的实际情况，GIF 图像格式还增加了渐显方式，也就是说，在图像传输过程中，用户可以先看到图像的大致轮廓，然后随着传输过程的继续而逐步看清图像中的细节部分，从而适应了用户的"从朦胧到清楚"的观赏心理。目前 Internet 上大量采用的彩色动画文件多为这种格式的文件。

GIF 格式只能保存最大 8 位色深的数码图像，所以它最多只能用 256 色来表现物体，对于色彩复杂的物体它就力不从心了。尽管如此，这种格式仍在网络上普遍应用，这和 GIF 图像文件短小、下载速度快、可用许多具有同样大小的图像文件组成动画等优势是分不开的。

JPEG

由联合照片专家组（Joint Photographic Experts Group）开发并命名为"ISO 10918-1"。JPEG 文件的扩展名为 .jpg 或 .jpeg，它用有损压缩方式去除冗余的图像和彩色数据，获取极高压缩率的同时能展现十分丰富生动的图像。换句话说，就是可以用最少的磁盘空间得到较好的图像质量。由于 JPEG 格式的压缩算法是采用平衡像素之间的亮度色彩来压缩的，因而更有利于表现带有渐变色彩且没有清晰轮廓的图像。

同时，JPEG 还是一种很灵活的格式，具有调节图像质量的功能，允许用不同的压缩比例对这种文件压缩。JPEG 格式通常应用在网络和光盘读物上。目前各类浏览器均支持 JPEG 图像格式，因为 JPEG 格式的文件尺寸较小、下载速度快，使得 Web 页有可能以较短的下载时间提供大量美观的图像，因此 JPEG 就成为网络上最受欢迎的图像格式。

当使用 JPEG 格式保存图像时，Photoshop 给出了多种保存选项，可以选择不同的压缩比例对 JPEG 文件进行压缩，即压缩率和图像质量都是可选的。

PNG

PNG（Portable Network Graphics）是一种新兴的网络图像格式。特点一，PNG 是目前保证最不失真的格式，它汲取了 GIF 和 JPEG 二者的优点，存储形式丰富，兼有 GIF 和 JPEG 的色彩模式；特点二，就是能把图像文件压缩到极限以利于网络传输，但又能保留所有与图像品质有关的信息，因为 PNG 是采用无损压缩方式来减少文件的大小,这一点与有损图像品质以换取高压缩率的 JPEG 有所不同;特点三,就是显示速度很快,只需下载 1/64 的图像信息就可以显示出低分辨率的预览图像;特点四,PNG 同样支持透明图像的制作。透明图像在制作网页图像时很有用,可以把图像背景设为透明,用网页本身的颜色信息来代替设为透明的色彩,这样可让图像和网页背景很和谐地融合在一起。

PNG 的缺点是不支持动画应用效果。如果在这方面能有所加强,就可以完全替代 GIF 和 JPEG 了。Fireworks 软件的默认格式就是 PNG。现在,越来越多的软件开始支持这一格式,而且在网络上也越来越流行。

SWF

SWF(Shockwave Format)是一种动画格式,这种格式的动画图像能够用比较小的体积来表现丰富的多媒体形式。在图像的传输方面,不必等到文件全部下载才能观看,而是可以边下载边播放,因此比较适合网络传输;特别是在传输速率不佳的情况下,也能取得较好的效果。事实也证明了这一点,SWF 如今已被大量应用于 Web 网页进行多媒体演示与交互性设计。此外,由于 SWF 动画是基于矢量技术制作的,因此不管将画面放大多少倍,画面质量不会因此而有任何损失。所以 SWF 格式作品以其高清晰度的画质和小巧的体积,受到了越来越多网页设计者的青睐,也越来越成为网页动画和网页图片设计制作的主流,目前已成为网络上动画的事实标准。

BMP

BMP 是英文 Bitmap(位图)的简写,它是 Windows 操作系统中的标准图像文件格式,能够被多种 Windows 应用程序所支持。随着 Windows 操作系统的流行与 Windows 应用程序的多元开发,BMP 位图格式被广泛应用。这种格式的特点是包含的图像信息较丰富,几乎不进行压缩,但由此产生了占用磁盘空间过大的特点。所以,目前 BMP 格式在单机上比较流行。

PSD

Adobe 公司的图像处理软件 Photoshop 的专用格式 Photoshop Document(PSD)。PSD 其实是 Photoshop 进行平面设计的一张"草稿图",它里面包含有各种图层、通道、遮罩等多种设计的样稿,以便于下次打开文件时可以修改上一次的设计。在 Photoshop 所支持的各种图像格式中,PSD 的存取速度比其他格式快很多,功能也很强大。

TIFF

TIFF(Tag Image File Format)是苹果 Mac 机中广泛使用的图像格式,它由 Aldus 和微软联合开发,最初是出于跨平台存储扫描图像的需要而设计的。它的特点是图像格式复杂、存储信息多。正因为它存储的图像细微层次的信息非常多,图像的质量也得以提高,故而非常有利于原稿的复制。

该格式有压缩和非压缩两种形式,其中压缩可采用 LZW 无损压缩方案存储。不过,由于 TIFF 格式结构较为复杂,兼容性较差,因此有时用户的软件可能不会正确识别 TIFF 文件(现在绝大部分软件都已解决了这个问题)。目前在 Mac 机和 PC 上移植 TIFF 文件也十分便捷,因而 TIFF 格式现在也是电脑上使用最广泛的图像文件格式之一。

第 3 章

基本工具全接触

　　工具的使用是为了帮助用户提高工作效率，而对于了解常用工具的使用方法将是认识强大软件的最佳选择。本章主要介绍在使用 Adobe Illustrator CS6 时需要掌握的工具，并对每个工具的使用技巧进行详细讲解，同时将通过简单的案例操作来巩固这些知识。

本章重点

- 矢量绘画五步走

- 绘制几何图形

- 如何设置软件环境

- 绘制机器人图标

- 各有所长的路径擦除工具

- 绘制大众标志

3.1 矢量绘画五步走

矢量绘画流程可以分为创建文件、绘制文件、修改文件和保存文件。而软件工具可以分为创建图形工具、选择图形工具、编辑图形工具和辅助工具共四类。本节将按照矢量绘画的流程来介绍各个工具，既可以熟悉单个工具的具体操作方式，也可以了解矢量软件创作的基本方法。

3.1.1 第一步：创建图形 ≫

Adobe Illlustrator 中创建图形的工具有很多种，包括几何工具、贝塞尔工具、画笔工具及批量符号工具等。通过这些工具可以创建出简单的、复杂的、华丽的效果图形。工具箱中的"直线段工具"和"矩形工具"可以创建标准几何工具，如图 3-1 所示。

长按工具箱上"直线段工具"和"矩形工具"右下角的三角按钮，激活"直线段工具展开工具箱"和"矩形工具展开工具箱"，如图 3-2 和图 3-3 所示。

[➡ 图 3-1   [➡ 图 3-2   [➡ 图 3-3

单击展开工具箱中右侧的三角按钮，可将"直线段工具展开工具箱"和"矩形工具展开工具箱"切换为不同状态，如图 3-4 和图 3-5 所示。

[➡ 图 3-4   [➡ 图 3-5

Adobe Illlustrator 中支持使用不同方法来创建统一图形。以矩形工具为例，可以通过"矩形工具"和"矩形"对话框来创建同一矩形。

★ 工具：选择"矩形工具"，按住鼠标左键在画板上拖曳出图形即可，如图 3-6 所示。

★ 对话框：选择"矩形工具"，在画板上单击鼠标左键，弹出"矩形"对话框，输入数值后单击"确定"按钮即可，如图 3-7 所示。

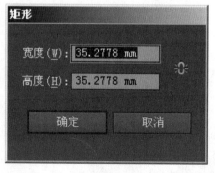

[➡ 图 3-6   [➡ 图 3-7

其他几何工具创建方法和矩形工具类似，都可以通过使用工具直接拖曳、在画布上单击工具打开对话框这两种方式来共同创建同一图形。以下为各个工具激活的对话框。

如图 3-8 所示为"圆角矩形"对话框。

★ 宽度、高度：圆角矩形的宽、高数值设置。宽、高数值一致时即为正方形。

★ 圆角半径：矩形的四个拐角的半径设置。

如图 3-9 所示为"椭圆"对话框。

★ 宽度、高度：椭圆的宽、高数值设置。当宽、高数值一致时即为正圆；不一致时为椭圆。

如图 3-10 所示为"多边形"对话框。

★ 半径：多边形的半径数值设置。

★ 边数：多边形的边数设置。

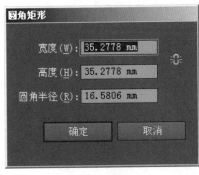 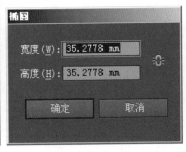 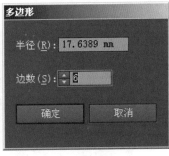

[➡ 图 3-8   [➡ 图 3-9   [➡ 图 3-10

如图 3-11 所示为"星形"对话框。

★ 半径 1：内顶点半径数值设置。

★ 半径 2：外顶点数值设置。

★ 角点数：星形顶点数量设置。

如图 3-12 所示为"直线段工具选项"对话框。

★ 长度：直线长度设置。

★ 角度：直线的倾斜角度设置。

★ 线段填色：线段是否描边。

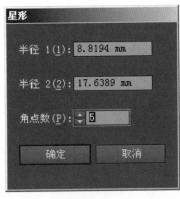

[➡ 图 3-11   [➡ 图 3-12

如图 3-13 所示为"弧线段工具选项"对话框。

★ X 轴长度、Y 轴长度：弧线的 X、Y 轴上的长度数值设置。

★ 类型：弧线的类型，开放为弧线段、闭合为扇形。

✱ 基线轴：基于 X、Y 轴绘制。

✱ 斜率：弧线的弯曲程度。

✱ 弧线填色：弧线是否填色。

如图 3-14 所示为"螺旋线"对话框。

✱ 半径：螺旋线半径数值设置。

✱ 衰减：螺旋线旋转时的衰减度设置。

✱ 段数：螺旋线边线段数。

✱ 样式：螺旋线样式设置。

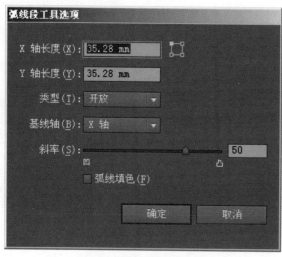

[➡ 图 3-13

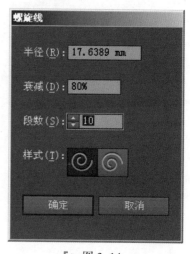

[➡ 图 3-14

如图 3-15 所示为"矩形网格工具选项"对话框。

✱ 默认大小：设置矩形网格的大小。

✱ 水平分隔线、垂直分隔线：设置分隔线数量及偏移量。

✱ 使用外部矩形作为框架：拆分时外部框架是否合体。

✱ 填色网格：网格填充颜色。

如图 3-16 所示为"极坐标网格工具选项"对话框。

✱ 默认大小：设置极坐标大小。

✱ 同心圆分隔线：设置极坐标中圆分隔线数量及偏移率。

✱ 径向分隔线：设置极坐标中径向分隔线的数量及偏移率。

✱ 从椭圆形创建复合路径：拆分椭圆后圆的复合路径设置。

✱ 填色网格：填充网格。

如图 3-17 所示为"光晕工具选项"对话框。

✱ 居中：中心图形的直径及不透明度和亮度的设置。

✱ 光晕：光晕的大小及模糊度设置。

✱ 射线：射线的数量、长度及模糊度设置。

✱ 环形：图形之间距离及数量等设置。

矩形网格工具选项

默认大小

宽度(W)：35.28 mm

高度(H)：35.28 mm

水平分隔线

数量(M)：5

倾斜(S)：0%
下方　　　　上方

垂直分隔线

数量(B)：5

倾斜(K)：0%
左方　　　　右方

☑ 使用外部矩形作为框架(O)

☐ 填色网格(F)

确定　　　取消

[➡ 图 3-15

极坐标网格工具选项

默认大小

宽度(W)：35.28 mm

高度(H)：35.28 mm

同心圆分隔线

数量(M)：5

倾斜(S)：0%
内　　　　外

径向分隔线

数量(B)：5

倾斜(K)：0%
下方　　　　上方

☐ 从椭圆形创建复合路径(C)

☐ 填色网格(F)

确定　　　取消

[➡ 图 3-16

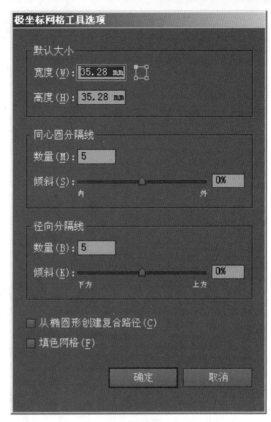

光晕工具选项

居中

直径(D)：100 pt

不透明度(O)：50%

亮度(B)：30%

光晕

增大(G)：20%

模糊度(F)：50%

☑ 射线(R)

数量(N)：15

最长(L)：300%

模糊度(Z)：100%

☑ 环形(I)

路径(H)：300 pt

数量(M)：10

最大(A)：50%

方向(C)：45°

☑ 预览(P)

确定　　　取消

[➡ 图 3-17

创建后的其他几何工具图形最终效果如图 3-18 所示。

直线段

弧线段

螺旋线段

矩形网格

极坐标网格

矩形

圆角矩形

椭圆

多边形

星形

光晕

[➡ 图 3-18

使用鼠标拖曳创建图形时，可以配合功能键来实时修改图形。Shift 键：强制比例 / 角度
绘制；Alt 键：中心缩放图形；空格键：绘制的同时移动图形；上下左右方向键：圆角矩
形工具、多边形工具、星形工具、弧线工具、螺旋线工具、矩形网格工具、极坐标网格
工具等绘制时可以配合上下左右方向键更改各个参数值。

3.1.2 第二步：选择图形 »

创建图形后，需要选择某个图形来进行更加详细的编辑和更改。第二步将介绍如何选择绘制好的图形。Adobe Illlustrator 中选择工具和命令非常丰富，大致可分为选择工具套装和选择命令。

如何选择图形

（1）选择工具套装

工具箱的最上端为选择工具套装。从左向右依次为"选择工具"、"直接选择工具"、"魔棒工具"和"套索工具"。将鼠标放置到工具箱上可显示工具提示，如图 3-19 所示。

[→ 图 3-19

选择工具：选择图形，支持点选和框选。使用"选择工具"在图形中单击即为点选、拖曳出矩形虚线框即为框选。框选时支持半选择方式，只需要选择图形一部分即可全部选择该图形。如图 3-20 所示为未选择和选择状态。选择后图形四周会出现 8 个控制柄来对图形进行编辑，如缩放、旋转等。

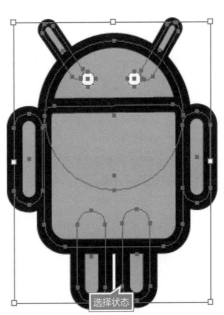

[→ 图 3-20

点选图形时，图形内部需填充颜色，否则需要单击路径才能选择图形。

选择图形后，可使用"选择工具"进行编辑。注意，要时刻关注自己的鼠标状态，不同的鼠标状态表示不同的操作。

★ 移动：使用"选择工具"可拖曳图形至其他位置，如图 3-21 所示。

★ 缩放：将"选择工具"放置在控制柄上，变形后可拖曳图形变形，如图 3-22 所示。

★ 旋转：将"选择工具"放置在控制柄外端，变形后可旋转图形，如图 3-23 所示。

 图 3-21　　　　　 图 3-22　　　　　 图 3-23

> **提示**
>
> 选择图形后，直接按回车键可弹出"移动"对话框来输入数值进行精确进行移动、旋转和缩放。进行移动、旋转、缩放时，可配合辅助功能键来辅助操作。Shift 键：强制角度；Alt 键：移动时为复制图形，缩放时为中心缩放；上下左右方向键进行精确移动，移动的单位距离在可执行"编辑"/"首选项"/"常规"（Ctrl+K）/"键盘增量"命令进行设置。

直接选择工具：使用直接选择工具可选择单个的锚点，从而编辑锚点的属性(关于锚点属性请查看第4章"路径的秘密")，如图 3-24 所示。出现控制柄可调整锚点的属性，从而改变曲线的轮廓。

编组选择工具：当图形处于编组状态时，在不破坏编组模式下，可使用编组选择工具来选择组内的单个图形。

魔术棒工具：可选择画板内拥有相同填充色的图形。

套索工具：可自由选择某些不相连的锚点，如图 3-25 所示。

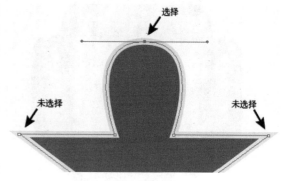

 图 3-24

> **提示**
>
> 使用"直接选择工具"在图形中间单击，可选择该图形的全部节点，从而可移动该图形。

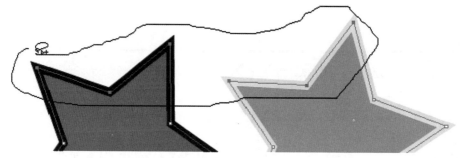

 图 3-25

（2）"选择"菜单

Adobe Illustrator 支持通过命令来选择具备不同属性的图形，如图 3-26 所示。

★ 全部：选择文件中的所有对象。

★ 现用画板上的全部对象：选择当前编辑的画板上的全部对象。

★ 取消选择：取消选择的对象。

★ 重新选择：重新选择的对象。

★ 反向：选择未选取的对象。

★ 上方的下一个对象：选择当前对象的上一个对象。

★ 下方的下一个对象：选择当前对象的下一个对象。

★ 相同：选择画板中具备同样条件的所有对象。

★ 对象：选择具备特殊条件的对象，例如游离点。

★ 存储所选对象：存储当前选择的对象以下次方便选择。

★ 编辑所选对象：编辑存储过的对象。

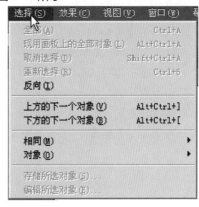

[➡ 图 3-26

文档中经常会出现由于误操作而造成的没有填充色、没有描边色的点和路径，这样的点和路径被称为游离点。

如何调整图形顺序

（1）"图层"面板

在 Adobe Illustrator 中制作设计作品时，会产生很多的图形，而图形有创建的先后顺序和排列的前后顺序。图层的作用即是管理这些烦琐复杂的图形而产生。通过"图层"面板来管理图形时也可以选择需要的图形。

"图层"面板：该面板如图 3-27 所示。每条路径是一个单独的子图层，默认路径均属于"图层 1"。上下拖曳图层可切换图层顺序。

★ A：切换图层隐藏 / 显示。按住 Ctrl 键单击可切换"预览 / 轮廓"状态。

★ B：切换图层锁定与否。选择图形后可按快捷键 Ctrl+2 来锁定该图形。

★ C：图层颜色。双击图层后出现"图层选项"对话框，可更改图层颜色。

★ D：图层的隐藏菜单项。

★ E：未选择的图层。

★ F：选择的图层。

★ G：编组并展开的图层。

★ H：当前图层中选择的对象。

★ I：删除当前图层或图形。

★ J：新建图层。类似"图层 2"。

★ K：创建子图层。类似编组图层。

★ L：创建整个图层的剪贴蒙版。

★ M：定位图层。

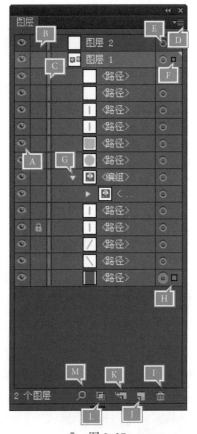

[➡ 图 3-27

（2）"排列"子命令

管理图形的前后顺序时，可直接拖曳"图层"面板上的单个图层来调整其前后顺序。也可以通过"对象"/"排列"命令来设置图层的前后位置关系。"排列"子命令如图 3-28 所示，排列前后效果对比如图 3-29 所示。

置于顶层(F)	Shift+Ctrl+]
前移一层(O)	Ctrl+]
后移一层(B)	Ctrl+[
置于底层(A)	Shift+Ctrl+[
发送至当前图层(L)	

[➡ 图 3-28

★ 置于顶层：将选择的图形置于当前图层的最顶层。

★ 前移一层：将选择的图形向上移动一层。

★ 后移一层：将选择的图形向下移动一层。

★ 置于底层：将选择的图形置于当前图层的最底层。

★ 发送至当前图层：将选择的图形发送至其他图层。

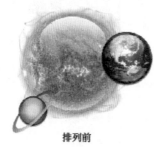
排列前

排列后

[➡ 图 3-29

（3）其他相关操作

★ 编组：将若干图形编为一组，在保持单个图形的基本属性（颜色、描边等）前提下整体进行移动、旋转、缩放等操作。选择两个以上图形，执行"对象"/"编组"命令或者按快捷键 Ctrl+G。解组时，可执行"对象"/"取消编组"命令或者按快捷键 Ctrl+Shift+G。

★ 还原与撤销：可撤销失误的操作和恢复上一步操作。执行"编辑"/"还原/重做"命令或按快捷键 Ctrl+Z/Ctrl+Shift+Z。

★ 复制与粘贴：将图形复制后粘贴至其他位置。执行"编辑"/"剪切/复制/粘贴/贴到前面/贴到后面"命令或按快捷键 Ctrl+X/Ctrl+C/Ctrl+V/Ctrl+F/Ctrl+B。

提示

"贴到前面"、"贴到后面"命令是将复制的图形原位粘贴至该物体的前方或后方。

3.1.3 第三步：编辑图形 »

创建好图形并选择该图形后，就需要对图形进行修改和重新编辑，将图形修改得更加接近最终效果。修改图形大概分为两类：修改颜色和修改形状。首先讲解一下如何进行颜色的编辑和修改。

编辑颜色

（1）吸管工具

可以通过使用 Adobe Illustrator 中的各种工具、面板和对话框为图稿选择颜色。如何选择颜色取决于图稿的要求。例如，如果希望使用公司认可的特定颜色，则可以从公司认可的色板库中选择颜色。如果希望颜色与其他图稿中的颜色匹配，则可以使用"吸管工具"或"拾色器"对话框并输入准确的颜色值。"吸管工具"如图 3-30 所示。

🖌 ■ 🖌 吸管工具 （I）

[➡ 图 3-30

使用"选择工具"选择图形后，再使用"吸管工具"在其他图形中单击，这时被选择图形颜色变为吸取的颜色。

不选择图形，使用"吸管工具"在源图形中单击，将颜色吸取到调色板中，再按下 Alt 键，在目标图形中单击即可将颜色填充于图形内。

（2）"颜色"面板

Adobe Illustrator 中通过"颜色"面板来管理、切换颜色模式、修改颜色数值等。"颜色"面板如图 3-31 所示。可通过执行"窗口"/"颜色"命令或按快捷键 F6，打开"颜色"面板。

✸ A：设置图形描边色，可通过按快捷键 X 在填充色和描边色之间切换激活。

✸ B：设置图形填充色，可通过按快捷键 X 在填充色和描边色之间切换激活。

✸ C：默认 1pt 黑色描边色和白色填充色，快捷键为 D。

✸ D：互换填充色和描边色，快捷键为 Shift+X。

✸ E：色彩数值滚动条。

✸ F：色彩数值输入框。

✸ G：隐藏菜单项。

✸ H：色彩选择区。

✸ I：无色 / 黑色 / 白色。

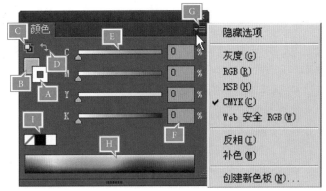

[➡ 图 3-31

不同的颜色模式会有不同的颜色数值。如 CMYK 颜色模式中，数值范围为 0%~100%。而 RGB 颜色模式中数值范围则是 0~255。

（3）"拾色器"对话框

可以通过打开"拾色器"对话框来使用更自由的选取颜色方式。双击工具箱上的"填充色"图标，如图 3-32 所示。打开后的"拾色器"对话框如图 3-33 所示。

[➡ 图 3-32

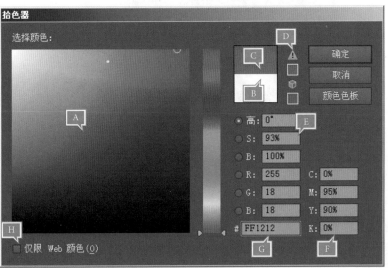

[➡ 图 3-33

* A：选择颜色区。
* B：原始颜色。
* C：当前选择颜色。
* D：颜色溢色警告标志，三角形为色域溢色警报、正方体为 Web 色溢色警报。
* E：当前颜色选择模式。
* F：颜色数值框。
* G：网络所用颜色数值框。
* H：仅显示网络颜色数据。

（4）"色板"面板

Adobe Illustrator 中的颜色可以综合保存至"色板"面板中，并可随时使用。"色板"面板中可存放单色、渐变色和图案 3 种类型。"色板"面板如图 3-34 所示。

* A：当前选择的颜色。
* B：颜色选择区。
* C：隐藏菜单，包括更多编辑色板命令。
* D：删除当前选择颜色。
* E：将拾色器中的颜色保存至色板。
* F：新建颜色组。
* G：打开色板选项，编辑和显示颜色信息。
* H：切换色板显示方式。
* I：打开色板库。
* J：色板颜色组。

[➡ 图 3-34

（5）保存颜色

可以将"填充色"和"颜色"面板中的颜色保存在"色板"面板中，以便随时提取。如图 3-35 所示，在使用拾色器调好颜色后，直接拖曳填充色（图中 A 处）或"颜色"面板中颜色（图中 B 处）至"色板"面板（图中 C 处）即可。

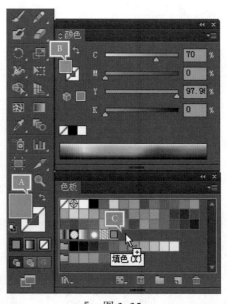

[➡ 图 3-35

编辑图形 ▶

图形的编辑包括图形的描边、形状的变化等。针对图形的描边可以使用"描边"面板；针对图形外观的编辑可以使用"对齐"面板、"变换"面板、"变换"命令/工具和"变形工具"等。

（1）"描边"面板

Adobe Illustrator 中除了可以对图形填充色进行设定外，还可以设定描边的相关属性。"描边"面板如图 3-36 所示。

★ 粗细：描边的宽度，范围为 0~25pt。

★ 端点：线段起点和终点的形状，如图 3-37 所示。

★ 边角：线段拐角的形状，如图 3-37 所示。

★ 限制：当线段有拐角时，超过限度会自动裁剪产生的尖角。

★ 对齐描边：描边和路径对齐的方式，只针对于闭合路径，如图 3-37 所示。

★ 虚线：切换虚/实线描边，如图 3-37 所示。

★ 箭头：线段起点和终点的箭头样式。

★ 缩放：添加箭头后调整箭头的大小。

★ 对齐：添加箭头后箭头的起点/终点的对齐方式。

★ 配置文件：线段描边的粗细变化设置。

⬅ 图 3-36

Adobe Illustrator 中的虚线设置支持不同的虚线比率，可创建不同的虚线类型。

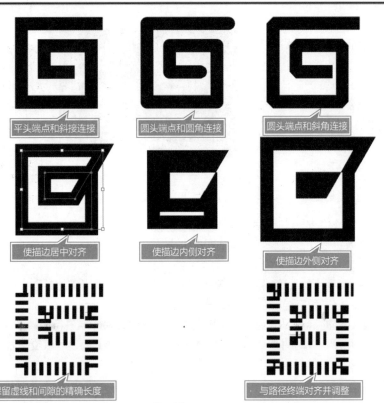

平头端点和斜接连接　圆头端点和圆角连接　圆头端点和斜角连接

使描边居中对齐　使描边内侧对齐　使描边外侧对齐

保留虚线间隙的精确长度　与路径终端对齐并调整

⬅ 图 3-37

（2）"对齐"面板

对于图形的位置调整，可以通过"对齐"面板来进行有序排列。通过"窗口"/"对齐"命令或按快捷键 Shift+F7，打开"对齐"面板，如图 3-38 所示。

* A：多个对象按间距进行分布。
* B：多个对象进行分布。
* C：对齐多个对象。如图 3-39 所示的对齐状态。
* D：对齐选项设置。如图 3-40 所示的分布状态。
* E：对齐关键对象的间距设置。

[➜ 图 3-38

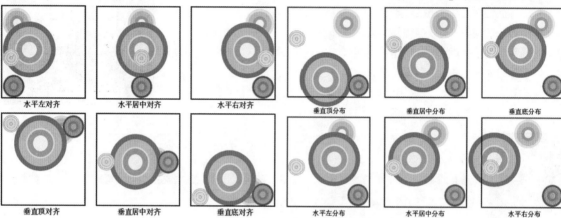

[➜ 图 3-39

[➜ 图 3-40

（3）"变换"面板

通过"变换"面板可以帮助找准参考点。如图 3-41 所示。

* A：图形中参考点设置。
* B：图形中参考点坐标。
* C：当前图形的宽高。
* D：隐藏菜单。
* E：宽和高比例锁定。
* F：图形倾斜角度。
* G：图形旋转角度。

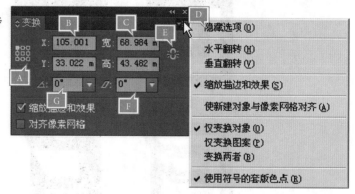

"缩放描边和效果"复选框被勾选后，

[➜ 图 3-41

缩放图形时描边和效果进行动态调整以便适合图形大小。"对齐像素网格"复选框被勾选后，图形始终对齐像素网格。

在"变换"面板中，参考点的设置很关键，在使用参考点时需要知道当前的参考点位于图形的什么位置。"变换"面板中参考点位置和定界框手柄位置一一对应。如图 3-41 所示的"变换"面板中参考点为默认参考点，即中心位置。这时针对图形变形或者移动时均以此中心为标准进行旋转或移动。可手动设置参考点位置，如图 3-42 所示。此时对整个图形旋转或者倾斜时是以左上角参考点位置为基准进行操作。

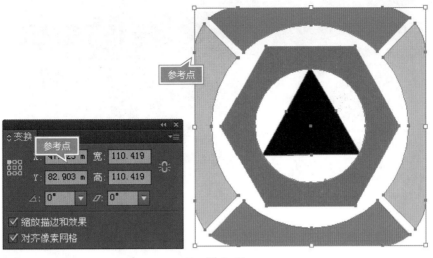

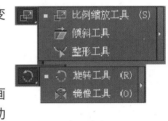

图 3-42

（4）变换工具组

除"变换"面板外，还可以使用变换工具组对图形进行自由排列。变换工具组如图 3-43 所示。变换工具组中包括"旋转工具"、"镜像工具"、"比例缩放工具"、"倾斜工具"、"整形工具"和"自由变换工具"。

★ 旋转工具：可重新设置旋转中心点进行旋转。

操作方法是使用"选择工具"选择图形，切换至"旋转工具"，在画板内任意点设置中心点，如图 3-44 所示。使用鼠标在中心点周围进行转动即可，效果如图 3-45 所示。

图 3-43

图 3-44　　　　　　　　　　图 3-45

在设置中心点时，如按住 Alt 键可在设置中心点的同时打开对话框进行精确设置。"旋转"对话框如图 3-46 所示。在旋转的同时配合 Alt 键可复制图形、配合 Shift 键可强制角度旋转。

图 3-46

★ 镜像工具：可重新设置镜像中心点进行镜像。

操作方法是使用"选择工具"选择图形，切换至"镜像工具"，在画板内任意点设置中心点，如图 3-47 所示。使用鼠标在中心点周围进行转动即可。镜像后效果如图 3-48 所示。

提示

在设置中心点时，如按住 Alt 键可在设置中心点的同时打开对话框进行精确设置。在镜像的同时配合 Alt 键可复制图形、配合 Shift 键可强制角度镜像。

图 3-47

图 3-48

★ 比例缩放工具：可重新设置缩放中心点进行缩放。

操作方法是使用"选择工具"选择图形，切换至"比例缩放工具"，在画板内任意点设置中心点，如图 3-49 所示。使用鼠标在中心点周围拖曳即可。缩放图形效果如图 3-50 所示。

在设置中心点时，如按住 Alt 键可在设置中心点的同时打开对话框进行精确设置。在缩放的同时配合 Alt 键可复制图形、配合 Shift 键可成比例缩放。

设置缩放中心点

[➡ 图 3-49

[➡ 图 3-50

✱ 倾斜工具：可重新设置倾斜中心点进行倾斜。

操作方法是使用"选择工具"选择图形，切换至"倾斜工具"，在画板内任意点设置中心点，如图 3-51 所示。使用鼠标在中心点周围拖曳即可。倾斜图形效果如图 3-52 所示。

提示

在设置中心点时，如按住 Alt 键可在设置中心点的同时打开对话框进行精确设置。在倾斜的同时配合 Alt 键可复制图形。

设置倾斜中心点

[➡ 图 3-51

[➡ 图 3-52

✱ 改变形状工具：可自由改变路径形状。

操作方法是使用"直接选择工具"选择图形上需要改变形状的某段路径。选择路径效果如图 3-53 所示。切换至"改变形状工具"，在该路径上单击后产生节点，拖曳该节点即可改变路径形状。改变路径形状效果如图 3-54 所示。

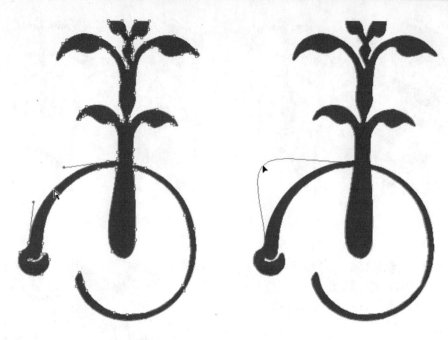

➡ 图 3-53   ➡ 图 3-54

★ 自由变换工具：可整体改变图形的外观。配合 Ctrl 键可调整单个控制柄位置；配合 Alt 键可调整对角控制柄位置；配合 Shift 键可等比例缩放图形。

操作方法是使用"选择工具"选择图形。切换至"自由变换工具"，拖动定界框手柄。配合 Ctrl 键拖动可更改透视效果，如图 3-55 所示。配合 Alt 键拖动可对称缩放图形，效果如图 3-56 所示。配合 Ctrl+Alt 键可对角线更改透视效果，如图 3-57 所示。配合 Ctrl+Alt+Shift 键可对称角缩放透视效果，如图 3-58 所示。

➡ 图 3-55

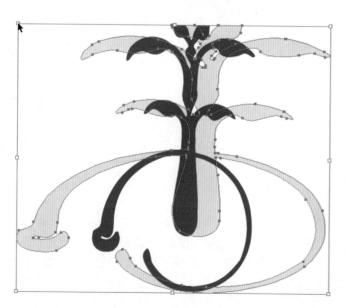

➡ 图 3-56

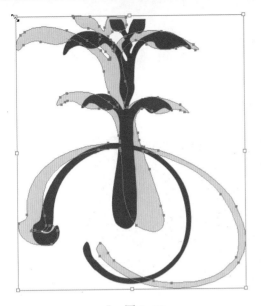

[➡ 图 3-57

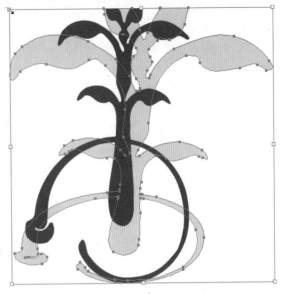

[➡ 图 3-58

（5）"变换"命令

"对象" / "变换"命令是变换工具的命令化形式，同样可以对图形进行精确编辑，子命令如图 3-59 所示。包括"再次变换"、"移动"、"旋转"、"对称"、"缩放"、"倾斜"、"分别变换"以及"重置定界框"。

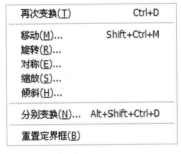

[➡ 图 3-59

✴ 移动：和"选择工具"功能一样，弹出变换对话框进行设置。

操作方法是先选择图形，执行"对象" / "变换" / "移动"命令，打开"移动"对话框，如图 3-60 所示。

位置：可输入图形新的坐标数值、移动距离数值、移动时角度数值以及移动时图形和内部填充图案移动规律。

复制：移动的同时复制副本。

预览：可预览移动后的效果。

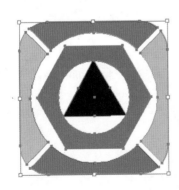

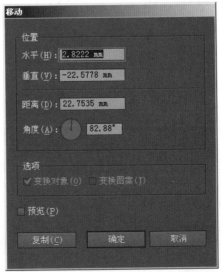

[➡ 图 3-60

✱ 旋转：和"旋转工具"功能一样，弹出变换对话框进行设置。

操作方法是先选择图形，执行"对象"/"变换"/"旋转"命令，打开"旋转"对话框，如图 3-61 所示。

角度：可输入图形旋转角度数值以及旋转时图形和内部填充图案移动规律。

复制：旋转的同时进行复制。

预览：可预览最终效果。

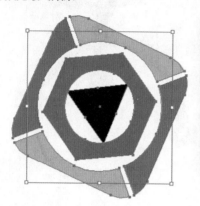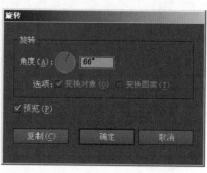

[➡ 图 3-61

✱ 对称：和"镜像工具"功能一样，弹出变换对话框进行设置。

操作方法是先选择图形，执行"对象"/"变换"/"对称"命令，打开"镜像"对话框，如图 3-62 所示。

轴：可选择图形镜像时的轴中心、镜像时的角度线以及镜像时图形和内部填充图案移动规律。

复制：移动的同时进行复制。

预览：可预览最终效果。

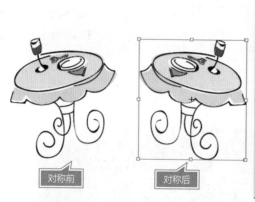

对称前　　　　对称后

[➡ 图 3-62

✱ 缩放：和"比例缩放工具"功能一样，弹出变换对话框进行设置。

操作方法是先选择图形，执行"对象"/"变换"/"缩放"命令，打开"缩放"对话框，如图 3-63 所示。

等比：可按一定的百分比等比例缩放图形。

不等比：可按一定的百分比在不同方向上不等比例缩放图形。

比例缩放描边和效果：缩放图形的同时描边和效果一块缩放。

复制：缩放的同时进行复制。

预览：可预览最终效果。

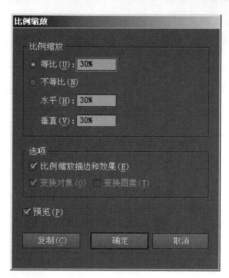

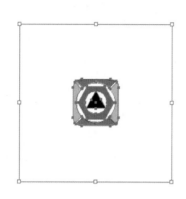

➡ 图 3-63

★ 倾斜：和"倾斜工具"功能一样，弹出变换对话框进行设置。

操作方法是先选择图形，执行"对象"/"变换"/"倾斜"命令，打开"倾斜"对话框，如图 3-64 所示。

倾斜角度：可选择倾斜时的角度数值。

轴：　可选择倾斜时的参照轴。

复制：倾斜的同时进行复制。

预览：可预览最终效果。

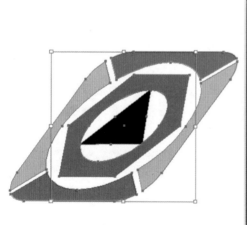

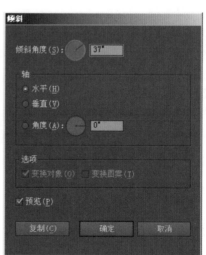

➡ 图 3-64

★ 分别变换：可同时进行移动、旋转、对称、缩放、倾斜操作。

操作方法是先选择图形，执行"对象"/"变换"/"分别变换"命令，打开"分别变换"对话框，如图 3-65 所示。

缩放：可选择缩放图形时的比例数值。

移动：可选择移动图形时的参照轴及距离。

旋转：可选择旋转的角度。

对称 X、对称 Y：选择对称轴。

随机：随机产生变换。

复制：倾斜的同时进行复制。

预览：可预览最终效果。

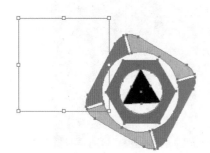

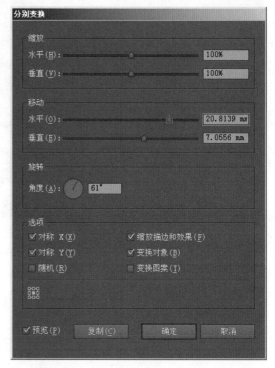

图 3–65

★ 再次变换：重复上一步变换命令。

操作方法是先选择图形，执行"对象"/"变换"/"任意变换"命令或执行"对象"/"变换"/"再次变换"命令，即可重复上一步的变换操作。当复制时可重复复制，旋转复制后的再次变换效果如图 3-66 所示。

★ 重置定界框：将定界框进行初始化设置。

操作方法是先选择图形，默认定界框如图 3-67 所示。对图形进行旋转或者倾斜等任意操作，旋转后的图形定界框位置如图 3-68 所示。执行"对象"/"变换"/"重置定界框"命令，即可将定界框更改为默认位置。重置后的图形定界框位置如图 3-69 所示。

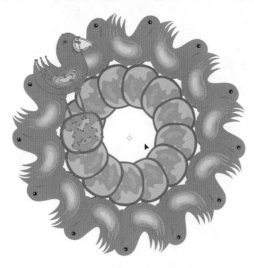

图 3–66

图 3–67

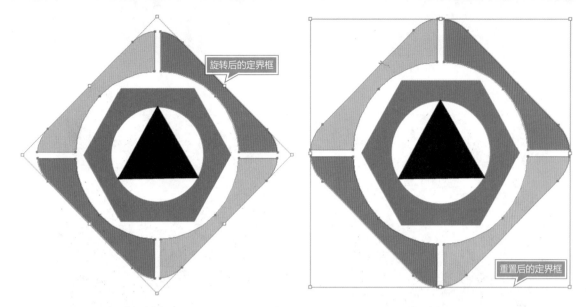

旋转后的定界框

重置后的定界框

[➡ 图 3-68　　　　　　　　　　　　[➡ 图 3-69

（6）变形工具套组

Adobe Illustrator 中对图形可以进行快速变形，变形工具套组中包括"宽度工具"、"变形工具"、"旋转扭曲工具"、"缩拢工具"、"膨胀工具"、"扇贝工具"、"晶格化工具"以及"皱褶工具"，如图 3-70 所示。

"宽度工具"可以将正常的描边进行变形处理。选择线条后为其添加一条粗的描边，使用"宽度工具"从路径内部向外拖曳，如图 3-71 所示。描边变形后的效果如图 3-72 所示。

[➡ 图 3-70

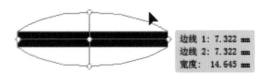

边线 1: 7.322 mm
边线 2: 7.322 mm
宽度: 14.645 mm

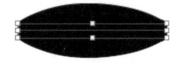

[➡ 图 3-71　　　　　　　　　　　　　　[➡ 图 3-72

使用"变形工具"时，需要先选择图形，然后在图形上拖曳鼠标即可变形图形，效果如图 3-73 所示。

在 Adobe Illustrator 中可分别使用"旋转扭曲工具"、"缩拢工具"、"膨胀工具"、"扇贝工具"、"晶格化工具"以及"皱褶工具"对同一个图形进行变形和更改。

选择图形时，变形套组工具只对该图形进行变形。未选择图形时，变形套组工具可对任意图形进行变形更改。

提示

按住 Shift 键和 Alt 键的同时，使用鼠标左键可对画笔大小进行调整。Alt 键为自由缩放画笔大小。Shift 键为等比缩放画笔大小。

原始图形

变形后图形

⟦➡ 图 3-73

对图形进行变形时，可以通过工具来操作。双击工具箱中的各个工具，可弹出对话框对工具进行精细设置。

"变形工具选项"对话框如图 3-74 所示。

✦ 宽度、高度：更改工具的画笔尺寸。

✦ 角度：当画笔为椭圆时，更改工具的画笔角度。

✦ 强度：更改工具的画笔强弱度。

✦ 变形选项：变形时图形的细节保留度及简化度。

✦ 显示画笔大小：显示画笔范围。

✦ 重置：将所有选项还原为默认设置。

"旋转扭曲工具选项"对话框如图 3-75 所示。

✦ 宽度、高度：更改工具的画笔尺寸。

✦ 角度：当画笔为椭圆时，更改工具的画笔角度。

✦ 强度：更改工具的画笔旋转扭曲时的强弱度。

✦ 旋转扭曲选项：变形时图形的细节保留度、简化度及旋转速度。

✦ 显示画笔大小：显示画笔范围。

✦ 重置：将所有选项还原为默认设置。

"收缩工具选项"对话框如图 3-76 所示。

✦ 宽度、高度：更改工具的画笔尺寸。

✦ 角度：当画笔为椭圆时，更改工具的画笔角度。

✦ 强度：更改工具的画笔收缩时的强弱度。

✦ 收缩选项：变形时图形的细节保留度及简化度。

✦ 显示画笔大小：显示画笔范围。

✦ 重置：将所有选项还原为默认设置。

"膨胀工具选项"对话框如图 3-77 所示。

✦ 宽度、高度：更改工具的画笔尺寸。

✴ 角度：当画笔为椭圆时，更改工具的画笔角度。

✴ 强度：更改工具的画笔膨胀时的强弱度。

✴ 膨胀选项：变形时图形的细节保留度及简化度。

✴ 显示画笔大小：显示画笔范围。

✴ 重置：将所有选项还原为默认设置。

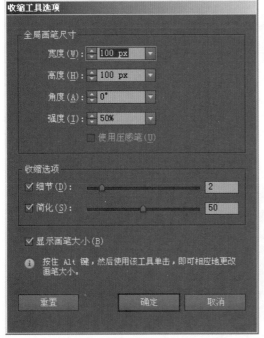

→ 图 3-74	→ 图 3-75
→ 图 3-76	→ 图 3-77

"扇贝工具选项"对话框如图 3-78 所示。

★ 宽度、高度：更改工具的画笔尺寸。

★ 角度：当画笔为椭圆时，更改工具的画笔角度。

★ 强度：更改工具的画笔强弱度。

★ 扇贝选项：变形时图形的边线变形的复杂程度、细节保留度以及是否影响某些特定的锚点控制柄。

★ 显示画笔大小：显示画笔范围。

★ 重置：将所有选项还原为默认设置。

"晶格化工具选项"对话框如图 3-79 所示。

★ 宽度、高度：更改工具的画笔尺寸。

★ 角度：当画笔为椭圆时，更改工具的画笔角度。

★ 强度：更改工具的画笔强弱度。

★ 晶格化选项：变形时图形的边线变形的复杂程度、细节保留度以及是否影响某些特定的锚点控制柄。

★ 显示画笔大小：显示画笔范围。

★ 重置：将所有选项还原为默认设置。

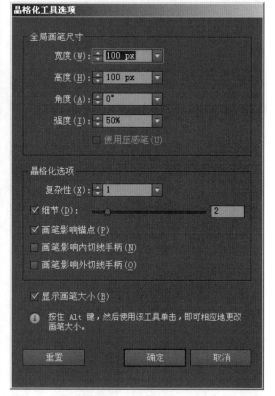

[➡ 图 3-78   [➡ 图 3-79

"皱褶工具选项"对话框如图 3-80 所示。

★ 宽度、高度：更改工具的画笔尺寸。

★ 角度：当画笔为椭圆时，更改工具的画笔角度。

★ 强度：更改工具的画笔强弱度。

★ 皱褶选项：变形时图形的边线变形的复杂程度、分别对水平和垂直边线的变形设置、细节保留度以及是否影响某些特定的锚点控制柄。

★ 显示画笔大小：显示画笔范围。

★ 重置：将所有选项还原为默认设置。

可以使用变形套组工具对同一个图形进行变形以便查看效果，如图 3-81 所示。

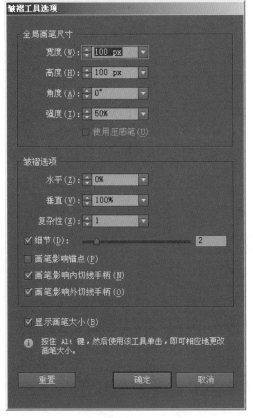

[➡ 图 3-80

[➡ 图 3-81

3.1.4 第四步：辅助功能 ≫

    Adobe Illustrator 其他辅助功能可以帮助用户方便地查看图稿模式、缩放视图比例等，从而加快工作效率。由于显示器屏幕分辨率的不同，在使用软件制作文件时经常会需要自由地放大或缩小视图；在进行设计工作时，校对和预览文档也是输出文件时需要做的步骤。Adobe Illustrator 中关于视图的操作和校对文档等预览模式设置有很多种方法。

"视图"菜单

    "视图"菜单中可以管理 Adobe Illustrator 中的预览模式、设置参考线、设置视图大小、比例以及类型。通过"视图"菜单可以看到如图 3-82 所示的命令。

★ 轮廓：在"轮廓"和"预览"两种模式中进行切换，可以在不同的状态下查看作品。"预览"模式可以查看图形中添加的所有效果状态；"轮廓"模式只能够查看图形的原始路径。如图 3-83 所示为两种模式下的视图显示效果。

★ 叠印预览、像素预览：不同的预览方式查看叠印颜色及栅格效果。

★ 校样设置、校样颜色：在不同模式下查看颜色的不同。

★ 放大、缩小、画板适合窗口大小、全部适合窗口大小、实际大小：设置视图显示比例。

★ 显示切片、锁定切片：显示和锁定切片显示。

★ 隐藏模板：切换模板图层的显示与否。

★ 隐藏标尺、隐藏画板标尺：切换标尺的显示与否。

★ 隐藏定界框：切换定界框的显示与否。

★ 显示透明度网格：切换透明图层显示与否，如图 3-84 所示。

★ 参考线、智能参考线：设置参考线。智能参考线可以动态显示各个图形之间的关系，如边线、中心点等。

★ 透视网格：打开透视网格线，供查看透视，如图 3-85 所示。

★ 显示网格、对齐网格：开启网格以供参考，如图 3-86 所示。

★ 对齐点：移动物体时对齐参考点。

★ 新建视图：创建不同视图比率，以满足不同的查看要求。

★ 编辑视图：编辑创建好的视图。

提示

Tab 键：切换属性栏、工具箱、面板区的隐藏与否。
F 键：在正常模式、带菜单的全屏模式、全屏模式之间切换。

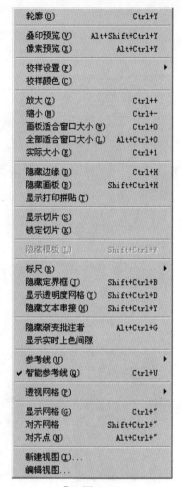

轮廓(O)	Ctrl+Y
叠印预览(V)	Alt+Shift+Ctrl+Y
像素预览(X)	Alt+Ctrl+Y
校样设置(F)	▶
校样颜色(C)	
放大(Z)	Ctrl++
缩小(M)	Ctrl+-
画板适合窗口大小(W)	Ctrl+0
全部适合窗口大小(L)	Alt+Ctrl+0
实际大小(E)	Ctrl+1
隐藏边缘(D)	Ctrl+H
隐藏画板(B)	Shift+Ctrl+H
显示打印拼贴(T)	
显示切片(S)	
锁定切片(K)	
隐藏模板(L)	Shift+Ctrl+W
标尺(R)	▶
隐藏定界框(J)	Shift+Ctrl+B
显示透明度网格(Y)	Shift+Ctrl+D
隐藏文本串接(H)	Shift+Ctrl+Y
隐藏渐变批注者	Alt+Ctrl+G
显示实时上色间隙	
参考线(U)	▶
✔ 智能参考线(Q)	Ctrl+U
透视网格(P)	▶
显示网格(G)	Ctrl+"
对齐网格	Shift+Ctrl+"
对齐点(N)	Alt+Ctrl+"
新建视图(I)...	
编辑视图...	

图 3-82

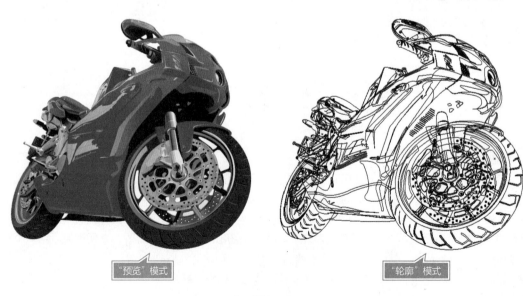

"预览"模式   "轮廓"模式

图 3-83

默认状态　　　　　　　　　　　　开启透明度网格状态

[➡ 图 3-84

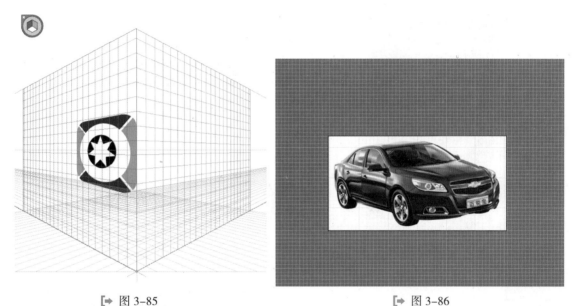

[➡ 图 3-85　　　　　　　　　　　　　　[➡ 图 3-86

抓手、放大镜和"导航器"面板

　　在 Adobe Illustrator 中针对视图的调整有不同的工具可以使用，如视图比率栏、抓手和放大镜工具、"导航器"面板等。"抓手工具"和"放大镜工具"如图 3-87 所示。

[➡ 图 3-87

★ 抓手工具：可自由移动视图。

★ 放大镜工具：默认情况下单击放大视图。按住 Alt 键后单击可缩小视图。

　　视图比率栏中可选择相应视图比率数值来设置视图大小。视图比率栏如图 3-88 所示。

　　通过执行"窗口"/"导航器"命令，可打开"导航器"面板，如图 3-89 所示。在导航器中可查看整个文档的状态、调整视图比例。导航器中红色框为视图大小。

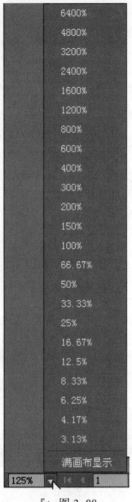

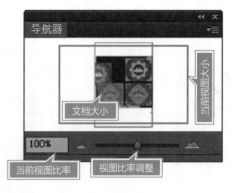

[➡ 图 3-88   [➡ 图 3-89

按住"空格键"可临时切换至抓手工具；按住"Ctrl+空格键"可临时切换至放大镜；按住"Ctrl+Alt+空格键"可临时切换至缩小镜。

辅助线设置

在使用 Adobe Illustrator 处理设计文件时，使用辅助线来规范作品的尺寸、提示辅助设置是非常必要的。Adobe Illustrator 中的辅助线有很多种，其中包括参考线、网格等。并且辅助线设置非常方便。

★ 在打开标尺的状态下，从标尺上拖曳出辅助线，如图 3-90 所示。

★ 执行"视图"/"参考线"命令，设置参考线的状态，如图 3-91 所示。

★ 执行"视图"/"智能参考线"命令，可以打开智能参考线。智能参考线状态如图 3-92 所示。智能参考线可以动态显示鼠标所经过的所有参考点、参考线。

★ 执行"视图"/"显示网格"命令，可以打开网格来充当辅助线，状态如图 3-93 所示。

★ 执行"视图"/"对齐网格"命令，可以将网格对齐到文档的原点。

★ 执行"视图"/"对齐点"命令，可以将图形对齐至网格线。

★ 在"首选项"对话框中可以设置智能参考线、网格线、参考线的颜色、间距等具体设置。

参考线(U)	▶	隐藏参考线(U)	Ctrl+;
✔ 智能参考线(Q)	Ctrl+U	✔ 锁定参考线(K)	Alt+Ctrl+;
透视网格(P)	▶	建立参考线(M)	Ctrl+5
显示网格(G)	Ctrl+"	释放参考线(L)	Alt+Ctrl+5
对齐网格	Shift+Ctrl+"	清除参考线(C)	

[➡ 图 3-90　　　　　　　　　　　[➡ 图 3-91

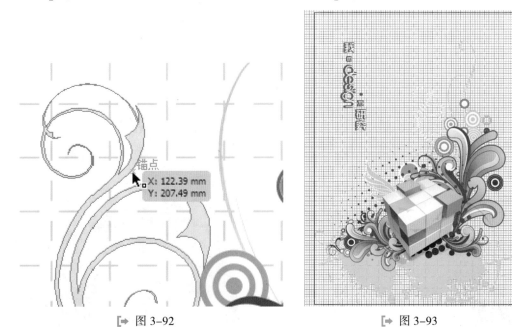

[➡ 图 3-92　　　　　　　　　　　[➡ 图 3-93

提示　也可以将图形转换为参考线。方法为：创建图形后并选择该图形，执行"视图"/"参考线"/"建立参考线"命令（或 Ctrl+5 键），即可将图形转换为参考线，如图 3-94 所示。"释放参考线"命令可将参考线释放为图形。"清除参考线"命令可将参考线清除。

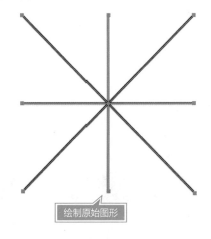

绘制原始图形

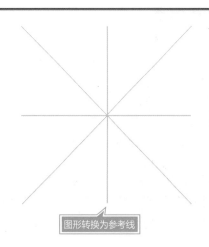

图形转换为参考线

[➡ 图 3-94

3.1.5 第五步：保存文件 »

文件制作完成后，可以将文件进行保存，以便于下次继续编辑。Adobe Illustrator 默认文件格式为 .AI 格式。

保存 .AI 文件

.AI 文件可以最大化保留软件中效果的可编辑性，如路径、蒙版、渐变等，方便用户下次可以继续编辑该文件。

01 选择"文件"/"存储"命令，打开"存储为"对话框，如图 3-95 所示。

02 在"文件名"文本框中输入文件名称，在"保存类型"列表框中选择 .AI 格式后单击"保存"按钮。

03 在弹出的"Illustrator 选项"对话框中选择 AI 文件相关设置，可以从中设置保存的 AI 软件版本级别、是否嵌入字体、是否兼容 PDF 格式、是否设置透明度，如图 3-96 所示。

[➡ 图 3-95

[➡ 图 3-96

导出 .JPG 文件

.JPG 文件是位图格式，当 Adobe Illustrator 存储为 JPG 格式时，就意味着放弃路径、颜色等的编辑性，只查看整体效果。所以 Adobe Illustrator 文件只能够"导出"为 JPG 文件。

01 选择"文件"/"导出"命令，打开"导出"对话框，如图 3-97 所示。

02 在"文件名"文本框中输入文件名称，在"保存类型"列表框中选择 .JPG 格式后单击"保存"按钮。当勾选"使用画板"复选框后，导出的文件尺寸使用画板尺寸，超出画板的图形将自动被删除，如图 3-98 所示。

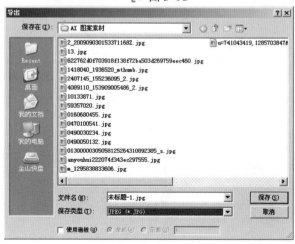

[➡ 图 3-97

03 在弹出的 "JPEG 选项" 对话框中选择 JPEG 文件相关设置，如文件使用何种颜色模式、图片压缩比率、压缩方式、分辨率设置等，如图 3-99 所示。

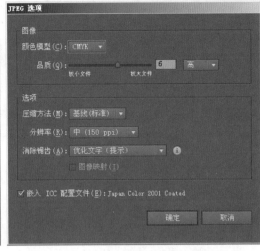

图 3-98   图 3-99

3.2 绘制几何图形

3.2.1 设计分析 »

基本工具由于其标准性，可以很方便地绘制标准几何形体造型的作品。如图 3-100 所示的案例效果中使用的基本工具都非常简单，圆角矩形做底，线条成 45° 角交叉于圆角矩形上方。白色的正圆上方放置正六边形，上方再放置白色正圆后最上方放置正三角形即可。由于整个图形呈现出中心对齐方式，所以绘制时配合相关辅助键即可。

3.2.2 技术概述 »

本案例中使用到的工具有 "圆角矩形工具"、"椭圆工具"、"直线段工具"、"多边形工具"、"描边" 面板、"色板" 面板等。涉及的相关操作是绘制正圆操作、改变矩形圆角操作、中心绘制等比图形、对齐图形、缩放图形、填充颜色和修改描边等。

图 3-100

3.2.3 绘制过程 »

绘制底层图形

01 执行 "文件" / "新建" 命令（或按快捷键 Ctrl+N），打开 "新建" 对话框。在该对话框中输入文件名称、设置 "大小" 为 A4，单击 "确定" 按钮，如图 3-101 所示。

02 使用"圆角矩形工具"在工作区域内单击,打开"圆角矩形"对话框,输入数值后建立矩形,如图 3-102 所示。

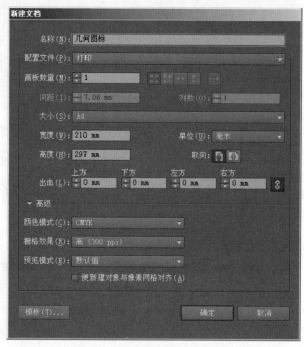

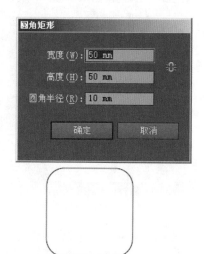

[➡ 图 3-101

[➡ 图 3-102

03 为矩形添加颜色,描边色为"无",填充色为"色板"面板中的"橘黄色",如图 3-103 所示。

04 使用"直线段工具"在圆角矩形中心绘制直线。绘制时配合 Shift+Alt 键使线段呈对角中心绘制,并为其填充白色描边,无填充色,如图 3-104 所示。使用"描边"面板将白色描边线段加粗,如图 3-105 所示。

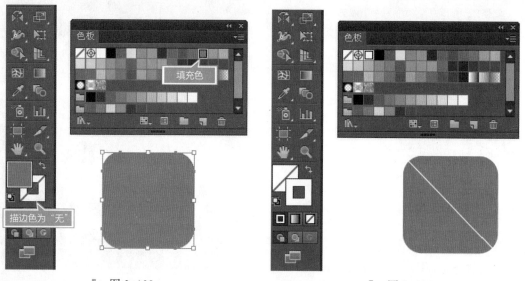

[➡ 图 3-103

[➡ 图 3-104

05 选择直线段,依次按快捷键 Ctrl+ C 和快捷键 Ctrl+F 将其原位复制并粘贴一个副本。

06 切换至"选择工具",按住 Shift 键将直线段副本旋转,效果如图 3-106 所示。

[➡ 图 3-105

[➡ 图 3-106

07 使用"椭圆工具",按住 Shift+Alt 键在圆角矩形中心绘制正圆,为其设置填充色为"白色"和描边色为"无",如图 3-107 所示。为了将已经绘制的图形全部居中对齐,可以全选后使用"对齐"面板中的"水平居中对齐"和"垂直居中对齐"命令,将图形全部居中对齐。也可以使用属性栏中的"居中对齐"按钮,如图 3-108 所示。

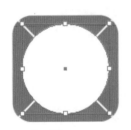

[➡ 图 3-107

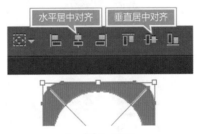

[➡ 图 3-108

绘制中心图形

01 使用"多边形工具"绘制六边形。绘制时可以配合 Shift+Alt 键呈中心等比绘制图形。在绘制时,不松开鼠标左键的情况下,按键盘上下键可调整多边形的边数。为六边形设置填充色为"黄色"和描边色为"无",如图 3-109 所示。

02 使用"椭圆工具"在多边形上方绘制正圆,为其设置填充色为"白色"和描边色为"无",如图 3-110 所示。

03 使用"多边形工具"绘制三角形,配合 Shift+Alt 键呈中心等比绘制图形。在绘制时,不松开鼠标左键的情况下,按键盘上下键可调整多边形的边数为三角形。为三角形设置填充色为"蓝色"和描边色为"无",如图 3-111 所示。

04 选择单个的图形后,配合上下左右键进行位置的微调后,最终效果如图 3-112 所示。

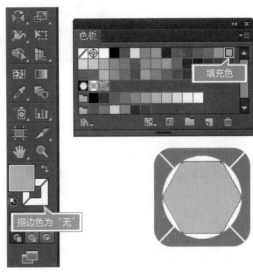

[➡ 图 3-109

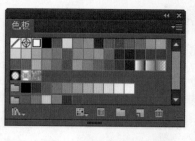

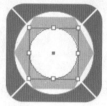

[→ 图 3–110

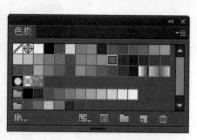

[→ 图 3–111

[→ 图 3–112

3.2.4 举一反三 »

　　基本几何工具绘制的图形非常标准，通过不同图形之间的相互叠压和组合，再配合上其他功能，如路径查找器、变形透视等，就可以绘制出非常不错的作品，效果如图 3-113 所示。

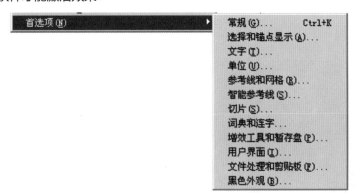

[➡ 图 3-113

3.3　如何设置软件环境

　　在开始工作之前，需要先熟悉 Adobe Illustrator 的工作环境设置。可以执行"编辑"/"首选项"/"常规"命令（或快捷键 Ctrl+K），打开软件环境设置面板，如图 3-114 所示。在首选项系列环境设置中，可以设置文档显示方式、选择图形时的显示方式、微调时的具体数值以及缓存盘等虚拟空间设置。设置后，某些命令需要重启软件才能激活效果。

[➡ 图 3-114

3.3.1 常规设置 ≫

　　如图 3-115 所示为"常规"面板，主要针对常用的辅助命令进行设置。

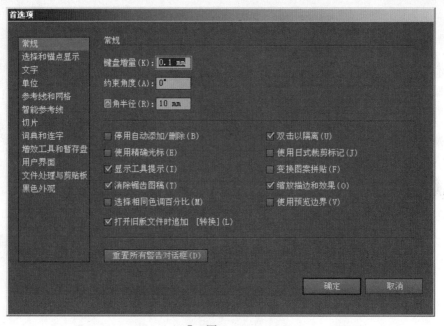

[➡ 图 3-115

* **键盘增量**：设置小键盘中的上下左右 4 个方向键移动数值。

* **约束角度**：绘制图形的角度。当设置数值时，绘制图形将以该数值角度倾斜。

* **圆角半径**：设置初始绘制圆角的半径。

* **停用自动添加 / 删除**：勾选后使用"钢笔工具"将不再
自动添加 / 删除功能，只能使用添加锚点工具和删除锚点工具
才可以添加删除锚点。

* **双击以隔离**：对图形进行双击后进入该图形的隔离模式。
隔离后图形状态如图 3-116 所示。

* **使用精确光标**：将鼠标形状改变为精确光标模式。

* **显示工具提示**：在工具箱上对工具进行提示。

* **缩放描边和效果**：描边和效果的缩放根据图形大小自动
调整。勾选前后状态如图 3-117 所示。

* **重置所有警告对话框**：将关闭过的警告对话框恢复初始
设定。

[➡ 图 3-116

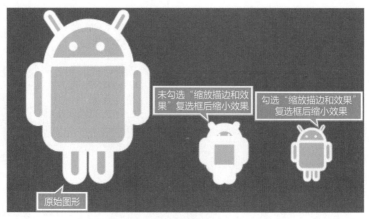

[➡ 图 3-117

3.3.2 选择和锚点显示设置 »

如图 3-118 所示为"选择和锚点显示"面板，主要针对"选择"选项以及锚点和控制手柄的显示进行设置。

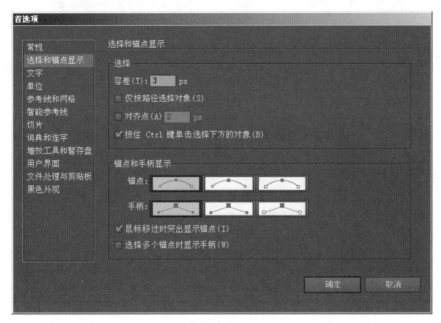

[➡ 图 3-118

★ 容差：设置选择时鼠标单击的有效范围。

★ 仅按路径选择对象：勾选后，将不能通过选择填充色选择图形。

★ 锚点和手柄显示：切换锚点和手柄的显示方式。

★ 鼠标移过时突出显示锚点：勾选后，鼠标经过锚点时将突出显示方便选择，效果如图 3-119 所示。

★ 选择多个锚点时显示手柄：勾选后，选择多个锚点时将显示所选锚点的控制手柄。

[➡ 图 3-119

3.3.3 文字设置 »

如图 3-120 所示为"文字"面板，主要针对有关文字的初始显示进行设置。

★ 文字：设置初始文字的大小和行距、字距距离、基线位置等，如图 3-121 所示。

★ 仅按路径选择文字对象：选择文字时关闭填充选择方式。

★ 显示亚洲文字选项：切换有关双字节字符的调整设置显示与否。

★ 以英文显示字体名称：将字体名称显示为英文。

★ 最近使用的字体数目：设置"字体"/"最近使用的字体数目"下的显示数量。

★ 字体预览：设置字体预览模式。

★ 启用丢失字形保护：所使用字体的字形不可用时，将自动处理文本。

★ 对于非拉丁文本使用内联输入：方便非拉丁文本的输入，将双字节文本直接输入文本框。

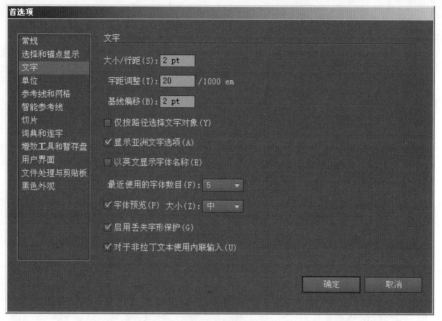

➡ 图 3–120

➡ 图 3–121

3.3.4 单位设置 ≫

如图 3-122 所示为"单位"面板，主要针对有关标尺、图形、文字的单位进行设置。

★ 常规：度量选项会影响标尺度量点之间的距离、移动和变换对象、设置网格和参考线间距以及创建形状，还有新建文档时的默认尺寸单位。

★ 描边：图形描边宽度的单位。

★ 文字：文字的度量单位。

★ 亚洲文字：选择适合亚洲文字的度量单位。

★ 无单位的数字以点为单位：当"常规"中的选项为"派卡"时，该灰色的选框才被激活。混合派卡和点时，用户可以输入如"XpY"的值，其中 X 和 Y 是派卡和点的数量（例如，12p6 为 12 派卡和 6 点）。

★ 对象识别依据："变量"面板显示动态对象在"图层"面板中显示的名称。如果以 SVG 格式存储模板以供其他 Adobe 产品使用，那么这些对象的名称必须遵循 XML 的命名规则。例如，XML 的名称必须以字母、下划线或冒号开始，并且不能包含空格。

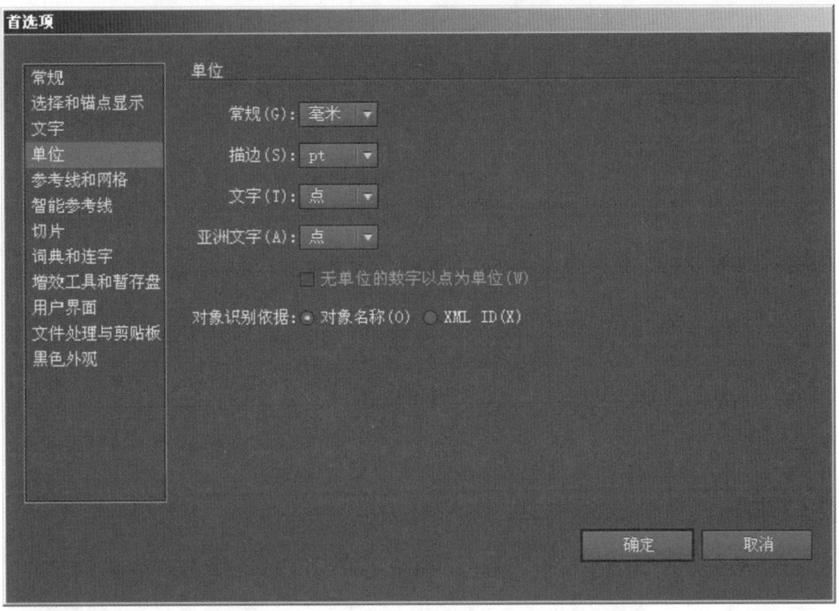

图 3-122

3.3.5 参考线和网格设置 »

如图 3-123 所示为"参考线和网格"面板，主要针对参考线、网格的颜色、样式以及排列规律进行设置。

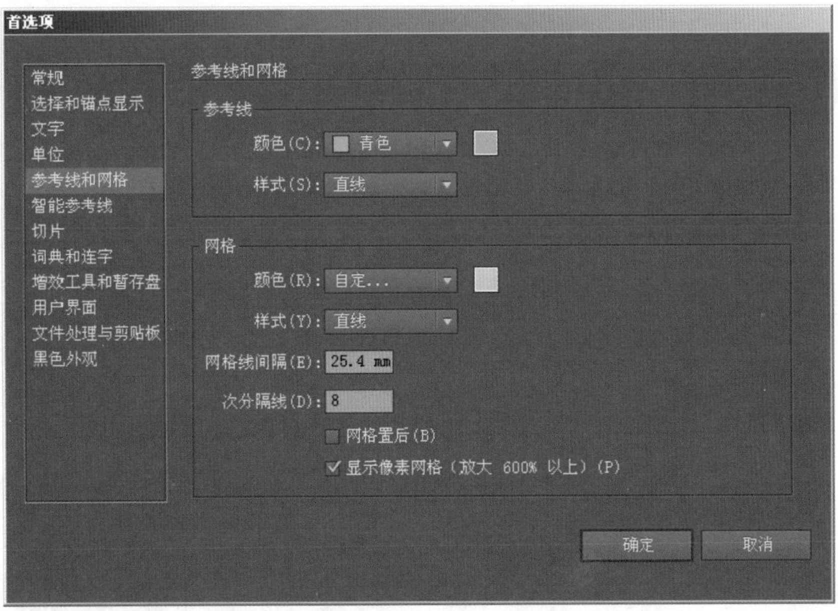

图 3-123

★ 参考线：设置参考线颜色及样式。

★ 网格：设置网格线颜色样式及间距。

★ 网格线间隔：数值决定每隔多少距离生成一条坐标线。

★ 次分隔线：设定坐标线之间再分隔的数量。

★ 网格置后：将网格放在文件后面。

★ 显示像素网格：当视图放大至 600% 时显示像素网格。

3.3.6 智能参考线设置 »

如图 3-124 所示为"智能参考线"面板，主要针对智能参考线的显示颜色、属性等进行设置。

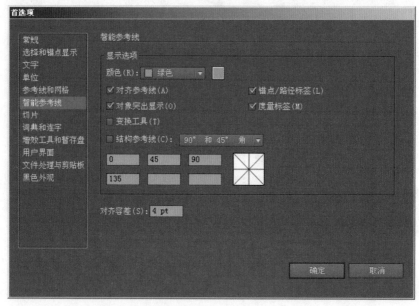

[→ 图 3-124

★ 对齐参考线：勾选该复选框后，自动对齐参考线。

★ 锚点 / 路径标签：勾选后，显示锚点和路径标签。

★ 对象突出显示：勾选后，光标在围绕对象移动时，高亮显示光标下的物体。

★ 度量标签：勾选后，显示度量标签。

★ 变换工具：缩放、旋转和镜像时，可以得到相对于操作的基准点的参考信息。

★ 结构参考线：勾选后，使用智能参考线，页面窗口中会用直线作为参考线帮助确定位置。

★ 对齐容差：图形在靠近参考线时，如果小于设定的数值，则自动吸附。

3.3.7 切片设置 »

如图 3-125 所示为"切片"面板，主要针对网络切片的颜色进行设置。

★ 显示切片编号：显示切片序号。

★ 切片颜色：改变切片颜色。

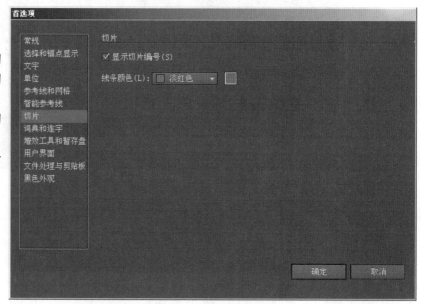

[→ 图 3-125

3.3.8 词典和连字设置 »

如图 3-126 所示为"词典和连字"面板，主要设置英文排版时的行末端连字规则。"词典和连字"只针对外文，在进行外文处理时必须设置适合阅读习惯的排版方式。

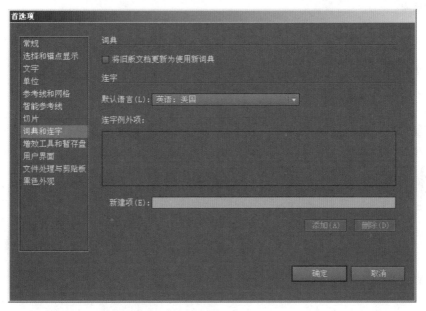

[➡ 图 3-126

★ 默认语言：设置文字排版时的语言类型及连字习惯。

3.3.9 增效工具和暂存盘设置 »

如图 3-127 所示为"增效工具和暂存盘"面板，主要针对 Adobe Illustrator 程序启动时是否加载第三方增效工具及程序的缓存盘进行设置。

[➡ 图 3-127

★ **其他增效工具文件夹**: 勾选后，选择工具文件夹，可将第三方的增效工具添加至 Adobe Illustrator 中，并随机启动。

★ **暂存盘**: 可设置主要缓存盘和次要缓存盘。

3.3.10 用户界面设置 》》

如图 3-128 所示为"用户界面"面板，主要针对 Adobe Illustrator 界面颜色辅助功能进行设置。

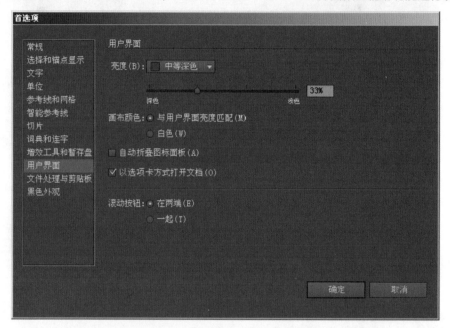

[➡ 图 3-128

★ **亮度**: 设置 Adobe Illustrator 整体界面颜色。

★ **画布颜色**: 设置画布整体颜色。

★ **以选项卡方式打开文档**: 更改打开文档后的显示方式。

★ **滚动按钮**: 设置视图滚动条按钮排列方式。

3.3.11 文件处理和剪贴板设置 》》

如图 3-129 所示为"文件处理与剪贴板"面板，主要针对 Adobe Illustrator 处理 EPS 格式文件时的显示方式以及复制特殊格式时的辅助操作进行设置。

★ **文件**: 链接 EPS 类文件时显示质量和更新 EPS 文档时设置。

★ **链接的 EPS 文件用低分辨率显示**: 勾选后，链接进入文件的 EPS 文件自动低分辨率处理以压缩内存空间。

★ **在"像素预览"中将位图显示为消除了锯齿的图像**: 使用像素预览后的位图自动显示消除锯齿状态。

★ **更新链接**: 更新链接时处理方式。

★ **退出时，剪贴板内容的复制方式**: 退出 Adobe Illustrator 后，剪切板内文件处理方式。

★ **PDF**: 复制为 PDF 格式。

★ **AICB**: AICB 格式（不支持透明度）。

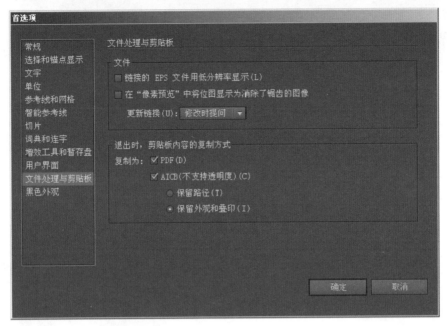

⇨ 图 3-129

3.3.12 黑色外观设置 »

如图 3-130 所示为"黑色外观"面板,其中专门为印刷时的黑色输出准备,可针对不同的输出类型来选择不同黑色设置。

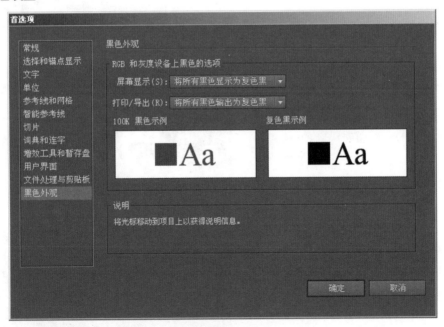

⇨ 图 3-130

★ **屏幕显示**: **屏幕显示时为黑色显示方式。**

精确显示所有黑色: 将纯 CMYK 黑显示为深灰。该设置允许用户查看单色黑和多色黑之间的差异。

将所有黑色显示为复色黑: 将纯 CMYK 黑显示为墨黑 (R=0、G=0、B=0)。该设置使纯黑和复色黑在屏幕上的显示效果相同。

★ 打印 / 导出：黑色打印时的显示方式。

精确输出所有黑色：如果打印到非 PostScript 桌面打印机或者导出为 RGB 文件格式，则使用文档中的颜色数输出纯 CMYK 黑。该设置允许查看单色黑和多色黑之间的差异。

将所有黑色输出为复色黑：如果打印到非 PostScript 桌面打印机打印或者导出为 RGB 文件格式，则以墨黑（R=0、G=0、B=0）输出纯 CMYK 黑。该设置确保单色黑和多色黑的显示相同。

3.4　绘制机器人图标

3.4.1　设计分析 »

安卓图标的机器人造型非常适合用 Adobe Illustrator 中的几何工具来绘制。可以看到机器人本身的图形非常标准，使用简单的"圆角矩形工具"、"椭圆工具"和"线条工具"就可以绘制出来，如图 3-131 所示。

3.4.2　技术概述 »

本案例中使用到的工具有"矩形工具"、"椭圆工具"、"圆角矩形工具"、"颜色"面板、右键菜单、"描边"面板等。涉及的相关操作有"新建"命令、"圆角矩形"对话框设置、定界框的旋转、选择工具的移动复制、图形的前后顺序、颜色的设置等。

➡ 图 3-131

3.4.3　绘制过程 »

安卓机器人头身绘制

⬇01 执行"文件"/"新建"命令，打开"新建文档"对话框，在"配置文件"下拉列表框中选择"Web"选项，"大小"选择"800×600"，单击"确定"按钮，如图 3-132 所示。

⬇02 使用"圆角矩形工具"在工作区域内单击，打开"圆角矩形"对话框，如图3-133 所示。输入数值，得到如图 3-134 所示的圆角矩形图形。

⬇03 使用"椭圆工具"在工作区域内单击，打开"椭圆"对话框，如图 3-135 所示。输入数值，得到如图 3-136 所示的椭圆图形。

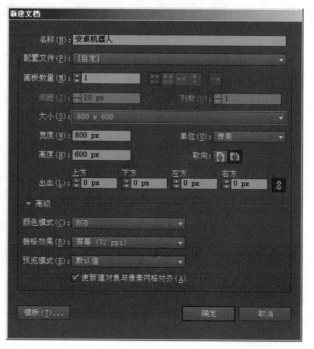

➡ 图 3-132

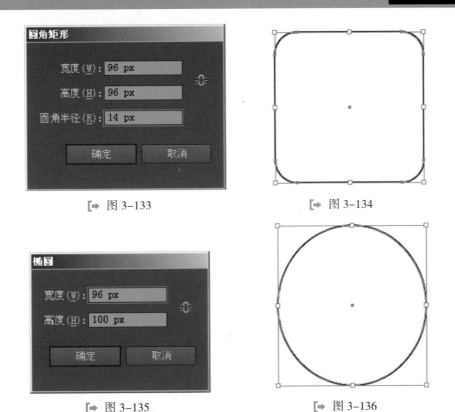

[➡ 图 3-133] [➡ 图 3-134]

[➡ 图 3-135] [➡ 图 3-136]

04 在椭圆图形上单击鼠标右键，打开右键菜单，选择"排列"/"置于底层"命令，如图 3-137 所示。将椭圆图形置于圆角矩形图形下方。打开"颜色"面板，分别为椭圆图形和圆角矩形图形填充颜色，如图 3-138 所示。

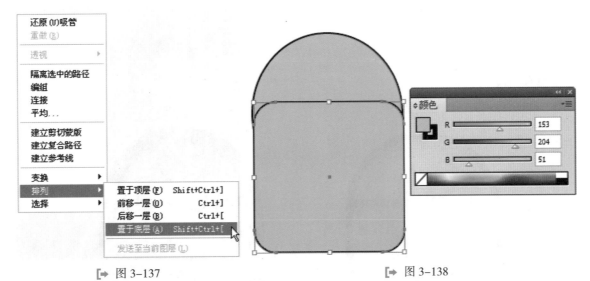

[➡ 图 3-137] [➡ 图 3-138]

05 使用"直接选择工具"将圆角矩形图形的两个节点拖曳至如图 3-139 所示的位置。

06 使用"描边"面板为椭圆图形和圆角矩形图形添加描边，如图 3-140 所示。

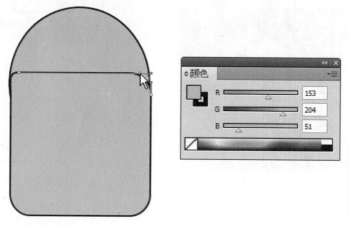

[➡ 图 3–139

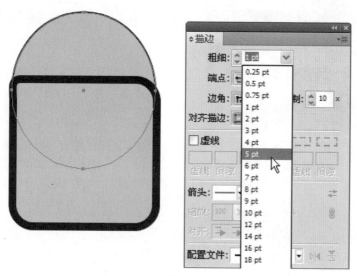

[➡ 图 3–140

07 最终效果如图 3-141 所示。

08 用户也可以为图形设置不同描边粗细，效果如图 3-142 所示。

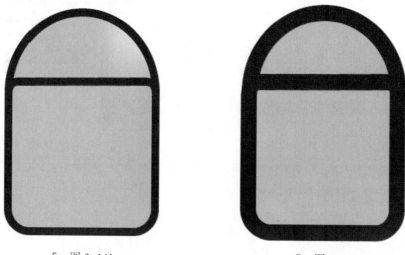

[➡ 图 3–141　　　　　　　　　　[➡ 图 3–142

安卓机器人手臂和腿部绘制

⬇01　使用"圆角矩形工具"在工作区域内单击，打开"圆角矩形"对话框，如图 3-143 所示。输入数值，得到圆角矩形，如图 3-144 所示。使用"选择工具"，将新建的圆角矩形移动复制 3 个，效果如图 3-145 所示。

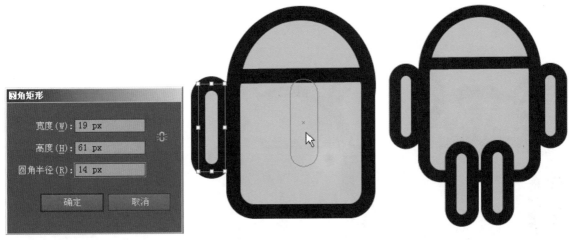

[➡ 图 3-143　　　　　　　　[➡ 图 3-144　　　　　　　　[➡ 图 3-145

⬇02　选择底部的两个圆角矩形，打开右键菜单，选择"排列"/"置于底层"命令，将图形置于下方，如图 3-146 所示。

⬇03　使用"椭圆工具"绘制两个小圆并填充白色，如图 3-147 所示。

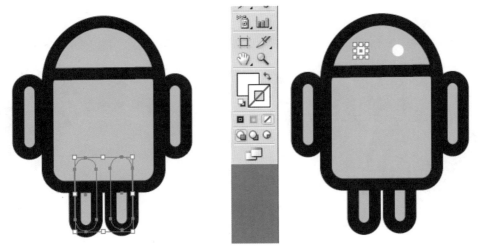

[➡ 图 3-146　　　　　　　　　　　　[➡ 图 3-147

⬇04　使用"圆角矩形工具"绘制如图 3-148 所示的图形。使用"选择工具"将其复制一个后，分别旋转为如图 3-149 所示的形状。将两个图形分别放置在机器人头部上方，如图 3-150 所示。

安卓机器人颜色调整

⬇01　使用"选择工具"选择除白色椭圆图形之外的其他图形，如图 3-151 所示。

⬇02　将选中的图形描边更改为白色，如图 3-152 所示。

[➡ 图 3-148　　　　　　　　　　　　[➡ 图 3-149

 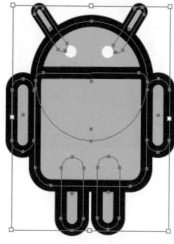 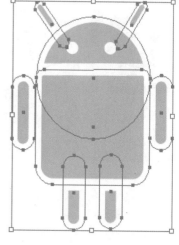

[➡ 图 3-150　　　　　　　　[➡ 图 3-151　　　　　　　　[➡ 图 3-152

⬇03 使用"矩形工具"绘制矩形底图，如图 3-153 所示。

⬇04 执行右键菜单中的"置于底层"命令，将矩形底图放置于机器人图形后方，最终效果如图 3-154 所示。

[➡ 图 3-153　　　　　　　　　　　　　[➡ 图 3-154

3.4.4 举一反三 »

在使用标准几何工具进行创作时，可以采用图形叠压或者遮盖的方式进行。同时图形之间复制并粘贴增加图形的"视觉量化感"，从而增加图形的形式美感，达到作品的"视觉质变"，如图 3-155 所示。

[→ 图 3-155

3.5　各有所长的路径擦除工具

在 Adobe Illustrator 中针对路径的擦除有专门的工具来完成，如"路径橡皮擦工具"、"橡皮擦工具"、"剪刀工具"、"刻刀工具"以及针对图形切割的"路径查找器"面板等，擦除工具如图 3-156 所示。有关这些擦除工具将分别针对不同状态的路径。路径状态可以划分为闭合路径和开放路径，如图 3-157 所示。

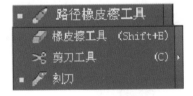

[→ 图 3-156

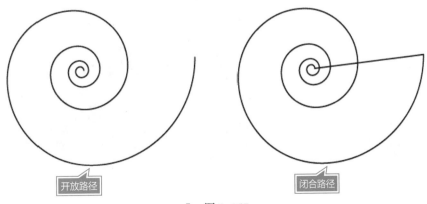

[→ 图 3-157

3.5.1 路径橡皮擦和橡皮擦工具 ≫

路径橡皮擦工具

　　"路径橡皮擦工具"只针对被选择的路径。所以该工具是专门针对擦除"铅笔工具"绘制的路径。

　　"路径橡皮擦"工具使用方法如下。

▼01 使用"铅笔工具"、"画笔工具"或"钢笔工具"绘制一条开放路径，并选择该路径。

▼02 使用"路径橡皮擦工具"在该路径上拖曳鼠标，即可擦除路径，如图 3-158 所示。

▼03 擦除后路径变为开放路径。

> **提示**
>
> 无论针对开放路径还是闭合路径，擦除后均变为开放路径。

原始路径

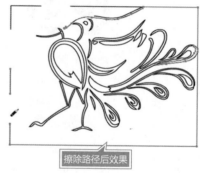
擦除路径后效果

[➡ 图 3-158

橡皮擦工具

　　"橡皮擦工具"和"路径橡皮擦工具"类似，但不同的是"橡皮擦工具"既可针对未选择图形，也可针对选择图形。

　　"橡皮擦工具"使用方法如下。

▼01 使用"铅笔工具"、"画笔工具"或"钢笔工具"绘制一条开放路径。

▼02 双击"橡皮擦工具"，打开"橡皮擦工具选项"对话框，设置"橡皮擦工具"属性如图 3-159 所示。

▼03 使用"橡皮擦工具"在路径上拖曳即可擦除路径。

▼04 "橡皮擦工具"针对不同路径产生不同结果。如针对开放路径擦除将产生开放路径；针对闭合路径擦除则产生闭合路径，如图 3-160 所示。

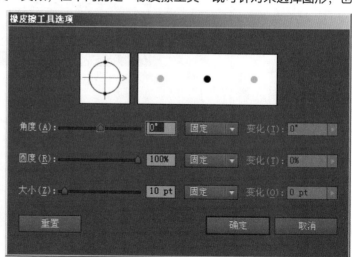

[➡ 图 3-159

提示

使用"橡皮擦工具"时，按住 Alt 键可拖曳出矩形框，框住的图形即被删除。

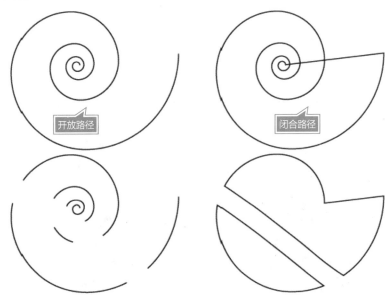

[→ 图 3–160

3.5.2 剪刀工具和刻刀工具 »

剪刀工具

　　"剪刀工具"是针对路径进行精确裁剪的工具。该工具可同时针对选择或未选择图形，而且该工具裁剪后图形只产生开放路径。

　　"剪刀工具"使用方法如下。

01 使用"铅笔工具"、"画笔工具"或"钢笔工具"绘制一条路径。

02 使用"剪刀工具"在路径上单击，即可将路径在单击点处断开，如图 3-161 所示。

[→ 图 3–161

刻刀工具

　　"刻刀工具"是针对路径进行大面积分割的工具。该工具只能针对闭合路径。
　　"刻刀工具"使用方法如下。

▼01　使用"铅笔工具"、"画笔工具"或"钢笔工具"绘制一条路径。
▼02　使用"刻刀工具"在路径上拖曳，即可将路径分割为两个图形，如图 3-162 所示。

提示

使用"刻刀工具"时，按住 Alt 键可拖曳出直线段进行切割。

[➡ 图 3-162

3.5.3 "路径查找器"面板 »

　　"路径查找器"可以将两个图形分别进行分割、合并、切割等操作，
将其改变至任意形状。执行"窗口"/"路径查找器"命令（或按快捷
键 Shift+Ctrl+F9），打开"路径查找器"面板，如图 3-163 所示。
　　"路径查找器"面板使用方法如下。

▼01　绘制两个图形，将其相互重叠放置并选择，如图 3-164 所示。
▼02　单击"路径查找器"面板中"形状模式"下的"联集"按钮，执行
后效果如图 3-165 所示。

[➡ 图 3-163

▼03　使用不同的命令对两个图形进行分别操作以便
查看不同效果。执行后的不同效果如图 3-166 所示。

★　扩展：默认情况下，执行"形状模式"下的
命令均为破坏性操作。按住 Alt 键执行命令后为非破
坏性操作，通过"扩展"按钮可以将其转换为破坏性
操作。

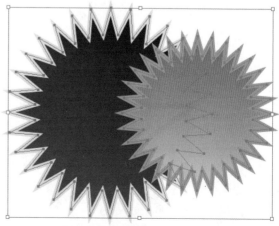

[➡ 图 3-164

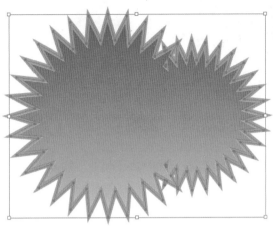

[➡ 图 3-165

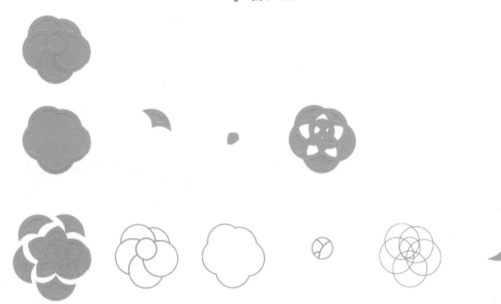

[➡ 图 3-166

在对两个图形进行路径查找时，这两个图形必须保持不同的描边色和填充色才可方便查看最终效果。

知识扩展

破坏性操作和非破坏性操作的区别？

Adobe Illustrator 中针对路径的操作分为两大类，即破坏性操作和非破坏性操作。非破坏性操作是将图形在不破坏原始路径的情况下将其外观更改；破坏性操作则是将路径直接破坏为最终形状。针对路径的非破坏性操作是按住 Alt 键单击"路径查找器"面板中的命令，即可产生非破坏路径效果，如图 3-167 所示。

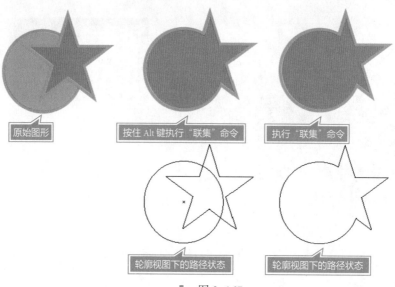

原始图形

按住 Alt 键执行"联集"命令

执行"联集"命令

轮廓视图下的路径状态

轮廓视图下的路径状态

⟦➡ 图 3-167

3.6 绘制大众标志

3.6.1 设计分析 ≫

大众的标志是有几何图形互相之间加减而成，并且图形之间很适合通过路径查找器来进行相互的裁切。如图 3-168 所示的图形大致可分为底图的圆形和标志的类 W 形，而类 W 形则可以通过"矩形工具"相互之间进行组合而来。

3.6.2 技术概述 ≫

本案例中使用到的工具有"椭圆工具"、"矩形工具"、"旋转工具"、"径向工具"、"路径查找器"面板、"颜色"面板、"对齐"面板等。涉及的相关操作有图形的移动复制、镜像和旋转操作、图形的对齐和微调、"路径查找器"面板操作、颜色的设置等。

⟦➡ 图 3-168

3.6.3 绘制过程 ≫

基础图形绘制

🔻01 使用"椭圆工具"配合 Shift 键和 Alt 键绘制正圆图形，并填充颜色为"深蓝色"，如图 3-169 所示。

🔻02 使用"椭圆工具"再次绘制两个正圆图形，大小要依次缩小，并为两个正圆图形分别填充白色，如图 3-170 和图 3-171 所示。

🔻03 执行"窗口"/"路径查找器"命令（或按快捷键 Shift+Ctrl+F9），打开"路径查找器"面板，如图 3-172 所示。将两个白色正圆图形选择后，单击"路径查找器"面板中"形状模式"下的"差集"按钮，将两个正圆图形制作为环形图形，效果如图 3-173 所示。

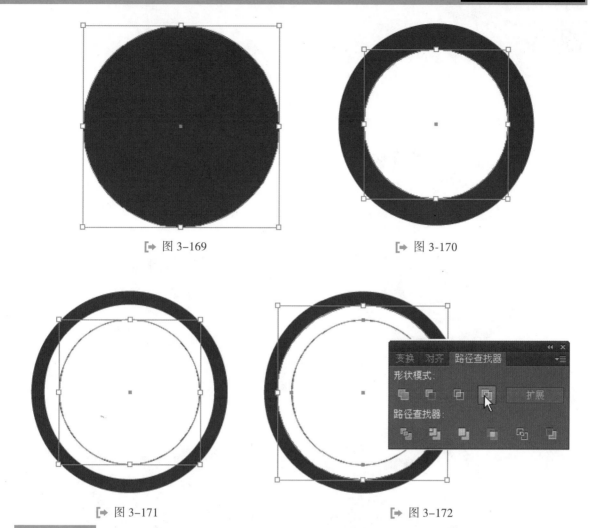

[➡ 图 3–169　　　　　　　　　　　　[➡ 图 3-170

[➡ 图 3–171　　　　　　　　　　　　[➡ 图 3–172

内部图形绘制

[⬇01] 使用"矩形工具"绘制矩形，如图 3-174 所示。按 E 键切换至"自由变换工具"，在矩形的右下角进行拖曳，如图 3-175 所示。拖曳的同时配合 Shift+Alt+Ctrl 键将矩形进行透视变形，效果如图 3-176 所示。

[➡ 图 3–173

[➡ 图 3–174

在使用"自由变换工具"进行透视缩放时，要先拖曳图形控制柄进行正常缩放后，再按 Shift+Alt+Ctrl 键才会进行透视缩放。

自由变换控制柄

[➡ 图 3-175

[➡ 图 3-176

02 选择变形后的矩形，双击"旋转工具"，打开"旋转"对话框，输入数值后单击"确定"按钮，效果如图 3-177 所示。

旋转中心点

[➡ 图 3-177

03 使用"镜像工具"在旋转后的矩形左下角按住 Alt 键单击（确定镜像中心点的同时打开"镜像"对话框），在"镜像"对话框中选择"垂直"后，单击"复制"按钮，如图 3-178 所示。

04 选择两个矩形后，单击"路径查找器"面板中"形状模式"下的"联集"按钮，如图 3-179 所示。将两个图形联合，效果如图 3-180 所示。

05 使用"钢笔工具"中的"删除锚点工具"在图形的下方两个锚点上单击，如图 3-181 所示。将锚点删除，效果如图 3-182 所示。

镜像中心点

➡ 图 3-178

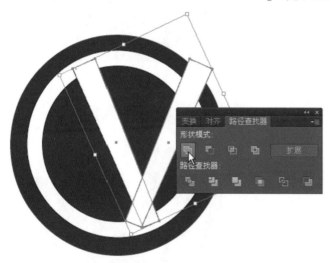

➡ 图 3-179

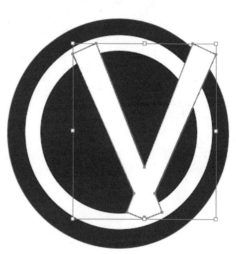

➡ 图 3-180

删除的锚点

删除的锚点

➡ 图 3-181

➡ 图 3-182

06 执行"视图"/"标尺"/"显示标尺"命令（或按快捷键 Ctrl+R），打开标尺。选择底层蓝色正圆后，根据正圆的中心为其添加参考线，如图 3-183 所示。

07 选择 V 字形图形后，使用"镜像工具"在参考线中心按住 Alt 键单击（确定中心点的同时弹出"镜像"对话框），如图 3-184 所示。在"镜像"对话框中选择"轴"为"垂直"选项后，单击"复制"按钮，效果如图 3-185 所示。

[➡ 图 3-183

[➡ 图 3-184

内部图形的相互裁剪 ▶

01 选择两个 V 字形图形，如图 3-186 所示。单击"路径查找器"面板中"形状模式"下的"联集"按钮，如图 3-187 所示。将两个图形互相融合，效果如图 3-188 所示。

02 在图形中心绘制矩形，如图 3-189 所示。将矩形和 W 字形全部选取后，单击"路径查找器"面板中"形状模式"下的"差集"按钮，将图形镂空，效果如图 3-190 所示。

[➡ 图 3-185

[➡ 图 3-186

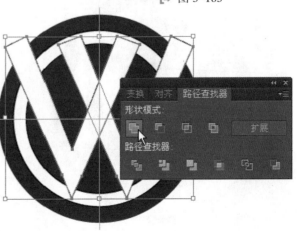

[➡ 图 3-187

图 3-188

图 3-189

03 在组合后的图形上双击，进入图形内部进行编辑，如图 3-191 所示。将多余的两块图形选取后删除，效果如图 3-192 所示。在空白处双击后退出内部编辑模式，效果如图 3-193 所示。

图 3-190

图 3-191

图 3-192

图 3-193

↓04 选择圆环和 W 字形图形，如图 3-194 所示。单击"路径查找器"面板中"路径查找器"下的"分割"按钮，将两个图形全部分割，效果如图 3-195 所示。

↪ 图 3-194

↪ 图 3-195

↓05 在图形上双击进入图形内部，如图 3-196 所示。选择多余的图形将其删除，效果如图 3-197 所示。在空白处双击退出内部编辑模式。

↪ 图 3-196

↪ 图 3-197

↓06 选择组合后的图形并将其描边色改为"无"，效果如图 3-198 所示。

↓07 最终完成的效果如图 3-199 所示。

[➡ 图 3-198　　　　　　　　　　　　　　　　　[➡ 图 3-199

3.6.4 举一反三 »

很多标志都源自于标准几何形体变形，所以制作标志时大多采用 Adobe Illustrator 来进行制作。利用 Adobe Illustrator 制作的文件有很多优势。例如，制作快捷、方便输出、文件量小等。同时 Adobe Illustrator 自身的工具也非常适合制作变形的标志和图标，效果如图 3-200 所示。

[➡ 图 3-200

第 4 章
路径的秘密

　　针对 Adobe Illustrator CS6 的强大工具——路径，本章节中将有详细的讲解。用户可以通过本章的学习，掌握路径绘制和编辑工具的运用，尽快摆脱初学者的称号。

本章重点

- 实用的"钢笔工具"

- 应用"钢笔工具"绘制图形

- "路径"命令的应用

- 绘制矢量标志

- 外观与扩展、蒙版、图表与切片

- 矢量作品初体验——绘制卡通人物

4.1　实用的"钢笔工具"

4.1.1　钢笔工具和贝塞尔曲线 »

在 Adobe Illustrator 中创建图形的重要工具是"钢笔工具"（也称为"贝塞尔工具"）。"贝塞尔工具"在 Photoshop、InDesign、Flash 以及 CorelDRAW 中都有。但 Illustrator 中的"贝塞尔工具"更为实用和便捷，同时在调节钢笔工具的路径方式上也更胜过于其他图形软件。使用"钢笔工具"可绘制贝塞尔曲线，使用"添加锚点工具"、"删除锚点工具"和"转换锚点工具"可修改锚点。钢笔工具组如图 4-1 所示。

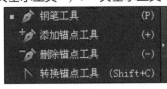

➡ 图 4-1

Adobe Illustrator 作为一款矢量绘图软件，绘制的路径称为"贝塞尔"路径。图 4-2 所示为贝塞尔路径的相关名称。

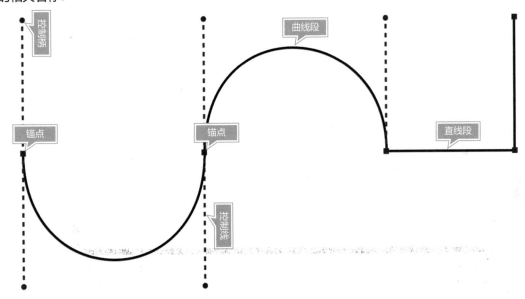

➡ 图 4-2

* ✦ 锚点：又称节点，通过单击"钢笔工具"创建。
* ✦ 控制线：通过控制线的长短来控制曲线的弯曲程度。
* ✦ 控制柄：用于调整控制线。
* ✦ 曲线段：通过拖曳锚点上的控制柄得到曲线段。
* ✦ 直线段：通过单击"钢笔工具"得到直线段。

贝塞尔曲线（又称贝兹曲线或贝济埃曲线）："贝塞尔曲线"是由法国数学家 Pierre Bézier 所发现，由此为计算机矢量图形学奠定了基础。由于用计算机画图大部分时间是操作鼠标来掌握线条的路径，与手绘的感觉和效果有很大的差别。即使是一位精明的绘画师能轻松绘制出各种图形，但拿起鼠标想随心所欲地画图也不是一件容易的事。使用"贝塞尔工具"画图很大程度上弥补了这一缺憾。一般的矢量图形软件都是通过该工具来精确画出曲线。贝塞尔曲线由线段与节点组成，节点是可拖动的支点，线段像可伸缩的皮筋。在一些比较成熟的位图软件中也有贝塞尔曲线工具，如 Photoshop 等。在早期的 Flash 4 版本中还没有完整的曲线工具，而在升级后的 Flash 5 版本中就已经提供了贝塞尔曲线工具。

4.1.2 锚点属性和路径形态 »

在 Adobe Illustrator 中可以使用"钢笔工具"来创建不同的锚点以及不同的曲线。Adobe Illustrator 中有 3 种不同属性的锚点，即对称锚点、平滑锚点和尖突锚点。锚点属性如图 4-3 所示。

★ 对称锚点：锚点两端的控制柄呈 180°角，并且两边控制线长短一致。

★ 平滑锚点：锚点两端的控制柄呈 180°角，但两边控制线长短不一致。

★ 尖突锚点：锚点两端的控制柄呈角度折叠，且控制线长短不一致。

绘制贝塞尔路径时，根据路径的形状可以大致分为直线段、曲线段、波浪线、频率线、M 线段等。

★ 直线段：选择"钢笔工具"后，直接单击即可出现直线段，如图 4-4 所示。

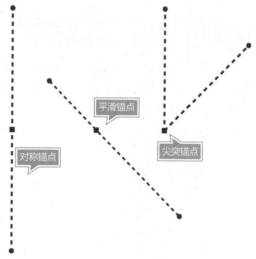

[➡ 图 4-3

★ 曲线段：选择"钢笔工具"后，在起点处单击，在终点处按住鼠标左键后拖曳即可绘制曲线段；反之也可。如图 4-5 所示。

★ 波浪线：选择"钢笔工具"后，拖曳鼠标方向一致即可绘制波浪线，如图 4-6 所示。

★ 频率线：选择"钢笔工具"后，拖曳鼠标方向不同即可绘制频率线，如图 4-7 所示。

★ M 线段：选择"钢笔工具"后，起点拖曳鼠标向上，第二节点拖曳线向下后，按住 Alt 键改变控制线方向为向上，即可绘制 M 线，如图 4-8 所示。

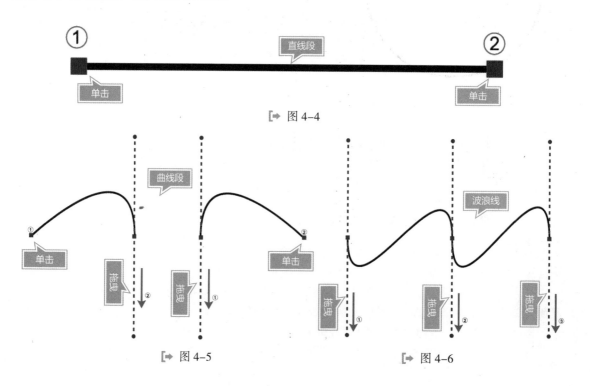

[➡ 图 4-4

[➡ 图 4-5   [➡ 图 4-6

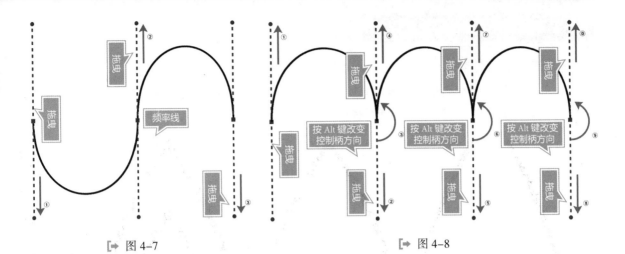

图 4-7　　　　　　　　　　　　　　　　　图 4-8

默认设置下，选择"钢笔工具"后直接单击或者拖曳出的锚点属性为对称锚点。使用"转换锚点工具"可以在 3 种锚点之间进行转换，可以在绘制对称锚点的同时按住 Alt 键将其改变为尖突锚点。也可以在绘制完毕后，通过"直接选择工具"将对称锚点更改为平滑锚点。不同锚点属性的频率线如图 4-9 所示。

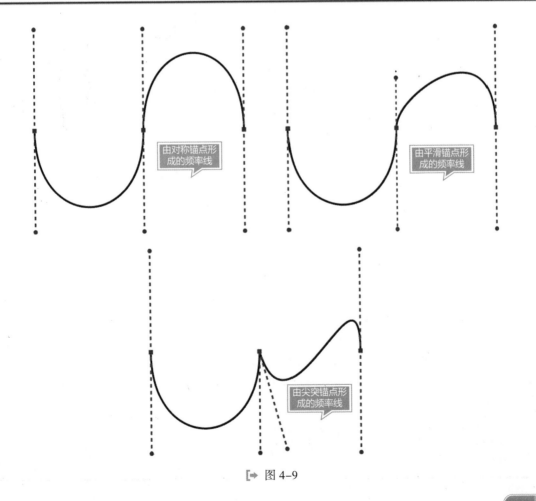

图 4-9

4.1.3 编辑锚点与路径的技巧 »

开放路径、闭合路径和复合路径

  Adobe Illustrator 制作的图形均由路径组成。在 Illustrator 中根据路径的闭合状态可分为三类路径，即闭合路径、开放路径和复合路径。不同的路径可以制作出不同的图形，如图 4-10 所示。

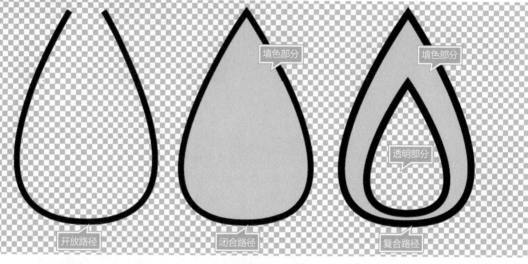

图 4-10

  ★ 开放路径：起点和终点不闭合，如图 4-11 所示。

  ★ 闭合路径：起点和终点闭合，是封闭的路径。在 Adobe Illustrator 中可为闭合路径填充颜色，填充时会在起点和终点之间建立假想的直线段将其视为闭合路径，从而为其填充颜色，如图 4-11 所示。

  ★ 复合路径：两个闭合路径组成的复合形状，可制作中心镂空效果，是 Illustrator 中较为常见的由两条或多条路径组成的图形。

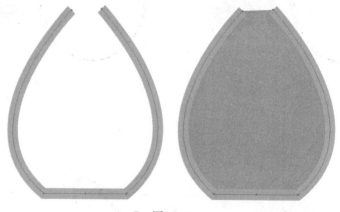

图 4-11

不建议使用开放路径为其填充颜色。

制作复合路径的具体操作步骤如下。

01 选择两个重叠的图形，如图 4-12 所示。

02 在图形上单击鼠标右键，在弹出的快捷菜单中选择"建立复合路径"命令，如图 4-13 所示。或者通过执行"对象"/"复合路径"/"建立" 命令也可制作复合路径。

03 重叠的部分被自动镂空，填充色和描边色会使用下方图形的颜色属性。最终效果如图 4-14 所示。

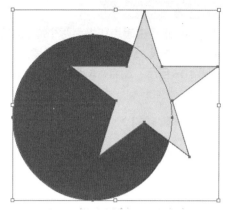

[➡ 图 4-12

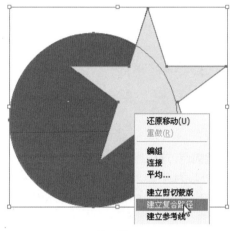

[➡ 图 4-13

[➡ 图 4-14

释放复合路径的操作如下。

选择复合路径的图形后，执行"对象"/"复合路径"/"释放"命令可释放复合路径。

注意　复合路径经常应用在字母或同心图形上，如图 4-15 所示。

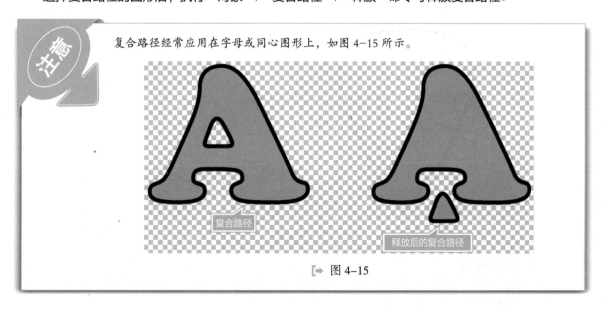

[➡ 图 4-15

两个锚点控制一段路径

一条路径由起点和终点两个锚点控制，每个锚点的控制线影响一半路径形态。两个点产生的锚点形成一条直线段，起点单击、终点拖曳的锚点将产生半抛型曲线段，起点和终点均拖曳将产生全抛型曲线段。如图 4-16 所示，A 点、B 点分别只影响一半的路径曲线形态。

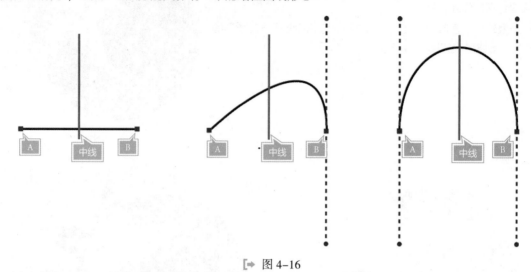

[➡ 图 4-16

起点应采用单击方式创建锚点

在使用"钢笔工具"时，通常在起点会采用单击的方式创建锚点，这样是为了方便闭合锚点操作。所以，如果需要创建一条路径时，起点的选择最好是该路径的折点处最为合适。如图 4-17 所示，A 点最适合做起点，原因就在于最终闭合时回到 A 点不会受到控制柄的影响。如图 4-18 所示，圆圈标示出来的地方也是适合做起点的位置。

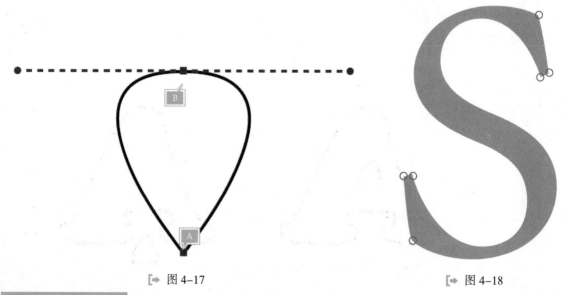

[➡ 图 4-17   [➡ 图 4-18

控制线与路径位置关系

锚点上的控制线与路径的关系是相切的。创建锚点时要考虑锚点和路径的关系，在创建时一定要创建在整个图形的最外侧，如图 4-19 所示。

控制柄拖曳方向与路径弯曲方向的关系

　　控制柄拖曳方向和路径弯曲方向的关系可分为两种，即前点关系和后点关系。例如图 4-20 中，曲线由锚点 O、P、Q 组成，点 1、点 2、点 3 为控制柄拖曳的方向，点 A、点 B、点 C、点 D 为路径弯曲的方向。可以看到点 1 拖曳的方向与点 A 弯曲方向一致，点 2 拖曳的方向与点 B 相反，但与点 C 一致。可以理解为前点拖曳方向和曲线弯曲方向一致、后点拖曳方向与曲线弯曲方向相反。因为 P 相对于前点 O 来说是后点 P，但相对于后点 Q 来说则又是前点 P。

图 4-19

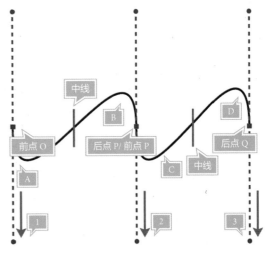

图 4-20

4.2　应用 “钢笔工具” 绘制图形

4.2.1 设计分析 》》

　　贝塞尔曲线的特点是利用锚点和控制线的位置和长短来控制曲线的曲度。在绘制贝塞尔曲线时，锚点越少则曲线越平滑、优美。所以，在绘制矢量图形作品时，就要考虑到用最少的锚点来绘制最优美的曲线，这样的好处在于锚点很少的图形形状会很优美，同时占用的文件量也会变少。如图 4-21 所示，“2”数字图形本身非常适合使用贝塞尔曲线来绘制，它既有直线也有曲线。在绘制时尽量用较少的锚点数量来绘制该图形，而且需要考虑之前讲到的绘制贝塞尔路径的技巧，如开头起点的选择、锚点的设置、控制线的长短以及方向等，图中标示出的位置都可以作为起点来建立锚点。

4.2.2 技术概述 》》

　　本案例中使用到的工具有“钢笔工具”、“转换锚点工具”、“添加锚点工具”等。涉及到的相关操作有直线的建立、锚点的位置选择、锚点的属性转换、锚点控制柄的长短和曲线的位置关系等。

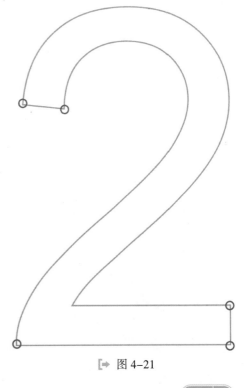

图 4-21

4.2.3 绘制过程 »

选择起点

⬇01 打开素材文件后，使用"钢笔工具"在如图 4-22 所示的红圈位置单击，建立起点锚点。

⬇02 使用"钢笔工具"在下一位置单击，建立第二个锚点，如图 4-23 所示。

[➡ 图 4-22

[➡ 图 4-23

⬇03 使用"钢笔工具"在图中红圈位置拖曳出控制柄至图中钢笔位置，控制柄的长短要以红色曲线附和灰色模板上，同时保持曲线和控制柄的位置关系为相切，如图 4-24 所示。

⬇04 同样在下一位置拖曳控制柄至相应位置，控制柄长短以曲线附和灰色模板为准，如图 4-25 所示。

[➡ 图 4-24

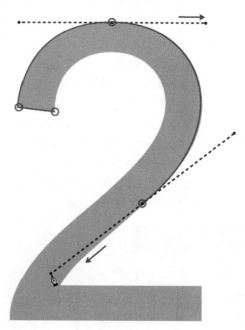

[➡ 图 4-25

↓05 在"2"数字的拐角处单击鼠标建立转折点，如果曲线不能附和灰色图形，可通过"直接选择工具"调整图 4-26 中的控制柄长短。

↓06 使用"钢笔工具"，按住 Shift 键的同时在图 4-27~ 图 4-29 中单击，分别建立直线路径。

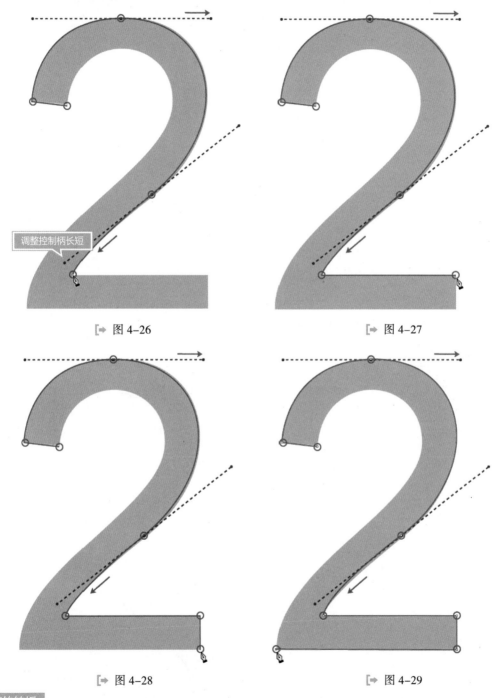

调整控制柄长短

[➡ 图 4-26　　　　　　　　　　　　　[➡ 图 4-27

[➡ 图 4-28　　　　　　　　　　　　　[➡ 图 4-29

锚点的转折

↓01 如果锚点需要转换为只有一条控制柄的尖突锚点，可以使用"钢笔工具"单击建立锚点后，将该工具继续放置在锚点上，此时"钢笔工具"图标变为如图 4-30 所示的形状。将锚点控制柄拖曳至如图 4-31 所示位置即可。

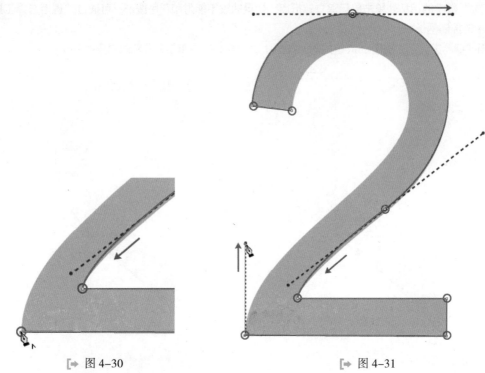

[➡ 图 4-30

[➡ 图 4-31

↓02 继续在下一位置拖曳锚点至相应位置，如图 4-32 所示。

↓03 将"钢笔工具"移到起点位置，当变形为闭合路径图形时，单击后拖曳至相应位置，将最后的曲线附和灰色模板图形。"钢笔工具"图标变为如图 4-33 所示的形状，拖曳至相应的位置，如图 4-34 所示。

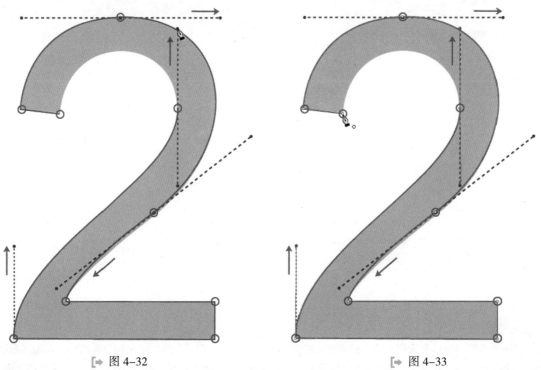

[➡ 图 4-32

[➡ 图 4-33

↓04 最终绘制完成的效果如图 4-35 所示。可以看到图中"2"数字的图形仅用 9 个锚点即可将其外观绘制出来，同时曲线非常优美、平滑。

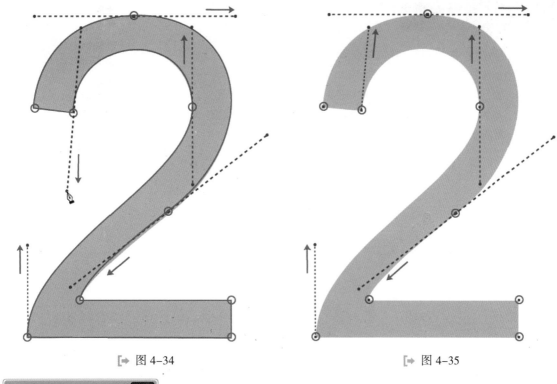

[➡ 图 4-34   [➡ 图 4-35

4.2.4 举一反三 »

在使用"钢笔工具"进行曲线绘制时，要做到合理选择起点位置和减少重复锚点设置，通过控制锚点的控制柄来调整曲线的弯曲程度。使用"钢笔工具"绘制曲线时的规律是：（1）两个锚点控制一段路径；（2）起点应采用单击方式创建锚点；（3）控制线与路径的位置关系；（4）控制柄拖曳方向与路径弯曲方向关系。如图 4-36 所示图形和案例中"2"数字的外观较为相似，可以采用同样的方式来建立锚点。

[➡ 图 4-36

4.3 "路径"命令的应用

利用"对象"/"路径"下的命令可以对图形进行更多方便的编辑方式。"路径"命令下的子命令包括"连接"、"平均"、"轮廓化描边"、"偏移路径"、"简化"、"添加锚点/移去锚点"、"分割下方对象"、"分割为网格"和"清理"，如图 4-37 所示。

4.3.1 "连接"命令 »

连接(<u>J</u>)	Ctrl+J
平均(<u>V</u>)...	Alt+Ctrl+J
轮廓化描边(<u>U</u>)	
偏移路径(<u>O</u>)...	
简化(<u>M</u>)...	
添加锚点(<u>A</u>)	
移去锚点(<u>R</u>)	
分割下方对象(<u>D</u>)	
分割为网格(<u>S</u>)...	
清理(<u>C</u>)...	

该命令可将两个锚点连接。具体操作步骤如下。

📥01 绘制两条独立的曲线，如图 4-38 所示。

📥02 使用"直接选择工具"选择两条曲线的起点，如图 4-39 所示。

📥03 执行"对象"/"路径"/"连接"命令，即可将两个锚点连接在一起，从而将曲线合并为一条曲线。连接后的曲线效果如图 4-40 所示。

[➡ 图 4-37

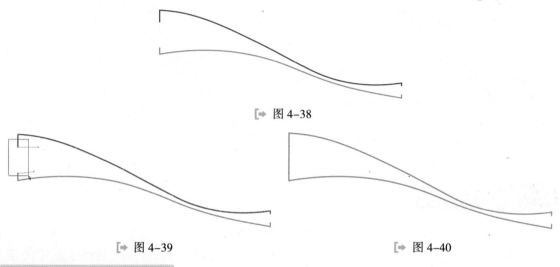

[➡ 图 4-38

[➡ 图 4-39 [➡ 图 4-40

4.3.2 "平均"命令 »

该命令可将两个断开的锚点在水平、垂直或者两者位置上进行平均对齐。具体操作步骤如下。

📥01 绘制曲线，如图 4-41 所示。

📥02 使用"直接选择工具"选择曲线的起点和终点，如图 4-42 所示。

📥03 执行"对象"/"路径"/"平均"命令，打开"平均"对话框，选择"轴"为"水平"，即可将曲线的起点和终点在一条轴上进行对齐，如图 4-43 所示。

[➡ 图 4-41 [➡ 图 4-42

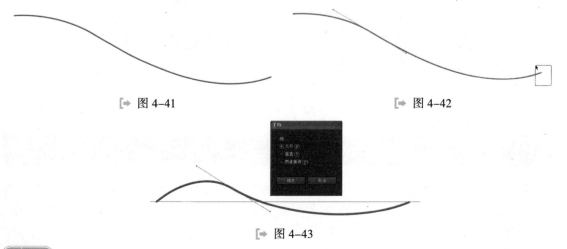

[➡ 图 4-43

4.3.3 "轮廓化描边"命令 »

该命令可将描边宽度转换为填充色。具体操作步骤如下。

⬇01 绘制曲线并选择该曲线,如图 4-44 所示。

⬇02 执行"对象"/"路径"/"轮廓化描边"命令,即可将曲线的描边转换为填充,从而为其填充渐变色。轮廓化描边后的曲线如图 4-45 所示。

[➡ 图 4-44

[➡ 图 4-45

4.3.4 "偏移路径"命令 »

该命令可将图形外轮廓整体外扩。具体操作步骤如下。

⬇01 绘制曲线并选择该曲线,如图 4-46 所示。

⬇02 执行"对象"/"路径"/"偏移路径"命令,打开"偏移路径"对话框,设置参数。偏移后的路径效果如图 4-47 所示。

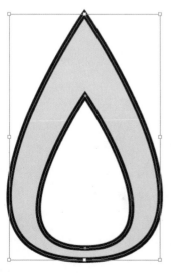

[➡ 图 4-46

[➡ 图 4-47

4.3.5 "简化"命令 》》

该命令可使图形在保持基本外观的前提下简化多余锚点。具体操作步骤如下。

⬇01 选择有较多锚点以及角度的图形。如图 4-48 所示为锚点数量多的曲线。

⬇02 执行"对象"/"路径"/"简化"命令，打开"简化"对话框，设置后效果如图 4-49 所示。

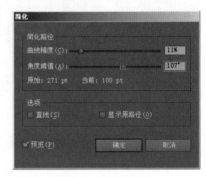

[➡ 图 4-48

[➡ 图 4-49

4.3.6 "添加锚点"/"移去锚点"命令 》》

这两个命令可在图形上每两个锚点之间添加或删除锚点。具体操作步骤如下。

⬇01 选择矩形图形，如图 4-50 所示。

⬇02 执行"对象"/"路径"/"添加锚点"或"移去锚点"命令，可在矩形图形线段的锚点之间添加或者删除锚点。添加锚点后的效果如图 4-51 所示。

[➡ 图 4-50

[➡ 图 4-51

4.3.7 "分割下方对象"命令 》》

该命令可使用上方图形切割下方图形。具体操作步骤如下。

⬇01 绘制两个图形，分别放置在如图 4-52 所示的位置。

⬇02 选择上方图形后，执行"对象"/"路径"/"分割下方对象"命令，可将下方对象按照上方对象形状分割，如图 4-53 所示。

↳ 图 4-52　　　　　　　　　　　　↳ 图 4-53

4.3.8 "分割为网格"命令 ≫

该命令可将图形分割为均匀的网格。具体操作步骤如下。

⬇01 绘制任意图形，如图 4-54 所示。

⬇02 执行"对象"/"路径"/"分割为网格"命令，打开"分割为网格"对话框，选择相应选项后可将图形分割为若干矩形，如图 4-55 所示。

在使用分割为网格功能时，任何图形都会自动转为正方形来进行分割。

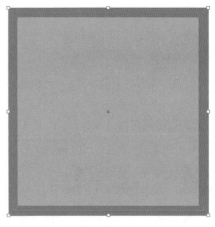

↳ 图 4-54

↳ 图 4-55

4.3.9 "清理"命令 »

该命令可清理当前文件中无意义的图形。无意义图形包括游
离点、未上色图形以及空文本路径，如图 4-56 所示。

★ 游离点：单独锚点。
★ 未上色对象：无填充色、无描边色的路径图形。
★ 空文本路径：未输入文字的文本路径。

[➡ 图 4-56

4.4 绘制矢量标志 »

4.4.1 设计分析 »

利用"钢笔工具"和"路径"命令可以快速创建丰富多样的设计
作品。如图 4-57 中，苹果公司的 Logo 可以利用 Illustrator 的"钢笔工具"
勾勒出来，并利用"路径"命令对其进行分割，再利用填色工具对其
进行填色即可。而苹果 Logo 中的叶子制作既可利用"钢笔工具"勾勒，
也可以利用"路径查找器"命令进行分割得到。

4.4.2 技术概述 »

本案例中所使用的工具有"选择工具"、"直接选择工具"、"椭
圆工具"、"钢笔工具"、"旋转工具"、"路径查找器"面板等。
涉及的相关操作有"新建文档"命令、贝塞尔路径练习、利用"选择
工具"移动和复制对象、"旋转工具"、"路径查找器"命令、图形的前后顺序、颜色的设置等。

[➡ 图 4-57

4.4.3 绘制过程 »

选择起点

⬇01 使用"钢笔工具"绘制苹果图形，建议从转折点开始绘制起始锚点。沿着苹果标志外轮廓绘制图形。如
图 4-58 所示，在起始点 1 处进行单击，建立起始锚点。

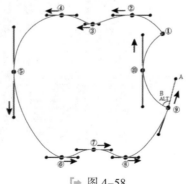

[➡ 图 4-58

02 根据图 4-58 中所标示锚点位置和控制柄拖曳方向、长短，依次绘制苹果图形 1 点到 8 点锚点，如图 4-59~ 图 4-64 所示。

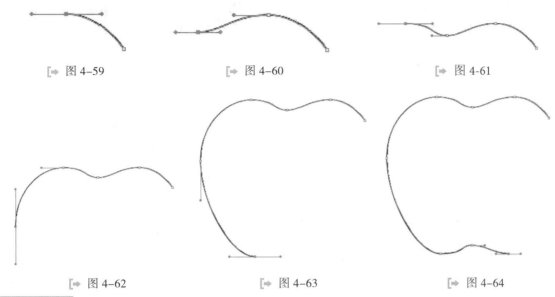

[➡ 图 4-59　　　　　　[➡ 图 4-60　　　　　　[➡ 图 4-61

[➡ 图 4-62　　　　　　[➡ 图 4-63　　　　　　[➡ 图 4-64

锚点属性切换

01 绘制至 9 点转折点时，参照图 4-58 中锚点 9 中 A 方式拖曳控制柄至相应方向后，按住 Alt 键继续拖曳控制柄至 B 方式中，将锚点属性从对称锚点转换为尖突锚点，锚点 9 中 A 方式如图 4-65 所示；也可以使用锚点工具直接在锚点上单击将其转换为无控制柄锚点，如图 4-66 所示。

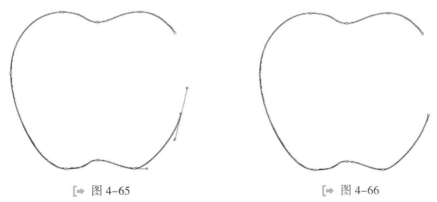

[➡ 图 4-65　　　　　　　　　　[➡ 图 4-66

02 继续绘制锚点 10，并在锚点 1 中单击闭合图形，如图 4-67 和图 4-68 所示。

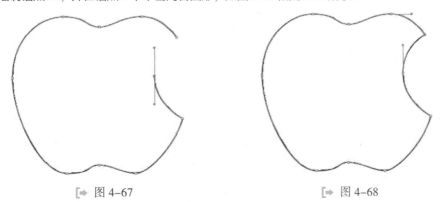

[➡ 图 4-67　　　　　　　　　　[➡ 图 4-68

03 绘制完成后，使用"直接选择工具"进行细节调整，如图 4-69 和图 4-70 所示。

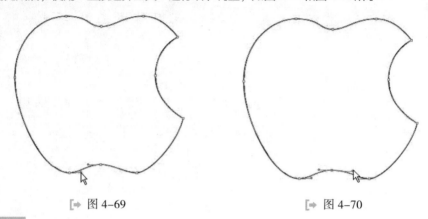

[➡ 图 4-69   [➡ 图 4-70

绘制苹果叶子

01 使用"椭圆工具"绘制正圆图形（绘制时配合 Shift 和 Alt 键进行中心等比缩放），如图 4-71 所示。

02 使用"选择工具"将正圆图形复制出副本，并将两个正圆图形交叉放置，如图 4-72 所示。

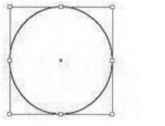   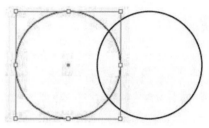

[➡ 图 4-71   [➡ 图 4-72

03 执行"窗口"/"路径查找器"命令（或按快捷键 Shift+Ctrl+F9），打开"路径查找器"面板。同时选择两个正圆图形，单击"路径查找器"面板中的"与形状区域相交"按钮，如图 4-73 所示。执行后的效果如图 4-74 所示。

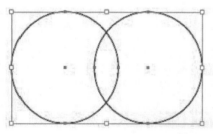   

[➡ 图 4-73

[➡ 图 4-74

04 将相交后的图形放置在苹果图形的上方，如图 4-75 所示。

05 选择该图形，使用"旋转工具"，按住 Alt 键的同时在图中位置单击，在弹出的"旋转"对话框中输入数值后单击"确定"按钮，如图 4-76 所示。旋转后的效果如图 4-77 所示。

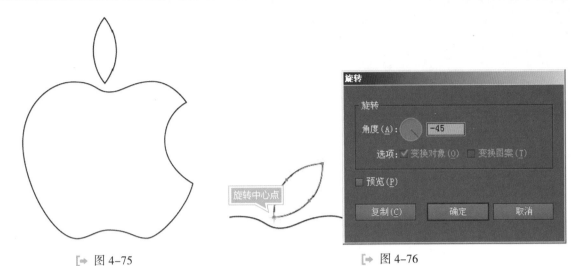

[➡ 图 4-75　　　　　　　　　　　　　　　　　[➡ 图 4-76

06 选择两个图形，为其填充黑色填充色和无色描边，效果如图 4-78 所示。

[➡ 图 4-77　　　　　　　　　　　　　　　[➡ 图 4-78

07 绘制好的苹果标志如图 4-79 所示。

[➡ 图 4-79

分割图形

01 使用"直线段工具"绘制如图 4-80 所示的线条。

02 使用"选择工具"移动并复制该线条，效果如图 4-81 所示。

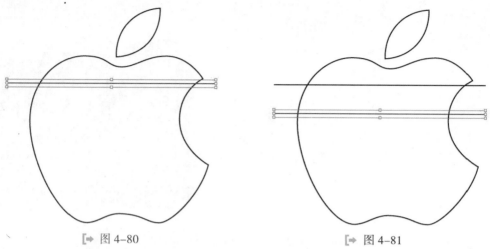

[➡ 图 4-80]　　　　　　　　　　　　　　[➡ 图 4-81]

03 按快捷键 Ctrl+D 重复执行上一次操作，效果如图 4-82 所示。

04 选择第一次绘制的线条，执行"对象"/"路径"/"分割下方对象"命令，效果如图 4-83 所示。

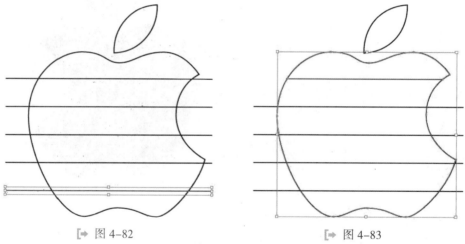

[➡ 图 4-82]　　　　　　　　　　　　　　[➡ 图 4-83]

05 选择第二条线段，执行"分割下方对象"命令，依次将所有线条分别执行该操作，效果如图 4-84 所示。

06 选择苹果中最上端的图形，为其填充绿色、无色描边，效果如图 4-85 所示。

[➡ 图 4-84]　　　　　　　　　　　　　　[➡ 图 4-85]

07 依次将其他图形分别填充不同的颜色，最终效果如图 4-86 所示。

[➡ 图 4-86

4.4.4　举一反三　»

很多标志图形都可以采用"钢笔工具"和"路径"命令组合创建出来。如图 4-87 中的 IBM 标志就是采用类似制作苹果标志的方法完成。创建基本图形后，利用快捷键 Ctrl+D 和"分割下方对象"命令就可以将原始图形进行切割。

[➡ 图 4-87

4.5　外观与扩展、蒙版、图表与切片

4.5.1　外观与图形样式及扩展的应用　»

外观与图形样式

Adobe Illustrator 中图形默认的基本外观为 1pt 黑色描边和白色填充，通过"外观"面板可以为图形添加多个外观，并且可以存储在"图形样式"面板中便于以后使用。

（1）"外观"面板

默认设置下，图形只能拥有一对填充色和描边色。而"外观"面板中可以为图形同时设置多个填充色和描边色，如图 4-88 所示。

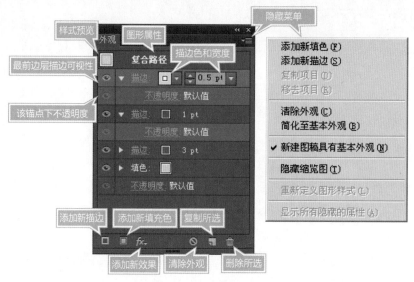

[➡ 图 4–88

在如图 4-89 所示的图形中，"外观"面板中显示当前图形为复合路径、描边色为红色、1pt 描边宽度、填充色为红色、不透明度为无等图形信息。

[➡ 图 4–89

可以为图形设置多个填充色和描边色。如图 4-90 所示，为图形创建 3 个描边色，最前层描边为 0.5pt 黄色、中间层描边为 1pt 绿色、最后层描边为 3pt 红色，可以看到各描边填充在同一图形中的效果。

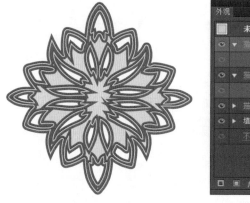

[➡ 图 4–90

（2）"图形样式"面板

"图形样式"面板中存储了设置好的图形外观，如图 4-91 所示。外观存储在"图形样式"面板后，可以方便调取为其他图形添加同样的外观样式。

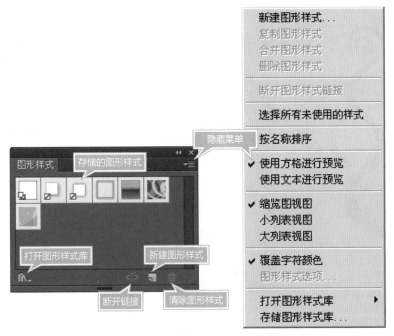

[→ 图 4-91

可以将设置好的外观直接拖曳至"图形样式"面板中将其存储，以便下次为其他图形添加图形样式，存储图形样式如图 4-92 所示。为其他图形添加样式时直接选择该样式即可。

[→ 图 4-92

"扩展" 命令

Adobe Illustrator 中制作的图形经常是几个简单的图形共同组建一个复杂图形，这种复杂图形可以制作成画笔笔触、符号图形、样式外观、图形样式等存储起来，以便下次提取使用。对于这种存储好的图形，可以使用"对象"/"扩展外观"命令，将其提取为简单图形。

（1）扩展符号图形

01 将"符号"面板中的图形拖曳至画布中。选择该符号后，发现图形是没有路径可供编辑图形。如图 4-93

所示为扩展前的图形。

⬇02 执行"对象"/"扩展"命令，弹出"扩展"对话框，如图4-94所示。可将该符号的描边和填充色提取出来。扩展后的图形效果如图4-95所示。

[➡ 图 4-93   [➡ 图 4-94   [➡ 图 4-95

（2）扩展画笔笔触

⬇01 选择"毛笔工具"，单击"画笔"面板中的笔触后，在画布上绘制任意图形。绘制的图形为填充了笔触的路径，此时笔触是一体的。使用"毛笔工具"绘制任意笔触后的效果如图4-96所示。

⬇02 执行"对象"/"扩展外观"命令，即可将该画笔笔触的描边和填充色提取出来。扩展后的画笔图形效果如图4-97所示。

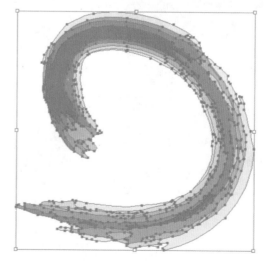

[➡ 图 4-96   [➡ 图 4-97

（3）扩展混合图形

⬇01 选择混合好的图形（混合后的图形是一体的），如图4-98所示。

⬇02 执行"对象"/"扩展"命令，弹出"扩展"对话框。可将该符号的描边和填充色提取出来。扩展后的混合图形效果如图4-99所示。

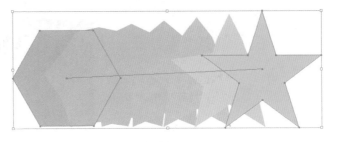

[➡ 图 4-98

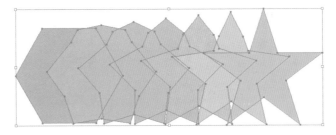

[➡ 图 4-99

4.5.2 蒙版的应用 »

在 Illustrator 中可以通过蒙版来设置图形透明的显示方式。蒙版通常分为两大层制作，即蒙版层和基层。蒙版层为最上方图形，基层为被蒙图形，将基层放入蒙版层中，超出蒙版图形范围的基层图形将被隐藏，如图 4-100 所示。在 Illustrator 中基层只能有一个，而蒙版层可以有若干个。蒙版是为了保护基层图形不被破坏而产生，通过蒙版来保护基层图形可便于还原基层图形。

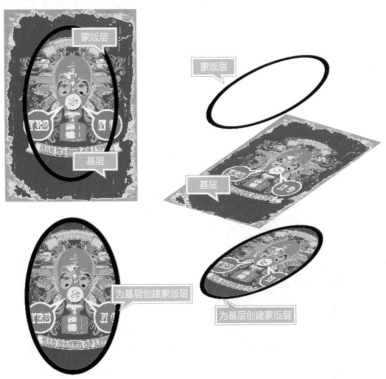

[➡ 图 4-100

在 Illustrator 中有剪切蒙版、不透明蒙版和针对多图形的图层蒙版等蒙版类型。

剪切蒙版

Adobe Illustrator 中剪切蒙版只通过蒙版图形的外轮廓来决定被蒙图形的显示与否，超出蒙版图形范围的基层图形将被隐藏。具体操作方法如下。

↓01 选择蒙版层对象和被蒙基层对象。

↓02 执行"对象"/"剪切蒙版"/"建立"命令即可建立剪切蒙版。或者右键单击图形，在弹出的快捷菜单中选择"建立剪切蒙版"命令，也可以建立剪切蒙版。

↓03 执行"对象"/"剪切蒙版"/"释放"命令，即可释放剪切蒙版。

↓04 剪切蒙版制作过程如图 4-101 所示。

蒙版层图形需在被蒙基层图形的上方。

不透明蒙版

不透明蒙版和剪切蒙版类似，都可以为图形添加蒙版以保护基层对象。所不同的是，不透明蒙版可以为图形添加半透明蒙版效果。不透明蒙版需要利用"透明度"面板来制作。

（1）"透明度"面板

在 Adobe Illustrator 中透明度使用非常广泛，很可能在不知不觉中就在图稿上加了透明度。透明度经常应用于降低对象的不透明度，以使底层的图稿变得可见；使用混合模式来更改重叠对象之间颜色的相互影响方式；应用包含透明度的渐变和网格；应用包含透明度的效果或图形样式，例如投影；导入包含透明度的 Adobe Photoshop 文件等。

Adobe Illustrator 中的透明度设置相对来说功能较 Photoshop 复杂，但还是比较容易理解和使用的。执行"窗口"/"透明度"命令，可打开"透明度"面板，如图 4-102 所示。

[→ 图 4-101

[→ 图 4-102

* A: 混合模式。
* B: 图形不透明度。
* C: 隐藏菜单项。
* D: 剪切蒙版。
* E: 将蒙版反相显示。
* F: 将编组的图形挖空显示透明。
* G: 在特殊情况下，用来限制在被不透明度和蒙版定义的区域中的颜色分离。
* H: 编组后的图形与下方图形是否混合。
* I: 不透明度蒙版预览。

"隔离混合"和"挖空组"选项应在编组情况下才能看见效果。如图 4-103 所示为隔离混合和挖空组效果。"不透明度和蒙版用来定义挖空形状"选项对于栅格图像和羽化边缘很有用，在阴影、模糊、羽化和 Photoshop 效果等的外观中，该选项自动被启用。否则，将使用上述效果的对象和挖空组放置在一起产生意想不到的效果，如阴影、模糊、羽化和 Photoshop 效果等的整个矩形约束框将被分离，就像对象被羽化但没有羽化轮廓一样。

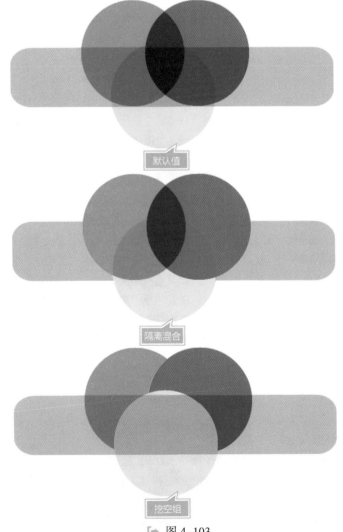

➡ 图 4-103

① 混合模式

在 Adobe Illustrator 中的"透明度"面板中,包含一种非常重要的混合图像的方法,这就是混合模式。混合模式是将上方图形以特定的方式与下方图形的颜色进行混合,以造成特定的效果。Adobe Illustrator 的"透明度"面板中混合模式如图 4-104 所示;如图 4-105 所示为不同混合模式的不同效果。

★ 正常:是原始的状态,其最终色和绘图色相同。可通过改变"透明度"面板中的"不透明度"选项栏来设定不同的透明度。

★ 变暗:用于查找各颜色通道内的颜色信息,并按照像素对比底色和绘图色,哪个更暗,便以这种颜色作为此图像最终的颜色,也就是取两个颜色中的暗色作为最终颜色。亮于底色的颜色被替换,暗于底色的颜色保持不变。

★ 正片叠底:将两种颜色的像素值相乘,然后除以 255 得到的结果就是最终颜色的像素值。通常执行"正片叠底"模式后的颜色比原来两种颜色都深。任何颜色和黑色正片叠底得到的仍然是黑色,任何颜色和白色执行"正片叠底"模式则保持原来的颜色不变,而与其他颜色执行此模式会产生暗室中以此种颜色照明的效果。

★ 颜色加深:查看每个通道的颜色信息,通过增加"对比度"使底色的颜色变暗来反映绘图色,和白色混合没变化。

★ 变亮:查看每个通道的颜色信息,并按照像素对比两个颜色,那个更亮,便以这种颜色作为此像素最终的颜色,也就是取两个颜色中的亮色作为最终颜色。绘图色中亮于底色的颜色被保留,暗于底色的颜色被替换。

[→ 图 4-104

★ 滤色:作用结果和正片叠底刚好相反,它是将两个颜色的互补色的像素值相乘,然后除以 255 得到最终颜色的像素值。通常执行"滤色"模式后的颜色都较浅。任何颜色和黑色执行"滤色"模式,原色不受影响;任何颜色和白色执行"滤色"模式得到的是白色;而与其他颜色执行"滤色"模式会产生漂白的效果。

★ 颜色减淡:查看每个通道的颜色信息,通过降低"对比度"使底色的颜色变亮来反映绘图色,和黑色混合没变化。

★ 叠加:在保留底色明暗变化的基础上使用"正片叠底"或"滤色"模式,绘图的颜色被叠加到底色上,但保留底色的高光和阴影部分。底色的颜色没有被取代,而是和绘图色混合来体现原图的亮部和暗部。使用此模式可使底色的图像的饱和度及对比度得到相应的提高,使图像看起来更加鲜亮。

★ 柔光:根据绘图色的明暗程度来决定最终颜色是变亮还是变暗,当绘图色比 50% 的灰要亮时,则底色图像变亮。当绘图色比 50% 的灰要暗时,则底色图像就变暗。如果绘图色有纯黑色或纯白色,最终颜色不是黑色或白色,而是稍微变暗或变亮。如果底色是纯白色或纯黑色,不产生任何效果。此效果与发散的聚光灯照在图像上相似。

★ 强光:根据绘图色来决定是执行"正片叠底"模式还是"滤色"模式。当绘图色比 50% 的灰要亮时,则底色变亮,就像执行"滤色"模式一样,这对增加图像的高光非常有帮助;当绘图色比 50% 的灰要暗时,则底色变暗,就像执行"正片叠底"模式一样,可增加图像的暗部。当绘图色是纯白色或黑色时得到的是纯白色和黑色。此效果与耀眼的聚光灯照在图像上相似。

★ 差值:查看每个通道中的颜色信息,比较底色和绘图色,用较亮的像素点的像素值减去较暗的像素点的像素值。与白色混合将使底色反相;与黑色混合则不产生变化。

★ 排除:可生成和差值模式相似的效果,但比差值模式生成的颜色对比度较小,因而颜色较柔和。与白色混合将使底色反相;与黑色混合则不产生变化。

★ 色相:是采用底色的亮度、饱和度以及绘图色的色相来创建最终颜色。

★ 饱和度:是采用底色的亮度、色相以及绘图色的饱和度来创建最终颜色。如果绘图色的饱和度为 0,则原图没有变化。

★ 混色:是采用底色的亮度以及绘图色的色相、饱和度来创建最终色。它可保护原图的灰阶层次,对于图像的色彩微调、给单色和彩色图像着色都非常有用。

★　明度：是采用底色的色相、饱和度以及绘图色的亮度来创建最终颜色。此模式创建于颜色模式相反效果。

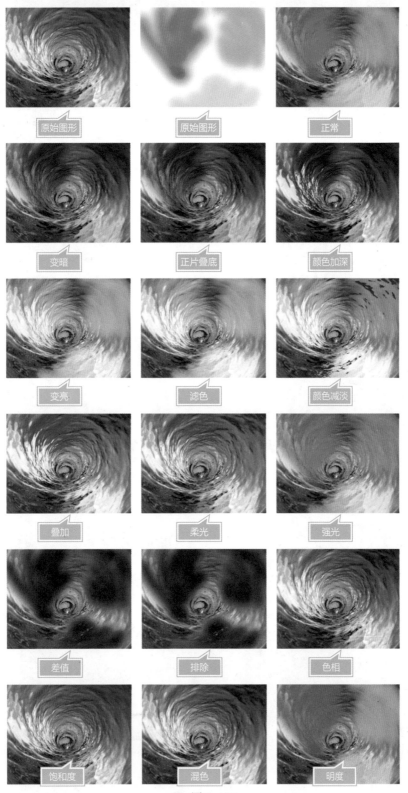

② 设置不透明度

在 Adobe Illustrator 中可以直接设置图形的不透明度来进行底层混合。混合时不透明度为 100% 时完全不透明；为 0 时完全透明。

↓01 制作两个相互叠加的图形，如图 4-106 所示。

↓02 选择上方的图形，在"透明度"面板的"不透明度"选项栏内设置不同数值。

↓03 如图 4-107 所示为不透明度效果对比。

[➡ 图 4–106

不透明度 100%

不透明度 80%

不透明度 60%

不透明度 40%

[➡ 图 4-107

（2）不透明蒙版

① 不透明蒙版

被蒙基层图形在蒙版层图形内部显示，超出蒙版层图形范围的被隐藏。可通过蒙版层图形的填充色来控制被蒙物体的显示方式。无论蒙版层图形为任何颜色，均被识别为黑白灰颜色。蒙版层图形的黑色在被蒙基层图形上为透明显示；蒙版图形的白色在被蒙基层图形上为不透明显示；蒙版图形的灰色在被蒙基层图形上为半透明显示。

② 与剪切蒙版的区别

被蒙基层图形在蒙版层图形内部显示，超出蒙版层图形的被蒙基层图形将被隐藏，不能半透明显示。

Adobe Illustrator 中的不透明蒙版需要通过"透明度"面板来制作。

01 选择蒙版图形和被蒙版图形。

02 执行"透明度"面板隐藏菜单中的"建立不透明蒙版"命令。

03 完成不透明蒙版的制作。如图 4-108 所示为制作不透明蒙版的过程。

04 执行"透明度"面板隐藏菜单中的"释放不透明蒙版"命令，即可释放不透明蒙版。

通过菜单中的"视图"/"显示透明度网格"命令，可切换画板中透明网格显示。

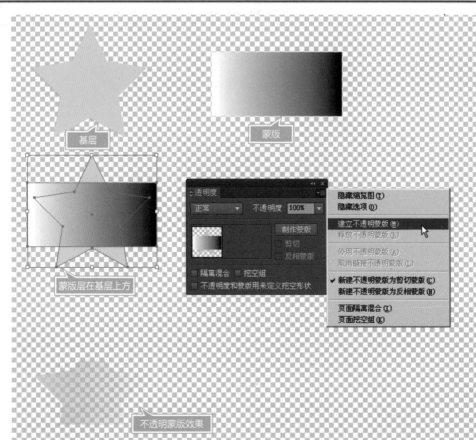

图 4-108

作为蒙版的图形必须是黑白单色或渐变色；蒙版图形需在被蒙图形的上方并叠压；建立不透明蒙版后，黑色为透明区域，白色为不透明区域，灰色为半透明区域，超出蒙版图形范围的将被隐藏。

图层蒙版

在"图层"面板中也可以建立剪切蒙版，以便切换画板中所有图形的显示与否。如图4-109所示为"图层"面板中的建立或释放剪切蒙版。

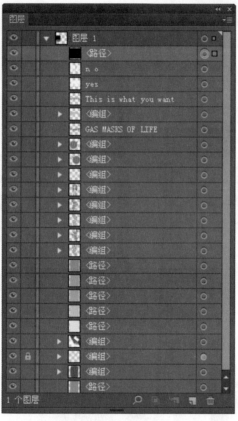

图 4-109

"图层"面板中的"建立剪切蒙版"命令经常应用在当文档中图形超出文档范围时，方便查看最终输出效果。

01 绘制图形。

02 在所有图形的图层最上方绘制一个矩形图形，并在"图层"面板中选择主图层。

03 单击"图层"面板下方的"建立/释放剪切蒙版"按钮，即可将超出矩形范围的所有图形隐藏。如图4-110所示为"图层"面板中的建立/释放剪切蒙版过程。

使用图层上的剪切蒙版建立时，需要在整个图层的最上方设置剪切蒙版图形，选择主图层，即可激活"建立/释放剪切蒙版"按钮。而且图层蒙版只适用于查看，输出时被隐藏部分会占用文档大小。

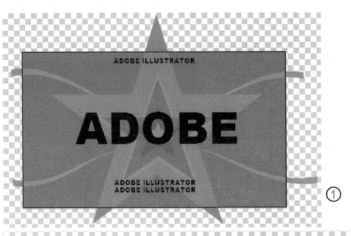

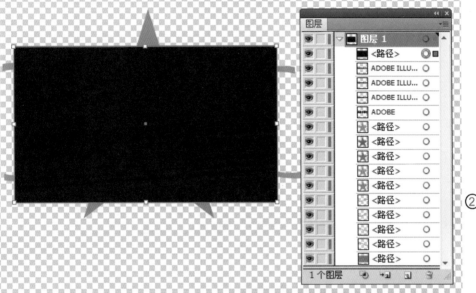

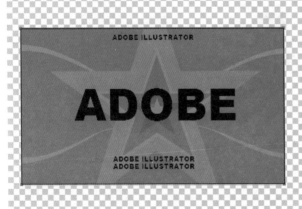

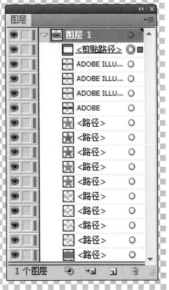

图 4-110

使用画板

　　当需要将作品的尺寸严格输出时，可以通过文档设置来输出作品的最终尺寸。Adobe Illustrator 中支持按照画板大小输出尺寸。执行"文件"/"导出"命令后，弹出"导出"对话框，选择"使用画板"选项即可将文档输出为成品尺寸。如图 4-111 所示为"导出"对话框；如图 4-112 所示为"使用画板"功能后的效果。

[➡ 图 4-111

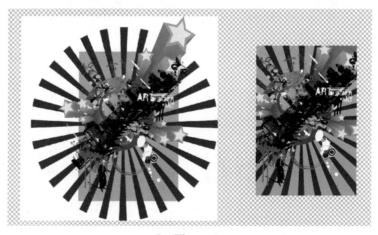

[➡ 图 4-112

在以前版本的 Adobe Illustrator 中，可以使用"裁剪区域"来完成这一功能。

4.5.3 图表工具与"图表"命令 ≫

在 Adobe Illustrator 中可以设置表格的图表显示方式,如图 4-113 所示。

在画布上单击后将会出现图表宽高设置框,可以设置图表大小,确定后可以打开图表输入框。如图 4-114 所示为图表输入框。输入数据后单击"应用"按钮即可反映在图表中。

通过执行"对象"/"图表"命令,可以打开"图表类型"对话框,如图 4-115 所示。建立图表后,如图 4-116 所示为不同的图表类型效果。

图 4-113

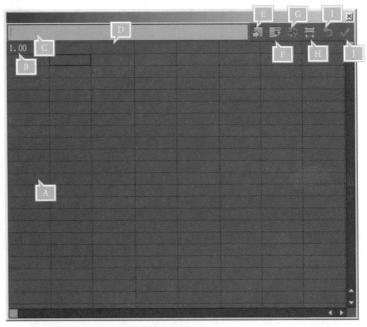

图 4-114

* A:列栏。
* B:数值预览区。
* C:输入文本框。
* D:行栏。
* E:导入数据。
* F:换位行 / 列。
* G:切换 X/Y。
* H:单元格样式。
* I:恢复。
* J:应用。

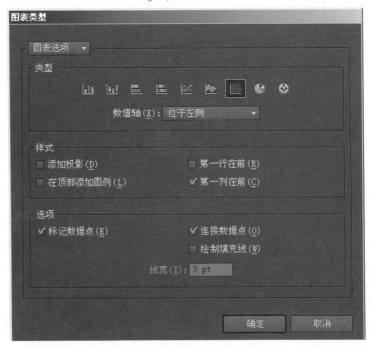

图 4-115

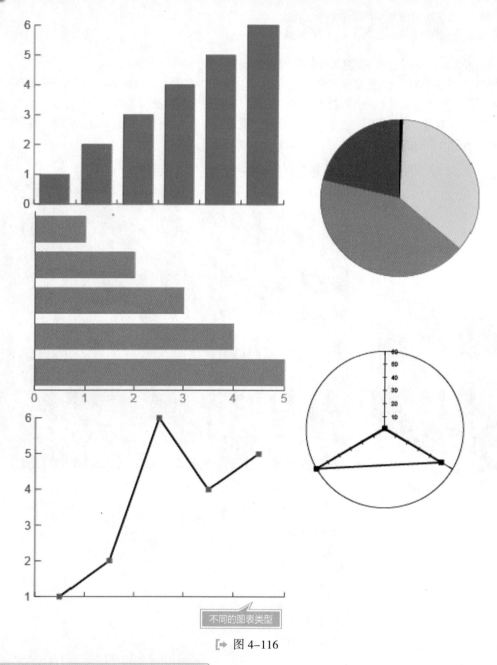

[➡ 图 4–116

4.5.4 切片工具与"切片"命令 »

　　网页可以包含许多元素，如 HTML 文本、位图图像和矢量图等。在 Adobe Illustrator 中，可以使用切片来定义图稿中不同 Web 元素的边界。例如，如果图稿包含需要以 JPEG 格式进行优化的位图图像，而图像其他部分更适合作为 GIF 文件进行优化，则可以使用切片隔离位图图像。使用"存储为 Web 和设备所用格式"命令将图稿存储为网页时，用户可以选择将每个切片存储为一个独立文件，它具有其自己的格式、设置以及"颜色"面板。如图 4-117 所示为添加切片效果。

　　使用"切片工具"创建切片，使用"切片选择工具"选择单个切片。

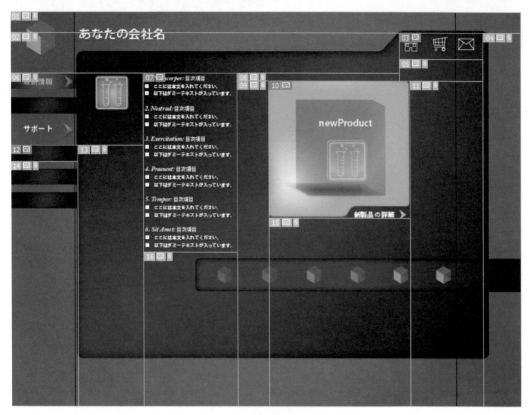

图 4-117

执行 "文件" / "存储为 Web 和设备所用格式" 命令，打开如图 4-118 所示的 "存储为 Web 所用格式"
对话框，查看切片。存储后文件夹内的文件效果如图 4-119 所示。

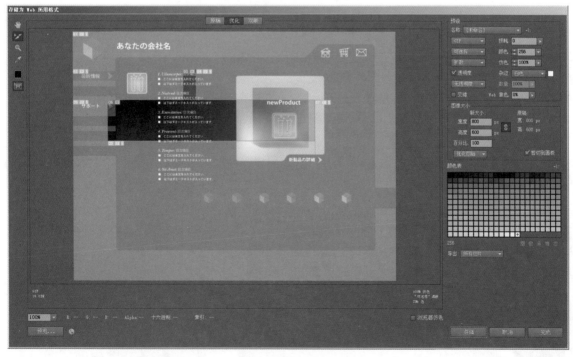

图 4-118

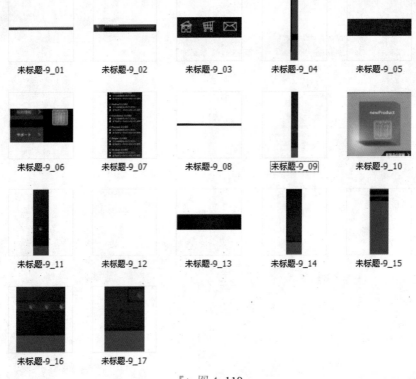

未标题-9_01　　未标题-9_02　　未标题-9_03　　未标题-9_04　　未标题-9_05

未标题-9_06　　未标题-9_07　　未标题-9_08　　未标题-9_09　　未标题-9_10

未标题-9_11　　未标题-9_12　　未标题-9_13　　未标题-9_14　　未标题-9_15

未标题-9_16　　未标题-9_17

[➡ 图 4-119

4.6　矢量作品初体验——绘制卡通人物

4.6.1　设计分析 »

　　本案例使用标准几何工具和"钢笔工具"来绘制卡通人物形象，如图 4-120 所示。绘制时需要考虑各个图形之间的叠压关系，如头部处于最底层的头发和前层的眼睛要分开绘制。同时填充颜色时使用的都是最基本的颜色色块，只需要注意图形之间描边色和填充色之间的关系即可。

4.6.2　技术概述 »

　　本案例中使用到的工具有"钢笔工具"、"矩形工具"、"椭圆工具"、"颜色"面板、"旋转工具"、"镜像工具"、"描边"面板等。涉及到的相关操作有"钢笔工具"的操作、几何工具的操作、旋转和镜像的操作、颜色的填充、描边的设置等。

4.6.3　绘制过程 »

绘制脸部

⬇01　使用"矩形工具"绘制如图 4-121 所示的圆角矩形图形，单

[➡ 图 4-120

击弹出 "圆角矩形" 对话框, 参数设置如图 4-122 所示。为图形添加橘色描边和黄色填充色, 效果如图 4-123 所示。

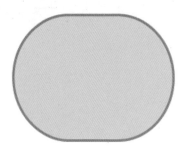

[➡ 图 4-121　　　　　　　　[➡ 图 4-122　　　　　　　　[➡ 图 4-123

02 使用 "钢笔工具" 绘制眼睛的底色, 效果如图 4-124 所示。然后将其描边色去掉, 效果如图 4-125 所示。

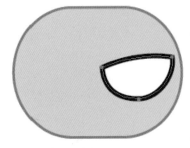

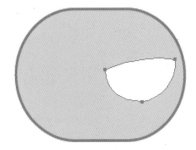

[➡ 图 4-124　　　　　　　　　　　　[➡ 图 4-125

03 将该白色图形绘制副本放置一侧备用。

04 在副本一侧, 使用 "椭圆工具" 绘制 3 个大小不等的圆形来模拟瞳孔和高光, 如图 4-126 所示。将 3 个图形按照图 4-127 所示排列。将刚才白色图形的副本置于 3 个图形上方, 如图 4-128 所示。使用 Shift 键加选 4 个图形, 如图 4-129 所示。执行 "对象" / "剪切蒙版" / "建立" 命令（或按快捷键 Ctrl+7）。将 3 个图形剪切入最上层图形中, 如图 4-130 所示。将剪切后的图形放置在右侧的眼白上方, 效果如图 4-131 所示。使用 "钢笔工具" 绘制如图 4-132 中的形状并将其进行摆放, 作为上眼睑。

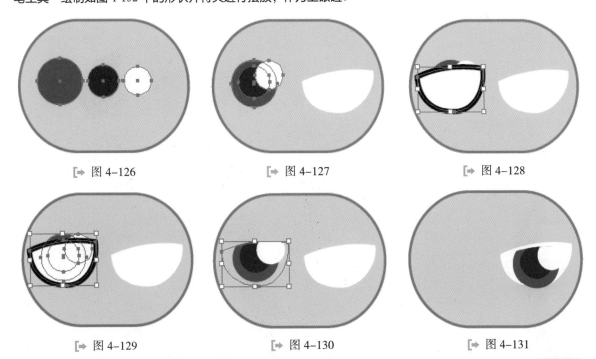

[➡ 图 4-126　　　　　　[➡ 图 4-127　　　　　　[➡ 图 4-128

[➡ 图 4-129　　　　　　[➡ 图 4-130　　　　　　[➡ 图 4-131

05 使用"钢笔工具"绘制眉毛，并将其进行设置，如图 4-133 所示。

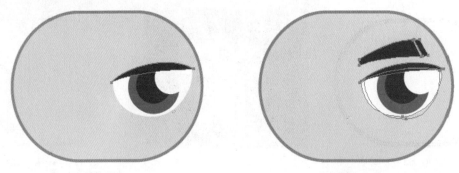

[➡ 图 4-132   [➡ 图 4-133

06 绘制耳朵并放置在脸的一侧，效果如图 4-134 所示。注意，耳朵中的图形可以填充颜色，也可以不填颜色。

07 选择眼睛、眉毛和耳朵，如图 4-135 所示。选择"镜像工具"，按住 Alt 键设置镜像中心点并打开"镜像"对话框，选择"垂直"选项，单击"复制"按钮。效果如图 4-136 所示。

[➡ 图 4-134   [➡ 图 4-135

绘制头部

01 使用"钢笔工具"绘制头饰，效果如图 4-137 所示。再绘制头发如图 4-138 所示。选择这两个图形，执行"对象"/"排列"/"置于底层"命令（或按快捷键 Shift+Ctrl+【），将图形置于脸部底层，效果如图 4-139 所示。

[➡ 图 4-136   [➡ 图 4-137

[➡ 图 4-138   [➡ 图 4-139

02 使用"钢笔工具"绘制如图 4-140 所示的图形，并将其按图 4-141 所示放置，群组后放置在脸部前面，效果如图 4-142 所示。再绘制如图 4-143 所示的图形并放置在脸部最上方。至此，整个头部的绘制工作完成。

[➡ 图 4-140   [➡ 图 4-141

[➡ 图 4-142   [➡ 图 4-143

绘制身体

↓01 使用"钢笔工具"绘制卡通人物的身体部分，注意绘制身体部分时外轮廓边的圆弧形状，效果如图 4-144 所示。

↓02 使用"钢笔工具"绘制身体上衣服边界，这里可以适当调整衣服边界的宽度，效果如图 4-145 所示。

[➡ 图 4-144   [➡ 图 4-145

↓03 使用"矩形工具"绘制身体上的腰带，腰带上的描边宽度可以根据整个身体的大小来调整比例，效果如图 4-146 所示。

↓04 使用"钢笔工具"绘制腰带上的绳结，效果如图 4-147 所示。调整好绳结的位置和大小，效果如图 4-148 所示。将绳结放置于身体腰带一侧，效果如图 4-149 所示。执行"对象"/"排列"/"后移一层"命令（或按快捷键 Ctrl+【），将绳结置于身体后方，效果如图 4-150 所示。

[➡ 图 4-146   [➡ 图 4-147   [➡ 图 4-148

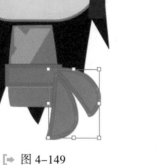

[→ 图 4-149

[→ 图 4-150

绘制手臂

⬇01 使用"钢笔工具"绘制胳膊，效果如图 4-151 所示。

⬇02 将胳膊形状放置在身体一侧，使其被身体压住，效果如图 4-152 所示。

[→ 图 4-151   [→ 图 4-152

⬇03 使用"钢笔工具"绘制手臂上的装饰，效果如图 4-153 所示。然后将装饰图形放置效果如图 4-154 所示。

⬇04 使用"钢笔工具"在装饰上绘制白色图案，效果如图 4-155 所示。

⬇05 使用"钢笔工具"绘制手部形体，效果如图 4-156 所示。将手部形体放置在装饰下方，效果如图 4-157 所示。

图 4-153

图 4-154

图 4-155

图 4-156

图 4-157

⬇06 将绘制好的手部和胳膊放置在一起后选择整个手臂，效果如图 4-158 和图 4-159 所示。

[➡ 图 4-158   [➡ 图 4-159

⬇07 使用"镜像工具"在如图 4-160 所示位置按住 Alt 键单击，在弹出的"镜像"对话框中选择"垂直"选项，单击"复制"按钮，参数设置如图 4-161 所示。将整个手臂镜像复制后的效果如图 4-162 所示。

[➡ 图 4-160   [➡ 图 4-161   [➡ 图 4-162

绘制腿脚

⬇01 使用"矩形工具"绘制长方形并将其旋转后作为腿部形状，如图 4-163 所示。再使用"钢笔工具"绘制矩形和自由形状如图 4-164 所示。将其组合后效果如图 4-165 所示。使用"钢笔工具"绘制脚部形体，如图 4-166 所示。将其组合后腿脚形状如图 4-167 所示。

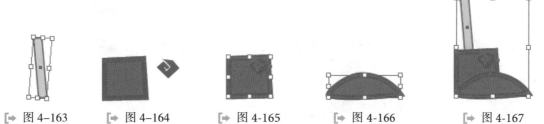

[➡ 图 4-163   [➡ 图 4-164   [➡ 图 4-165   [➡ 图 4-166   [➡ 图 4-167

02 将整个腿部置于身体后方，如图 4-168 所示。使用"镜像工具"，按住 Alt 键的同时选择中心点后将腿部镜像副本，如图 4-169 所示。最终效果如图 4-170 所示。

[→ 图 4–168

[→ 图 4–169

4.6.4 举一反三 ≫

　　卡通人物形象本身就是由标准几何图形概括出来的造型之一，而 Adobe Illustrator 自身的标准几何工具绘制方法非常简单，同时加上绘制自由形状的钢笔工具，就可以非常方便地创建卡通人物形象。所以，熟练掌握 Illustrator 绘制路径的技巧将是至关重要的。如图 4-171 所示，同样使用了标准几何工具来创建人物形象。五官和身体都是使用标准几何形体来搭建，头发、手部和脚部则通过"钢笔工具"来自由绘制。

[→ 图 4–170

[→ 图 4–171

第 5 章
提升作品质感的法宝

　　学习完前 4 章之后，相信用户的设计水平已经可以应付一般的设计作品了，但这还是不够的。因为没有效果出众的画面，用户可能就不会在众多的设计稿件中脱颖而出，吸引客户眼球。本章将详细介绍应该使用哪些工具才能快速提高作品质感，掌握这些内容就会快速成为作品设计高手。

本章重点

- 巧用渐变

- 金光闪闪的金币质感效果

- "效果"命令的应用

- 质感细腻的图标效果

- 变化多样的字体设计

- 光影璀璨的钢铁文字效果

质感对于设计作品来说极为重要，设计作品的质感直接决定作品的整体制作层次和设计水准。初学者在学习 Adobe Illustrator 时，会认为该软件的矢量效果单调、不如位图那样色彩斑斓。其实 Illustrator 作品在质感方面的制作极为便捷，同时模拟光影效果也非常方便。本章将详细讲解如何利用 Illustrator 的功能来为设计作品添加质感。

5.1 巧用渐变

5.1.1 渐变功能 »

渐变是 Adobe Illustrator 软件中非常重要的功能，也是在体现质感方面非常常用的功能。渐变的操作成败将决定用户的设计作品是否能够体现喜人的质感。首先认识一下 Adobe Illustrator 中的"渐变"面板和"渐变工具"，如图 5-1 所示。

提示："渐变"面板为图形添加渐变；而"渐变工具"■只能修改图形中的渐变。

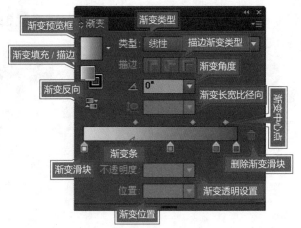

[➡ 图 5-1

5.1.2 渐变类型 »

在 Adobe Illustrator 中的渐变只有两种类型，即线性渐变和径向渐变。线性渐变为颜色的直线型渐变方式，如图 5-2 所示；径向渐变为颜色的放射状渐变方式，如图 5-3 所示。

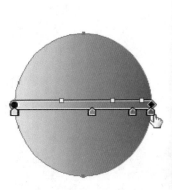

[➡ 图 5-2

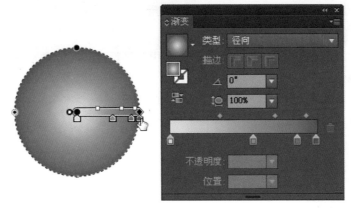

[➡ 图 5-3

在提升物体质感方面经常利用这两种渐变。下面来认识一下。

线性渐变

在"渐变"面板中选择类型为"线性"，就可以为图形设置线性渐变。然后使用"渐变工具"可以修改渐变的起点和终点位置，渐变中心可以通过图的中心点来拖动改变，也可以通过"渐变"面板下方的位置数值框来进行设置。"渐变"面板中渐变滑块可以改变颜色的位置，而按住 Alt 键拖动面板中的渐变滑块可以复制该渐变色，在渐变条中单击可以创建新渐变，将渐变滑块向下方拖曳可以删除渐变滑块，如图 5-4 所示。

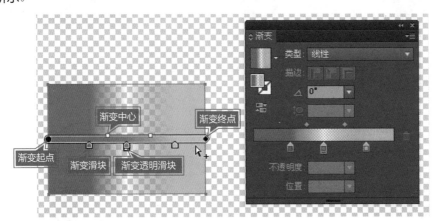

[➡ 图 5-4

通过"渐变"面板中的角度可以设置渐变的角度，如图 5-5 所示。可以利用线性渐变来模拟光滑的棱角。

[➡ 图 5-5

选择渐变滑块（将渐变滑块上方的三角单击变成黑色即为选择滑块），可以设置该滑块的不透明度，如图 5-6 所示。也可以选择滑块后双击该滑块，打开该滑块的颜色选择面板进行颜色选择。单击"渐变"

面板中的垃圾桶按钮可以删除该滑块。单击"反向渐变"按钮可以将渐变反转。

径向渐变

在"渐变"面板中选择类型为"径向"，就可以为图形设置径向渐变。然后使用"渐变工具"可以修改渐变的起点和终点位置，渐变中心可以通过图中的渐变起点来拖动改变，如图 5-7 所示。与线性渐变一样，面板中的渐变滑块可以改变颜色的位置。不同于线性渐变的是，径向渐变可以调节渐变的长宽比。

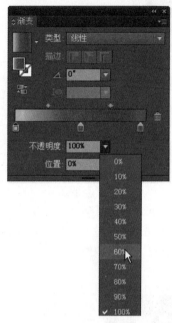

[➡ 图 5-6

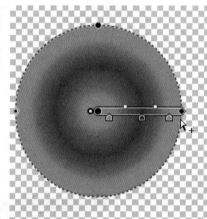
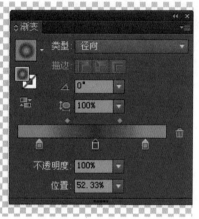

[➡ 图 5-7

5.1.3 知识拓展 ≫

如图 5-8 所示是添加渐变效果的前后对比，会发现恰当的渐变能够提升物体的整体视觉感受。左图是添加了渐变效果；右图是未添加渐变效果。

5.1.4 应用渐变 ≫

添加渐变在 Adobe Illustrator CS6 中有几种方法。

通过"渐变"面板添加渐变

通过"渐变"面板添加渐变的具体操作步骤如下。

⬇01 绘制正圆图形，效果如图 5-9 所示。

⬇02 打开"渐变"面板，在渐变预览条中单击，即可为其添加渐变，如图 5-10 和图 5-11 所示。

[➡ 图 5-8

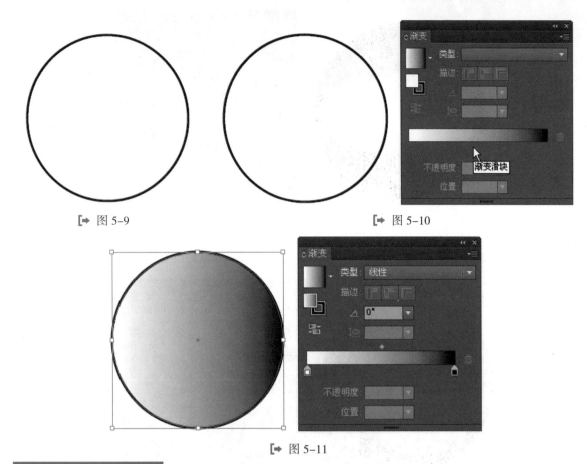

[➡ 图 5-9   [➡ 图 5-10

[➡ 图 5-11

通过"色板"面板添加渐变

　　使用"色板"面板中的渐变可以为图形添加渐变，如图 5-12 所示。

通过渐变按钮添加渐变

　　使用工具箱中的渐变按钮也可以为图形添加渐变，如图 5-13 所示。

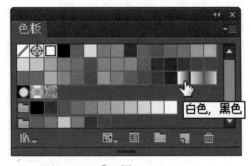

[➡ 图 5-12   [➡ 图 5-13

5.1.5　编辑渐变　»

　　在 Adobe Illustrator 中编辑渐变可以通过"渐变"面板进行调整，也可以通过"渐变工具"进行调整。

面板调整

01 通过"渐变"面板中的选项进行调整，如图 5-14 所示。

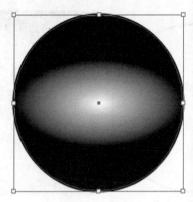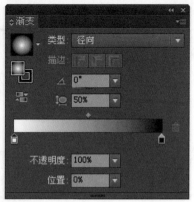

[➡ 图 5-14

02 修改渐变中的各颜色时，可以双击"渐变"面板中的渐变滑块，在下方出现的渐变颜色面板中修改颜色和透明度。或者拖曳"颜色"面板或"色板"面板中的颜色至渐变色块也可以改变颜色，如图 5-15 所示。

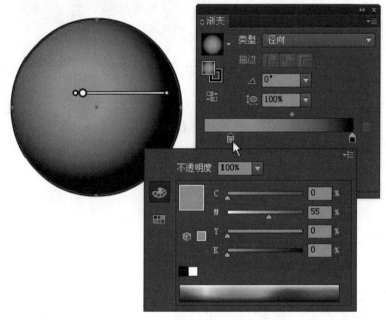

[➡ 图 5-15

工具调整

使用工具箱中的"渐变工具" 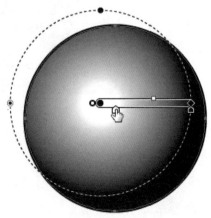 编辑渐变，编辑时针对图形中的渐变各控制点进行调整，如图 5-16 所示。

[➡ 图 5-16

5.2 金光闪闪的金币质感效果

5.2.1 设计分析 »

金币闪烁着诱人的光芒，金光闪闪、耀眼夺目，如何让你的金子能够更好地吸引人的视线呢？可以看出，金币的质感非常适合渐变来完成。金属的反光非常强烈，所以在渐变中经常会使用线性渐变设置 3 种不同颜色，分别模拟受光面、明暗交界线和反光，反光要弱于受光面。如图 5-17 中金币制作可以分为底层图形、金叶和"＄"符号，这 3 个图形均采用渐变来模拟金属效果。可以看到 3 个图形中渐变类型均为线性渐变，只是在渐变方向上有所不同。

[➡ 图 5-17

5.2.2 技术概述 »

本案例中使用到的工具有"钢笔工具"、"路径查找器"面板、旋转工具、"颜色"面板、"渐变"面板、"对齐"面板等。涉及的相关操作有路径菜单命令、"路径查找器"面板操作、选择工具的移动和复制、图形的前后顺序、颜色的设置等。

5.2.3 绘制过程 »

金币字体的绘制

01 使用"钢笔工具"绘制"S"图形和"I"图形，或者使用文字工具分别创建"S"和"I"字母，然后将其转换为曲线，效果如图 5-18 所示。

[➡ 图 5-18

02 将两个图形全选后居中对齐放置。在"路径查找器"面板中单击"联集"按钮，效果如图 5-19 所示。

03 为联集后的图形填充渐变，参数设置和效果如图 5-20 所示。

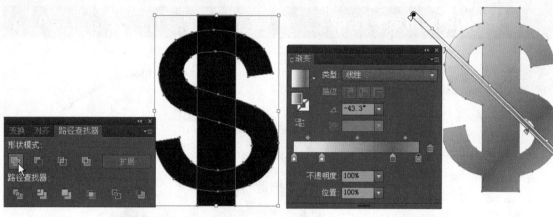

↓04 选择该图形后，使用"描边"面板为其添加描边，如图 5-21 所示。执行"对象" / "路径" / "轮廓化描边"命令，将描边扩展为图形，效果如图 5-22 所示。

↓05 用鼠标右键单击图形，在打开的快捷菜单中选择"取消编组"命令，或选择图形后直接按快捷键 Ctrl+Shift+G，取消编组将图形分离，如图 5-23 所示。选择黑色图形，使用"吸管工具"单击原始图形，为黑色图形填充渐变，效果如图 5-24 所示。

[➡ 图 5-21]　　　　　[➡ 图 5-22]　　　　　[➡ 图 5-23]

[➡ 图 5-24]

06 使用"美工刀工具"将刚填充渐变的图形切割。切割时，需在拐角处按住 Alt 键呈直线切割，如图 5-25 所示。全部切割后，图形效果如图 5-26 所示。

07 选择切割完成的全部图形并将其群组后，与原始图形中心对齐，最终效果如图 5-27 所示。

[➡ 图 5-25

[➡ 图 5-26

[➡ 图 5-27

金币底层的绘制

01 使用"椭圆工具"绘制两个正圆，分别填充不同的渐变，效果如图 5-28 所示。将两个圆中心对齐后大小缩放放置，效果如图 5-29 所示。

02 将刚才绘制好的"＄"型渐变图形调整大小后放至圆图形上方，效果如图 5-30 所示。

[➡ 图 5-28

[➡ 图 5-29

[➡ 图 5-30

叶子的制作

⬇01 使用"钢笔工具"绘制金叶外轮廓,如图 5-31 所示。为叶子填充渐变,效果如图 5-32 所示。

⬇02 为了将叶子填充不同的渐变,需要将叶子一分为二,然后使用"路径"命令下的"分割下方对象"命令。首先绘制一条曲线,放置在叶子上方,如图 5-33 所示。执行"对象"/"路径"/"分割下方对象"命令,将叶子分开,如图 5-34 所示。执行"分割下方对象"命令时,只需要选择线段即可。

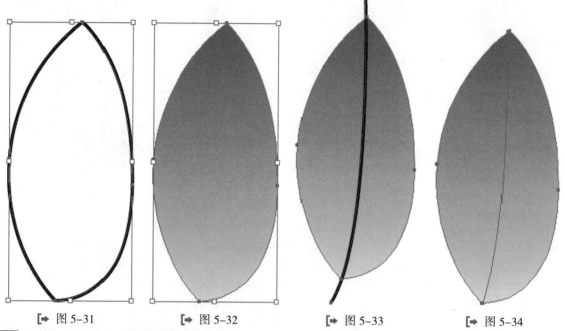

[➡ 图 5-31   [➡ 图 5-32   [➡ 图 5-33   [➡ 图 5-34

⬇03 选择一半的叶子,将叶子的渐变角度改为 -90°,然后将两个图形群组,效果如图 5-35 所示。

⬇04 绘制一条曲线,沿着曲线使用移动的方法将叶子复制,然后沿着曲线走向进行旋转,效果如图 5-36 所示。

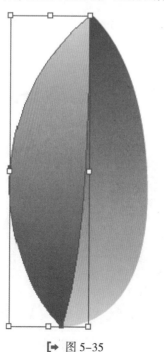

[➡ 图 5-35   [➡ 图 5-36

⬇05 使用"镜像工具"将全部叶子镜像复制一份，效果如图 5-37 所示。

组合图形

⬇01 将叶子放入之前绘制好的金币图形中，金叶中的渐变效果可以修改为不同方向，这样画面会显得灵活多变。最终效果如图 5-38 所示。

[➡ 图 5-37

[➡ 图 5-38

5.2.4 举一反三 ≫

　　渐变不仅可以非常便捷地绘制金属质感的物体，而且也非常适合表现通透效果的物体。如图 5-39 所示的效果是由两个图形组成，填充色和描边色均为线性渐变，绘制的方法同金币绘制的方法一样。

[➡ 图 5-39

5.3 "效果"命令的应用

"效果"菜单在 Adobe Illustrator 的使用中经常被用户忽视，却不知"效果"菜单的运用可以为图形添加非常多的质感效果，如细腻的阴影效果、可调节的变形、强大的 3D 效果等。

5.3.1 "效果"命令的特点 »

Adobe Illustrator "效果"命令类似于 Photoshop 中的"滤镜"命令，可以为图形添加很多特殊的效果。在"效果"菜单中，命令分为两大部分，即"Illustrator 效果"命令和"Photoshop 效果"命令。而 Illustrator 效果中除"SVG"滤镜、"变形"滤镜、"风格化"滤镜可以针对于位图图片外，其他滤镜都只针对于矢量图形来添加效果，如图 5-40 所示。

Adobe Illustrator 效果多数为针对贝塞尔曲线的变形，如图 5-41 所示。但不同于其他命令的是，"效果"命令是不破坏原始路径的。如图 5-42 所示图形的原始路径并没有被变形。

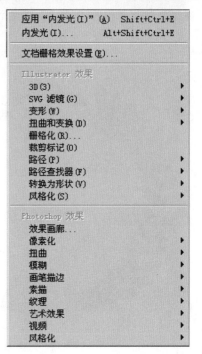

→ 图 5-40

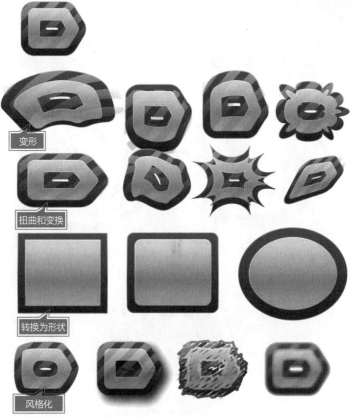

→ 图 5-41

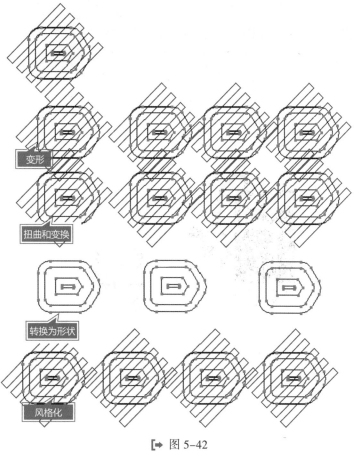

变形

扭曲和变换

转换为形状

风格化

[➡ 图 5-42

5.3.2 "效果"命令下的滤镜效果 ≫

"3D"滤镜效果

模拟 3D 效果的命令，将原本平面化的矢量图形进行三维显示，如图 5-43 所示。

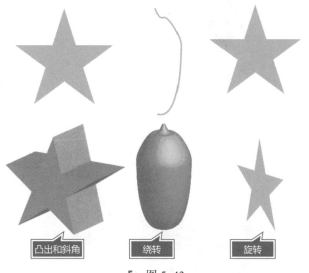

凸出和斜角　　　绕转　　　旋转

[➡ 图 5-43

"SVG"滤镜效果

以代码的方式给与物体效果。该滤镜效果会随物体的变化而变化，如图 5-44 所示。

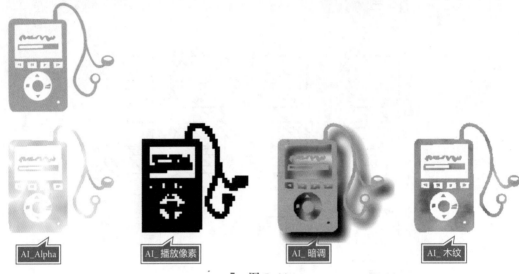

AI_Alpha

AI_播放像素

AI_暗调

AI_木纹

[➡ 图 5-44

裁剪标记

为图形添加裁剪标记，方便后期印刷时裁剪，如图 5-45 所示。

[➡ 图 5-45

Photoshop 滤镜效果

为位图图像进行像素化特效变形，如图 5-46 所示。

图 5-46

合理地运用 Illustrator 的效果命令可以为图形添加更多意想不到的视觉效果，从而使用户的设计作品拥有更多耀眼夺目的视觉冲击力。

5.4 质感细腻的图标效果

5.4.1 设计分析 »

电脑图标一般需要精美而细腻的制作，很多设计师都喜欢使用 Illustrator 的渐变来表现其质感效果，同时结合"效果"命令，质感效果变得更加多样化。如图 5-47 所示的图标，整个圆角矩形都是使用"渐变工具"来模拟图形的受光面和暗面，图标中间的色彩条块则使用"效果"命令为其添加投影效果。

5.4.2 技术概述 »

本案例中所涉及的工具有"椭圆工具"、"圆角矩形工具"、"旋转工具"、"颜色"面板、"渐变"面板、"效果"菜单、"对齐"面板等。涉及的相关操作有"新建文档"对话框、"圆角矩形"对话框设置、路径菜单命令、效果命令、"栅格化"命令、快捷键 Ctrl+D/Ctrl+2、"选择工具"的移动复制、图形的前后顺序、颜色的设置等。

[➡ 图 5-47

5.4.3 绘制过程 »

图形的创建

⬇01 执行"文档"/"新建"命令，在打开的"新建文档"对话框中，设置"配置文件"为"Web"选项、"大小"选择"800×600"；单击"确定"按钮，如图 5-48 所示。

[➡ 图 5-48

02 使用"圆角矩形工具"在工作区域内单击，打开"圆角矩形"对话框，如图 5-49 所示。输入数值后单击"确定"按钮，建立矩形，效果如图 5-50 所示。

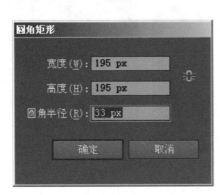

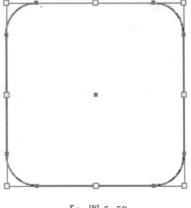

[➡ 图 5-49　　　　　　　　　　　　　　　　　[➡ 图 5-50

03 为矩形填充渐变，渐变类型选择"线性"，渐变色为 R=102、G=102、B=102 和 R=36、G=36、B=36，渐变方向及参数设置如图 5-51 所示。

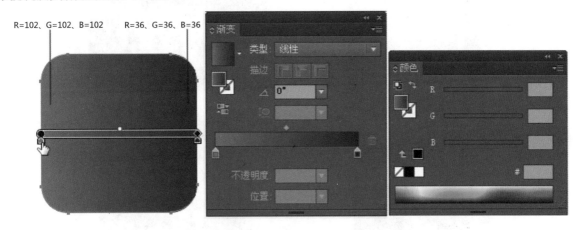

[➡ 图 5-51

04 设置渐变角度为 -90°，参数设置及效果如图 5-52 所示。

[➡ 图 5-52

05 再次使用"圆角矩形工具"绘制圆角矩形图形，参数设置如图 5-53 所示。为新建的圆角矩形图形填充径向渐变，参数设置及效果如图 5-54 所示。

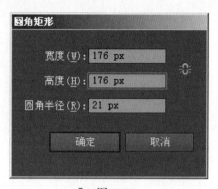

[➡ 图 5-53

[➡ 图 5-54

06 选择两个圆角矩形后，打开"对齐"面板，分别单击"垂直居中对齐"和"水平居中对齐"按钮，效果如图 5-55 和图 5-56 所示。

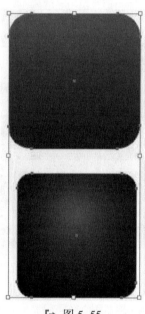

[➡ 图 5-55

[➡ 图 5-56

图标中心图形

01 使用"圆角矩形工具"绘制图标中心的色条块，参数设置如图 5-57 所示。接着为图形填充黄色。

02 使用"直线段工具"在矩形上绘制一条线段，如图 5-58 所示。

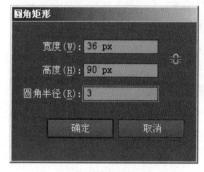

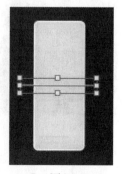

[➡ 图 5-57

[➡ 图 5-58

03 选择绘制的线段后，执行"对象"/"路径"/"分割下方对象"命令，将矩形分为上下两部分，如图 5-59 和图 5-60 所示。

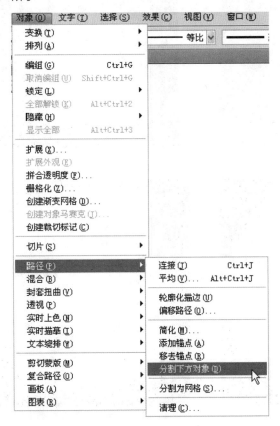

[→ 图 5-59   [→ 图 5-60

04 选择圆角矩形图形，执行"效果"/"风格化"/"外发光"命令，为图形添加外发光效果，如图 5-61 所示。

05 使用"旋转工具"，按住 Alt 键的同时在图 5-62 所示中心点位置单击，打开"旋转"对话框，输入数值后单击"复制"按钮，如图 5-63 所示。复制后的效果如图 5-64 所示。

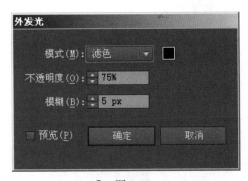

[→ 图 5-61   [→ 图 5-62

06 按快捷键 Ctrl+D，重复上一次操作，如图 5-65 所示。

07 分别选择圆角矩形图形的上半部分，为其填充不同的色彩，效果如图 5-66 所示。

[➡ 图 5-63

[➡ 图 5-64

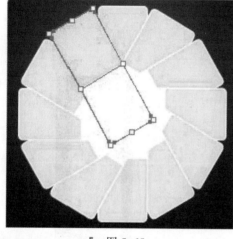

[➡ 图 5-65

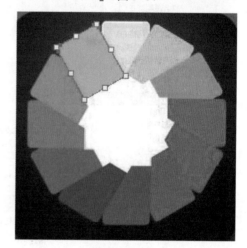

[➡ 图 5-66

添加投影效果

🔻01 选择最上面的圆角矩形图形后执行"栅格化"命令，在弹出的"栅格化"对话框中将"背景"选择为"透明"，参数设置如图 5-67 所示。对栅格化后的图形执行"效果"/"风格化"/"外发光"命令，效果如图 5-68 所示。

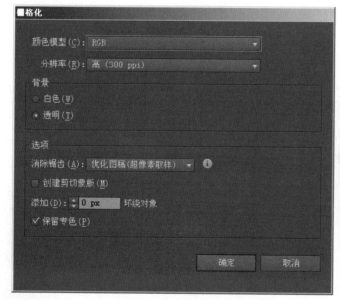

[➡ 图 5-67

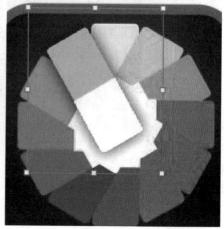

[➡ 图 5-68

栅格化的原因是为了保留每一个图形中的外发光效果。如图 5-69 所示，左图为未栅格化的图形添加投影效果；右图为栅格化图形添加投影效果。

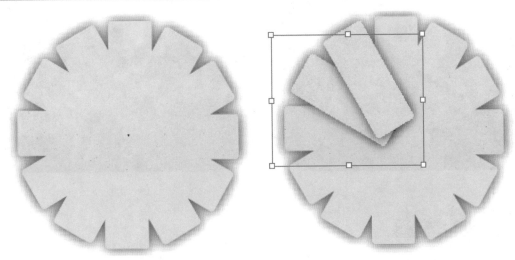

[➡ 图 5-69

↓02 按快捷键 Ctrl+Z，将栅格化后的图形进行锁定，以防影响后面的操作。

↓03 选择第二个图形后，将其栅格化并锁定。重复该操作，将图中所有图形分别栅格化后并锁定，效果如图 5-70 所示。

图标中心细节

↓01 使用"椭圆工具"绘制一个灰色椭圆图形，如图 5-71 所示。

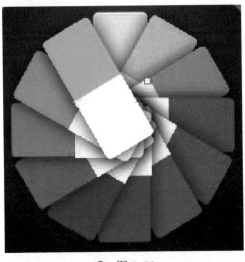

[➡ 图 5-70

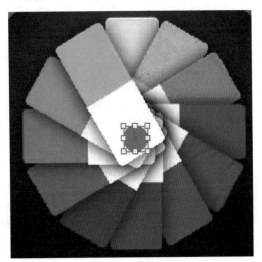

[➡ 图 5-71

↓02 再次绘制一个椭圆图形后，使用"对齐"面板将其中心对齐，效果如图 5-72 所示。

↓03 将视图缩小后，调整图标的不足之处，完成最终效果如图 5-73 所示。

[➡ 图 5–72

[➡ 图 5–73

5.4.4 举一反三 »

如图 5-74 所示图标的投影和文字投影就是使用 Illustrator "效果" 命令下的 "投影" 命令为其添加的。可以看到 Adobe Illustrator 的效果既可以为矢量图形添加，也可以为位图添加，区别在于为矢量图形添加效果时，效果会自动融合在一起；而为位图添加效果时则不会，如图 5-75 所示。

[➡ 图 5–74

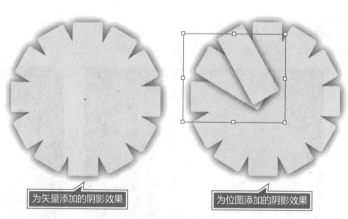

为矢量添加的阴影效果

为位图添加的阴影效果

[➡ 图 5–75

5.5   变化多样的字体设计

Adobe Illustrator 的字体不仅可以完成一般的排版设计，由于可以将文字转换为曲线，还可以在保留文字外观的基础上为其添加 Illustrator 的其他效果，从而将文字变化出不同的效果。

首先需要知道 Adobe Illustrator 的文字有哪些功能？

在设计作品时，经常会使用文字来作为整个版式中的辅助提示甚至是主体设计。使用 Illustrator 中的文字工具可以很快地创建、编辑文本，并且能够很好地创建特殊的文字来作为整体版式的主体设计部分。Adobe Illustrator 中需要通过文字工具及相关文字辅助工具来创建文字，如图 5-76 和图 5-77 所示。

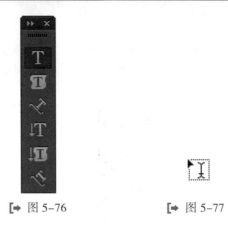

[➡ 图 5-76　　　　　　[➡ 图 5-77

5.5.1　创建文本 »

01 选择文字工具。

02 在画布上进行单击。

03 出现闪动的光标符后即可输入文本。创建文本的流程如图 5-78 所示。

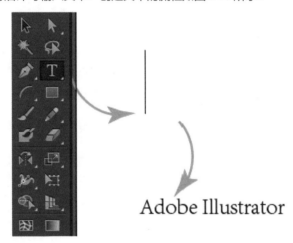

[➡ 图 5-78

5.5.2　文本的类型 »

Adobe Illustrator 中的文本类型根据创建的方法不同包括点文本、段落文本和路径文本 3 种。

点文本

使用文字工具直接在画布上单击，出现闪动的光标符后输入文字即可创建点文本。点文本的特性是没有软回车；可通过调整定界框大小来调整文字大小等。

创建点文本的具体操作步骤如下。

01 选择文字工具。

02 在画布上进行单击。

03 出现闪动的光标符后即可输入文本。创建过程如图 5-78 所示。

段落文本

　　使用文字工具，在画布上按住鼠标左键后拖曳出矩形文本框，输入文字即可创建段落文本。段落文本的特性是拥有软回车；定界框大小决定文本框大小；文字大小需要单独调整等。

　　创建段落文本的具体操作步骤如下。

↓01 选择文字工具。

↓02 在画布上拖曳文字工具，直至出现矩形文本框。

↓03 在矩形文本框的闪动光标符处输入文本即可。段落文本创建过程如图 5-79 所示。

路径 / 区域文本

　　使用文字工具，在某个图形的路径或者内部单击后输入文字，即可创建路径 / 区域文本。

　　路径 / 区域文本在路径和区域内拥有点文本 / 段落文本属性。

　　创建路径文本的具体操作步骤如下。

↓01 使用路径创建工具（如钢笔工具）创建路径，如图 5-80 所示。

↓02 使用文字工具（路径文字工具 / 直排路径文字工具），在路径起点处当鼠标改变后单击，如图 5-81 所示。

↓03 输入文字即可创建路径文本，效果如图 5-82 和图 5-83 所示。

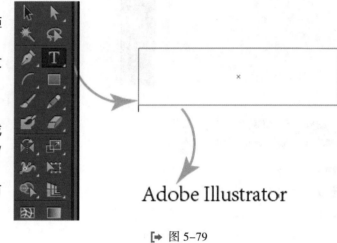

[➡ 图 5-79

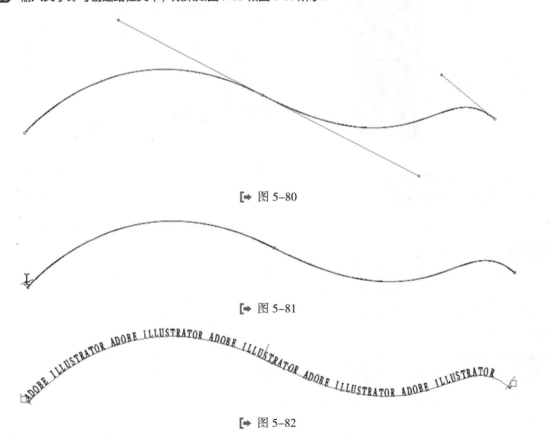

[➡ 图 5-80

[➡ 图 5-81

[➡ 图 5-82

[➡ 图 5-83]

创建区域文本的具体操作步骤如下。

01 使用创建路径工具（如钢笔工具）创建闭合路径，如图 5-84 所示。

02 使用文字工具（区域文字工具 / 直排区域文字工具），在区域内当鼠标改变后单击，如图 5-85 所示。

03 输入文字即可创建路径文本，效果如图 5-86 所示。

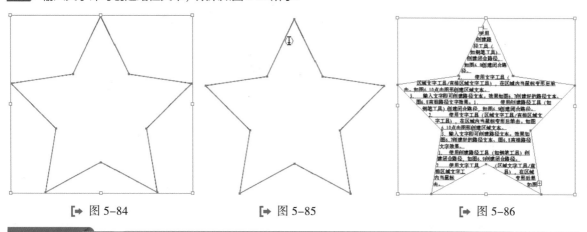

[➡ 图 5-84]　　　　　[➡ 图 5-85]　　　　　[➡ 图 5-86]

提示　如果需要输入不同的文本类型时，可通过查看鼠标状态来识别；如果在闭合图形内创建区域文本时，可以配合 Alt 键在闭合图形外部创建路径文本、配合 Shift 键可以在闭合图形内部创建竖排文本。如图 5-87 所示为选择文字工具后的鼠标状态、图 5-88 所示为输入文字的鼠标状态、图 5-89 所示为输入路径文本的鼠标状态、图 5-90 所示为输入区域文本的鼠标状态。

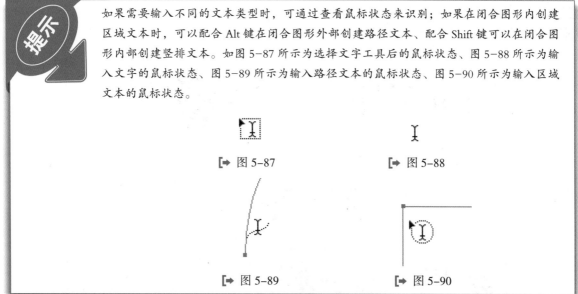

[➡ 图 5-87]　　　　　[➡ 图 5-88]

[➡ 图 5-89]　　　　　[➡ 图 5-90]

5.5.3 "字符"面板 »

在 Adobe Illustrator 中创建好点文字后，可以通过"字符"面板来设置点文字的外观、属性等，如图 5-91 和图 5-92 所示。

✻ A：设置字体。

✻ B：隐藏菜单。

✻ C：设置字体样式。

✻ D：设置行距。

✻ E：垂直缩放。

✻ F：设置所选字符间距。

✻ G：插入右空格。

✻ H：旋转字符。

✻ I：字体锐化效果。

✻ J：为选定文本指定一种语言，选择
适当的词典。

✻ K：设置文字下划线、删除线、上标
下标等。

✻ L：设置文字基线。

✻ M：插入左空格。

✻ N：设置字符比例间距。

✻ O：字符间距微调。

✻ P：水平缩放。

✻ Q：设置字号。

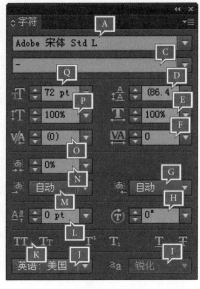

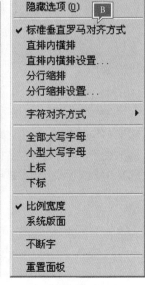

图 5-91   图 5-92

修改字体、字号、字符间距等设置时，具体操作步骤如下。

⬇01 使用文字工具创建点文本文字，如图 5-93 所示。

⬇02 使用文字工具选择需要更改设置的单个文字，如图 5-94 所示。

⬇03 在"字符"面板中，选择适当的字体、字号以及字符间距等，如图 5-95 所示。不同的字体效果如图 5-96
所示。

图 5-93

图 5-94

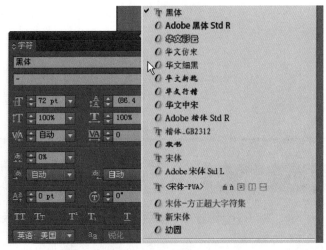

图 5-95

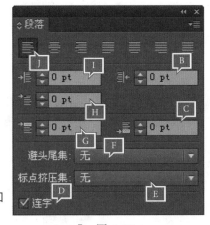

[➡ 图 5-96

5.5.4　"段落"面板 ≫

在 Adobe Illustrator 中，通过"段落"面板可设置段落文字的外观、属性等，如图 5-97 和图 5-98 所示。

* A：隐藏菜单。
* B：设置右缩进。
* C：设置段后距离。
* D：设置行末字符连字。
* E：设置行末标点。
* F：设置段前段后标点。
* G：设置段前距离。
* H：设置首行缩进。
* I：设置左缩进。
* J：设置段落对齐方式。

修改文本段落对齐方式

⬇01▶ 使用文字工具创建段落文本，如图 5-99 所示。

⬇02▶ 选择创建的段落文本（如要针对某段进行单独编辑，可将该段选择），如图 5-100 所示。

⬇03▶ 单击"段落"面板中的对齐按钮即可对齐文本，如图 5-101 所示。

[➡ 图 5-97　　　　　　　　　[➡ 图 5-98

[➡ 图 5-99

针对全部段落编辑的选择方式　　　　针对单独段落编辑的选择方式

➡ 图 5-100

左对齐　　　中对齐　　　右对齐

两端对齐，末行左对齐　　　两端对齐，末行中对齐　　　两端对齐，末行右对齐

全部两端对齐

➡ 图 5-101

修改段落文本缩进

▼01 创建段落文本。

▼02 选择创建的段落文本（如要针对某段进行单独编辑，可将该段选择）。

▼03 在"段落"面板中的缩进数值栏中输入数值即可缩进文本段落，效果如图 5-102 所示。

第一章：Adobe Illustrator概况
Adobe Illustrator是美国ADOBE公司推出的专业矢量绘图工具。Adobe Illustrator是出版、多媒体和在线图像的工业标准矢量插画软件。无论是生产印刷出版线稿的设计者和专业插画家、生产多媒体图像的艺术家、还是互联网页或在线内容的制作者，都会发现Illustrator不仅仅是一个艺术产品工具。该软件为线稿提供无与伦比的精度和控制，适合生产任何小型设计到大型的复杂项目。

作为全球最著名的图形软件Illustrator，以其强大的功能和体贴用户的界面已经占据了全球矢量编辑软件中的大部分份额。具不完全统计全球有67%的设计师在使用Illustrator进行艺术设计！尤其基于Adobe公司专利的PostScript技术的运用，Illustrator已经完全占领专业的印刷出版领域。无论你是线稿的设计者和专业插画家、生产多媒体图像的艺术家、还是互联网页或在线内容的制作者，使用过Illustrator后都会发现，其强大的功能和简洁的界面设计风格都是其他同类软件所无法比拟的！

正常数值

左缩进 50pt

右缩进 50pt

首行缩进 50pt

图 5-102

修改段落标点设置

01 创建段落文本。

02 选择创建的段落文本。

03 在"段落"面板中的"避头尾集"和"标点挤压集"中选择相关设置，效果如图 5-103 和图 5-104 所示。

标点避头尾前

标点避头尾后

图 5-103

第一章：Adobe Illustrator概况
Adobe Illustrator是美国ADOBE公司推出的专业矢量绘图工具。Adobe Illustrator是出版、多媒体和在线图像的工业标准矢量插画软件。无论是生产印刷出版线稿的设计者和专业插画家、生产多媒体图像的艺术家、还是互联网页或在线内容的制作者，都会发现Illustrator不仅仅是一个艺术产品工具。该软件为线稿提供无与伦比的精度和控制，适合生产任何小型设计时和大型的复杂项目。
作为全球最著名的图形软件Illustrator，以其强大的功能和体贴用户的界面已经占据了全球矢量编辑软件中的大部分份额。其中完全统计全球有67%的设计师在使用Illustrator进行艺术设计！尤其基于Adobe公司专利的PostScript技术的运用，Illustrator已经完全占领专业的印刷出版领域。无论你是线稿的设计者和专业画家、生产多媒体图像的艺术家、还是互联网页或在线内容的制作者，使用过Illustrator后都会发现，其强大的功能和简洁的界面设计风格都是其他同类软件所无法比拟的！
1.1Adobe illustrator历史介绍
自Adobe公司在1987年推出的Illustrator1.1版本后。随后一年，又在Window平台上推出了2.0版本。Illustrator真正起步应该说是在1988年，Mac上推出的Illustrator 88版本。后一年在Mac上升级到3.0版本，并在1991年移植到了Unix平台上。最早出现在PC平台上的版本是1992的4.0版本，该版本也是最早的日文样植版本。而在广大苹果机上被使用最多的是5.0/5.5版本，由于该版本使用了Dan Clark的Anti-alias（抗锯齿显示）显示引擎，使得原本一直是锯齿的矢量图形在图形显示上有了质的飞跃！同时又在界面上做了重大的改革，风格和Photoshop极为相似，所以对于Adobe的老用户来说相当容易上手，也连接没多久就风靡出版业，很快地推出了日文版！唯一可惜的是没有推出PC版，广大PC用户无法使用Photoshop3.0时就看到她！趁着大好时机，Adobe公司立刻在Mac和Unix平台上推出了6.0版本。而Illustrator真正刻PC用户所知道的1997年推出7.0版本，可能Adobe公司注意到了日渐繁荣的PC世界了吗？同时在Mac和Windows平台上推出。由于7.0版本使用了完善的PostScript页面描述语言，使得页面中的文字和图形的质量再次得到了飞跃。复凭借着和RPhotoshop良好的互换性，赢得了很好的声誉。唯一遗憾的是7.0对中文的支持极差。1998年Adobe公司推出了划时代版本—Illustrator 8.0，使得Illustrator成为了非常完善的绘图软件，凭借着Adobe公司的强大实力，完全解决了对汉字和日文等双字节语言的支持，更增加了强大的"网格过渡"工具（Corel Draw9.0也有相应的功能，但是效果极差）、文本编辑工具等等功能，使得其完全占据了专业矢量绘图软件的霸主地位。

标点挤压前

第一章：Adobe Illustrator概况
Adobe Illustrator是美国 ADOBE 公司推出的专业矢量绘图工具。Adobe Illustrator 是出版、多媒体和在线图像的工业标准矢量插画软件。无论是生产印刷出版线稿的设计者和专业插画家、生产多媒体图像的艺术家、还是互联网页或在线内容的制作者，都会发现 Illustrator 不仅仅是一个艺术产品工具。该软件为线稿提供无与伦比的精度和控制，适合生产任何小型设计时和大型的复杂项目。
作为全球最著名的图形软件 Illustrator，以其强大的功能和体贴用户的界面已经占据了全球矢量编辑软件中的大部分份额。其中完全统计全球有 67% 的设计师在使用 Illustrator 进行艺术设计！尤其基于 Adobe 公司专利的 PostScript 技术的运用，Illustrator 已经完全占领专业的印刷出版领域。无论你是线稿的设计者和专业画家、生产多媒体图像的艺术家、还是互联网页或在线内容的制作者，使用过 Illustrator 后都会发现，其强大的功能和简洁的界面设计风格都是其他同类软件所无法比拟的！
1.1Adobe illustrator 历史介绍
自 Adobe 公司在 1987 年推出的 Illustrator1.1 版本后。随后一年，又在 Window 平台上推出了 2.0 版本。Illustrator 真正起步应该说是在 1988 年，Mac 上推出的 Illustrator 88 版本。后一年在 Mac 上升级到 3.0 版本，并在 1991 年移植到了 Unix 平台上。最早出现在 PC 平台上的版本是 1992 的 4.0 版本，该版本也是最早的日文样植版本。而在广大苹果机上被使用最多的是 5.0/5.5 版本，由于该版本使用了 Dan Clark 的 Anti-alias（抗锯齿显示）显示引擎，使得原本一直是锯齿的矢量图形在图形显示上有了质的飞跃！同时又在界面上做了重大的改革，风格和 Photoshop 极为相似，所以对于 Adobe 的老用户来说相当容易上手，也连接没多久就风靡出版业，很快地推出了日文版！唯一可惜的是没有推出 PC 版，广大 PC 用户无法使用 Photoshop3.0 时就看到她！趁着大好时机，Adobe 公司立刻在 Mac 和 Unix 平台上推出了 6.0 版本。而 Illustrator 真正刻 PC 用户所知道的 1997 年推出 7.0 版本，可能 Adobe 公司注意到了日渐繁荣的 PC 世界了吗？同时在 Mac 和 Windows 平台上推出。由于 7.0 版本使用了完善的 PostScript 页面描述语言，使得页面中的文字和图形的质量再次得到了飞跃。更凭借着和 Photoshop 良好的互换性，赢得了很好的声誉。唯一遗憾的是 7.0 对中文的支持极差。1998 年 Adobe 公司推出了划时代版本—Illustrator 8.0，使得 Illustrator 成为了非常完善的绘图软件，凭借着 Adobe 公司的强大实力，完全解决了对汉字和日文等双字节语言的支持，更增加了强大的"网格过渡"工具（Corel Draw9.0 也有相应的功能，但是效果极差）、文本编辑工具等等功能，使得其完全占据了专业矢量绘图软件的霸主地位。

标点挤压后

[➡ 图 5-104

5.5.5 "文字"菜单 »

　　"文字"菜单中包含了针对文字的所有设置，其中包括"字符"面板和"段落"面板中的一系列设置。可以说"字符"面板和"段落"面板是"文字"菜单命令的快捷操作。通过"文字"菜单下的命令可以设置文字更多的类型，其中包括字形、复合字体、查找字体以及隐藏字符和文本方向等，如图 5-105 所示。

* 字形：创建特殊字符。
* 复合字体：创建拥有不同字体的复合字体。
* 适合标题：将文字间距扩大以适合文本框。
* 创建轮廓：将文字转换为曲线。
* 查找字体：查找和更改文档中的字体。
* 更改大小写：将文字的大小写快速转换。
* 智能标点：规定特殊标点之间的链接方式。
* 视觉边距对齐方式：使用视觉感知的数值来设置对齐方式。
* 显示隐藏字符：显示特殊的字符，如段落标记等。
* 文字方向：更改文字方向。

字形

　　字形是文字文件中包含的一系列特殊字符的集合版。在"字形"对话框中可以找到很多不常见的、生僻的中英文字符。

↓01 创建点文本（也可使用段落文本和路径及区域文本等）。

↓02 打开"字形"对话框，如图 5-106 所示。

↓03 在"字形"对话框中找到合适的文字后，直接双击即可将文字插入点文本中，如图 5-107 所示。

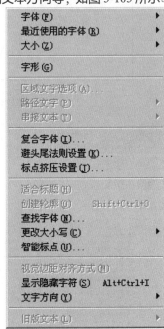

[➡ 图 5-105

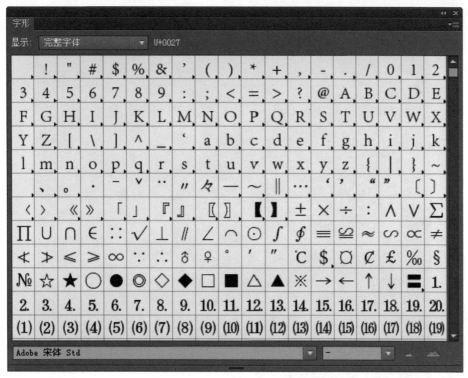

图 5-106

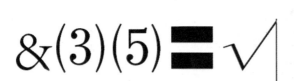

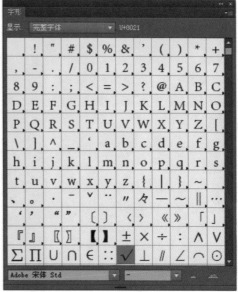

图 5-107

复合字体

设置在同一段文字中同时出现中文和英文时，中文和英文各自使用的字体，如图 5-108 所示。

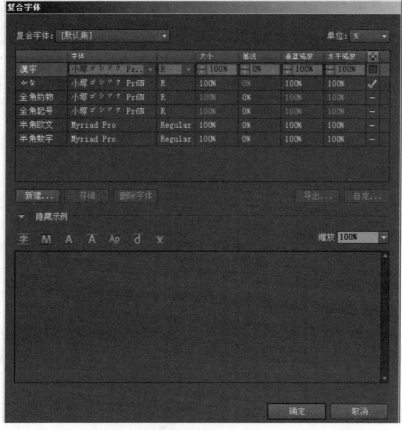

[➡ 图 5-108

查找字体

可将段落中文字的原始字体快速替换为其他不同字体,如图 5-109 所示。

文本绕排

设计排版有时需要将文字和图片进行混合排放,而在 Adobe Illustrator 中对于文本绕排的操作是非常方便的。可以通过文本绕排的命令快速进行图文混排,并可随意设置其距离。

◆01 创建段落文本并导入一张图片。

◆02 选择导入的图片后,执行"对象"/"文本绕排"/"建立"命令,即可将文本绕排,如图 5-110 所示。

◆03 执行"对象"/"文本绕排"/"释放"命令,将绕排后的文本释放。

◆04 执行"对象"/"文本绕排"/"文本绕排选项"命令,可设置图片绕排后的数值,如图 5-111 所示。不同的数值效果是不同的,如图 5-112 所示。

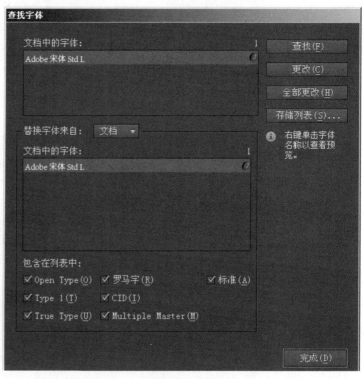

[➡ 图 5-109

绕排前

绕排后

[→] 图 5-110

[→] 图 5-111

[→] 图 5-112

串接文本

当使用段落文本时，经常会遇到文字数量太多而一个文本框无法显示所有文字的情况，这时可以使用串接文本。

01 以上一节文本绕排后的效果为例。绕排后的文本会出现有部分文字没有显示的情况，如图 5-113 所示。

02 使用鼠标单击该标记后，光标发生变化，如图 5-114 所示。

03 可以直接在画板上单击鼠标，创建新的文本框后，将未显示的文字排列出来。

04 也可在绘制好的图形内部进行单击，将文字排列出来。

05 排列好的文字将和上一段文字有链接关系，如图 5-115 所示。

了2.0版
二升级到
本也是最
rk的
跃！同时

[➡ 图 5-113   [➡ 图 5-114

1.1Adobe illustrator历史介绍

自Adobe 公司在1987年推出的Illustrator1.1版本后。随后一年，又在Window平台上推出了2.0版本。Illustrator真正起步应该说是在1988年，Mac上推出的Illustrator 88版本。后一年在Mac上升级到3.0版本，并在1991年移植到了Unix平台上。最早出现在PC平台上的版本是1992的4.0版本，该版本也是最早的日文移植版本。而在广大苹果机上被使用最多的是5.0/5.5版本，由于该版本使用了Dan Clark的Anti-alias (抗锯齿显示) 显示引擎，使得原本一直是锯齿的矢量图形在图形显示上有了质的飞跃！同时

在操作界面上做了重
于xpcy单，风格和Photoshop极为相似，所以
于Adobe的老用户来说相当容易上手，也难怪没多久就风
露出版业，很快也推出了日文版！唯一可惜的是没有推出PC版，广大
PC用户无法在使用Photoshop3.0时就看到她！趁着大好时机，Adobe公司立
到在Mac和Unix平台上推出了6.0版本。而Illustrator真正被PC用户所知道的是
1997年推出7.0版本，可能Adobe公司注意到了日渐繁荣的PC世界了吧？同时在Mac
和Windows平台推出。由于7.0版本使用了完善的PostScript页面描述语言，使得页
面中的文字和图形的质量再次得到了飞跃，更凭借着她和Photoshop良好的互换
性，赢得了很好的声誉。唯一遗憾的是7.0对中文的支持极差。1998年Adobe
公司推出了划时代版本—Illustrator 8.0，使得Illustrator成为了非
常完善的绘图软件，凭借着Adobe公司的强大实力，完全解决
了对汉字和日文等双字节语言的支持，更增加了
强大的"网格过渡"工具

[➡ 图 5-115

文字转曲

在 Adobe Illustrator 中使用的文字可以随时修改字体、字号等属性，也可以将其转换为图形。当文字执行"创建轮廓"命令后，文字就转换为图形属性，只能按照图形的属性来更改文字外形，而无法更改文字内容。

01 创建文字。

02 选择文字后，执行"文字"/"创建轮廓"命令，即可将文字转换为曲线，如图 5-116 所示。

03 创建轮廓后的文字为图形属性。

文本属性

创建轮廓后

[➡ 图 5-116

提示

可以通过"直接选择工具"选择锚点来更改外轮廓。

5.5.6 制作效果思路拓展 ≫

除了前面介绍的命令可以对文字进行操作外，还有很多种方法可以对文字进行特殊变形，如文字蒙版、画笔化文本、将"外观"面板应用于文本、将"封套和扭曲"命令应用于文本、将"路径查找器"面板应用于文本、将变形命令应用于文本等都可以将文字的效果变化出多样的质感。文字在可编辑状态下能够添加的效果并不多，但如果将文字转换为普通的曲线路径，将会最大化扩展文字的效果，因为 Adobe Illustrator 的效果全部针对的是路径。

文字蒙版效果

此种类型常应用于文字的透底特效，将图片和文字相结合体现新的效果。将文字和图片选择后执行"对象"/"剪切蒙版"/"建立"命令，即可创建文字蒙版，效果如图 5-117 所示。

具体的操作步骤如下。

↓01 在 Adobe Illustrator 中新建文档，导入一张图片，如图 5-118 所示。

[➡ 图 5-117

[➡ 图 5-118

↓02 使用文字工具创建文本，效果如图 5-119 所示。

↓03 将文字放置于图片上方的适当位置并全部选择，效果如图 5-120 所示。

↓04 执行"对象"/"剪切蒙版"/"建立"命令，即可创建文字蒙版，效果如图 5-121 所示。

↓05 可将完成的文字放置于底图上，效果如图 5-122 所示。

[➡ 图 5-119

[➡ 图 5-120

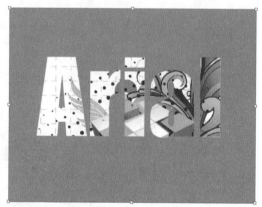

[➡ 图 5-121

[➡ 图 5-122

画笔化文本效果

　　此种类型经常应用于书法效果，体现中国书法的魅力，同时便于编辑。输入文字并将文字转曲，将"画笔"面板上的笔触应用于文字，效果如图 5-123 所示。也可以通过"外观"面板为文字添加多个描边笔触，以获得更多效果。

　　具体操作步骤如下。

↓01 使用文字工具输入文字，如图 5-124 所示。

↓02 选择输入的文字后，将其转换为轮廓，如图 5-125 所示。

[➡ 图 5-123　　　　　　　　　　　　　　　　[➡ 图 5-124

[➡ 图 5-125

03 打开 "画笔" 面板，在适当笔触上单击后即可将笔触添加至文字描边上，效果如图 5-126 所示。

[➡ 图 5-126

将变形效果应用于文本 ▶

　　此种类型模拟文字的涂鸦效果，将随意性和趣味性融合于文字中。使用 "效果" / "风格化" / "涂抹" 命令和 "色板" 面板创建图案后为文字填充，输入文字并将文字转曲，再为文字执行变形命令即可创建，如图 5-127 所示。

[➡ 图 5-127

具体操作步骤如下。

⬇01 创建一个黑色的矩形图形，如图 5-128 所示。

⬇02 对矩形图形执行"效果"/"风格化"/"涂抹"命令，参数设置如图 5-129 所示，效果如图 5-130 所示。

[➡ 图 5-128

[➡ 图 5-129

[➡ 图 5-130

⬇03 将矩形图形拖曳至"色板"面板中，建立图案如图 5-131 所示。

[➡ 图 5-131

⬇04 使用文字工具输入文字，如图 5-132 所示。

[➡ 图 5-132

05 选择输入的文字，单击"色板"面板中刚才存储的图案后，效果如图 5-133 所示。

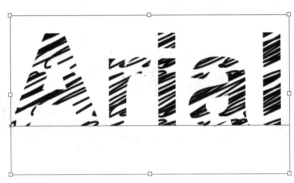
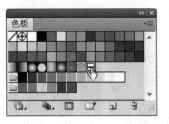

[➡ 图 5-133

06 为填充好图案的文字添加描边，效果如图 5-134 所示。

07 对文字执行"效果"/"风格化"/"涂抹"命令，效果如图 5-135 所示。

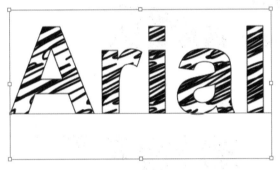

[➡ 图 5-134

[➡ 图 5-135

将"路径查找器"面板应用于文本

　　此种类型可以为文字变化出多种色彩。由于文字的特殊编辑属性，所以导致文字的色彩添加非常单调。如果将文字转换为路径后，并对其执行"路径查找器"面板中的命令，修改颜色即可，如图 5-136 所示。

　　具体的操作步骤如下。

01 使用文字工具输入文字，如图 5-137 所示。

[➡ 图 5-136

[➡ 图 5-137

02 对输入的文字执行"文字"/"创建轮廓"命令，将文字转换为曲线，如图 5-138 所示。

03 使用"钢笔工具"绘制一个闭合的路径图形，将其置于文字的上方，如图 5-139 所示。

04 将两个图形选择后，执行"路径查找器"面板中的"分割"命令，效果如图 5-140 所示。

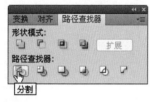

[➡ 图 5-138

[➡ 图 5-139

[➡ 图 5-140

05 在分割后的图形上右键单击，选择快捷菜单中的"取消编组"命令，将图形解组。

06 将多余的图形选择后删除，如图 5-141 和图 5-142 所示。

[➡ 图 5-141

[➡ 图 5-142

07 选择其他图形后为其填充颜色，效果如图 5-143 所示。

08 也可以为图形填充单色、渐变或者图案等填充色，以获得更多效果，如图 5-144 所示。

[➡ 图 5-143

[➡ 图 5-144

5.6 光影璀璨的钢铁文字效果

5.6.1 设计分析 »

如图 5-145 所示，可以看到文字的外轮廓描边具有渐变特点。Adobe Illustrator CS6 新功能中可以填充渐变描边，实现渐变效果就非常方便。文字上的光影效果是采用了渐变透明的方式，自然就用到了渐变中的透明度设置。

[➡ 图 5-145

5.6.2 技术概述 »

本案例中所涉及的工具有文字工具、"旋转工具"、"颜色"面板、"渐变"面板、透明度效果菜单、"对齐"面板等。涉及的相关操作有文字字符输入、文字转曲、路径菜单命令、效果命令、旋转命令、快捷键 Ctrl+D、选择工具的移动复制、图形的前后顺序、颜色的设置等。

5.6.3 绘制过程 »

建立字体

01 使用文字工具输入字母，并选择适当的字体以及字号，如图 5-146 所示。

02 选择其中一个字母来制作，这里选择"D"字母。为了将其从文字属性转换为路径轮廓，执行"文字"/"创建轮廓"命令（或按快捷键 Ctrl+Shift+O），将其转换为轮廓，如图 5-147 所示。

[➡ 图 5-146

[➡ 图 5-147

03 接下来要为转曲的轮廓创建更加粗的外轮廓。选择轮廓图形，执行"对象"/"路径"/"偏移路径"命令，效果如图 5-148 所示。

04 为中间的图形添加渐变和描边，由于 Illustrator CS6 中可以为描边添加渐变，所以利用此功能来为图形添加渐变效果。首先为中间图形添加合适的描边粗细，使用"描边"面板为图形添加一个合适大小的描边，效果如图 5-149 所示。

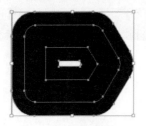

[➡ 图 5-148

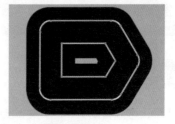

[➡ 图 5-149

05 为描边添加一个渐变。在"渐变"面板中选择渐变类型为"线性"，设置角度为 -90°，参数设置及效果如图 5-150 所示。渐变颜色数值如图 5-151 所示。

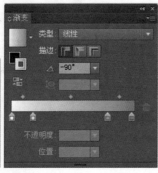

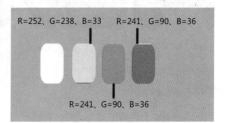

[➡ 图 5-150

[➡ 图 5-151

06 为图形的填充色添加渐变色。在"渐变"面板中选择渐变类型为"线性"，设置角度为 -90°，参数设置及效果如图 5-152 所示。渐变颜色数值如图 5-153 所示。

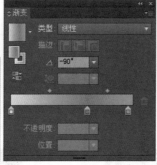

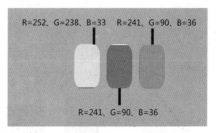

[➡ 图 5-152

[➡ 图 5-153

07 为底图图形的描边添加黑色渐变，描边要适当大小才能显示渐变。在"渐变"面板中选择渐变类型为"线性"，角度为 -90°，参数设置及效果如图 5-154 所示。渐变颜色数值如图 5-155 所示。

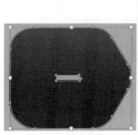

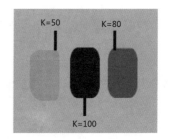

[➡ 图 5-154

[➡ 图 5-155

08 为底图图形添加渐变的填充色，填充色的渐变要非常细微，建议从 K=85 渐变至 K=100。

09 通过"对齐"面板将两个填充好渐变的图形进行居中对齐放置。注意，要将黑色渐变放在彩色渐变图形的下方，可以通过右键菜单中的排列命令来调整顺序，或者通过"图层"面板来调整图形顺序，效果如图 5-156 所示。

[➡ 图 5-156

光影效果的添加

01 接下来要为图形添加光影效果，由于光影是若有若无的，所以需要"渐变"面板和"透明度"面板。使用"矩形工具"绘制一个矩形图形或者使用"直线段工具"绘制一条线段后为其添加粗的描边，然后将其转换为轮廓，效果如图 5-157 所示。

02 使用"选择工具"，按住 Alt 键的同时将矩形图形移动并复制一个副本，效果如图 5-158 所示。

03 按快捷键 Ctrl+D，重复移动复制操作，效果如图 5-159 所示。

[➡ 图 5-157　　[➡ 图 5-158　　[➡ 图 5-159

04 选择所有矩形图形，双击"旋转工具"，在打开的"旋转"对话框中设置"角度"为 -45°，如图 5-160 所示。将所有矩形图形旋转，效果如图 5-161 所示。

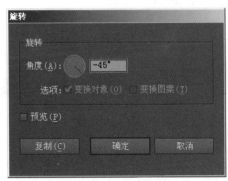
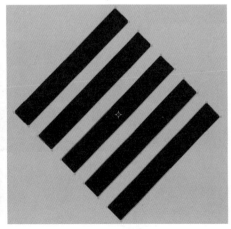

[➡ 图 5-160　　　　　　[➡ 图 5-161

05 使用"渐变"面板为所有矩形图形添加统一的渐变效果，渐变类型为"线性"，角度为 -90°，渐变是从白色渐变至黑色，将黑色的"不透明度"设置为 50%，如图 5-162 所示。

06 将"D"字母复制副本后置于矩形图形的上方，效果如图 5-163 所示。

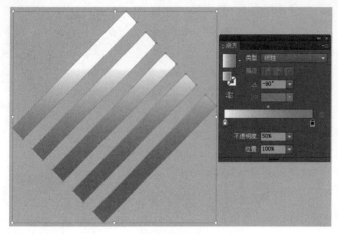

[➡ 图 5-162

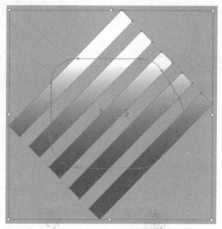

[➡ 图 5-163

07 选择两个图形，执行"对象"/"剪切蒙版"/"建立"命令（或按快捷键 Ctrl+7），将矩形图形放入"D"字母内部，效果如图 5-164 所示。

08 将制作好的图形和之前的图形进行居中放置，效果如图 5-165 所示。

[➡ 图 5-164

[➡ 图 5-165

09 由于图形过于明显，所以使用"透明度"面板设置其"不透明度"。选择图形后，在"透明度"面板中将"不透明"数值设置为 40%，效果如图 5-166 所示。最终效果如图 5-167 所示。

[➡ 图 5-166

[➡ 图 5-167

5.6.4 举一反三 ≫

在针对"文字"进行效果应用时，常用的方法是将文字转换为曲线，然后针对路径进行特效的添加。

如果不将文字转换为曲线的话，很多效果不能应用到文本属性的图形中。所以为文字添加效果时，就需要将文字复制副本，针对副本进行转曲编辑。制作的不同效果如图 5-168 和图 5-169 所示。

[➡ 图 5-168

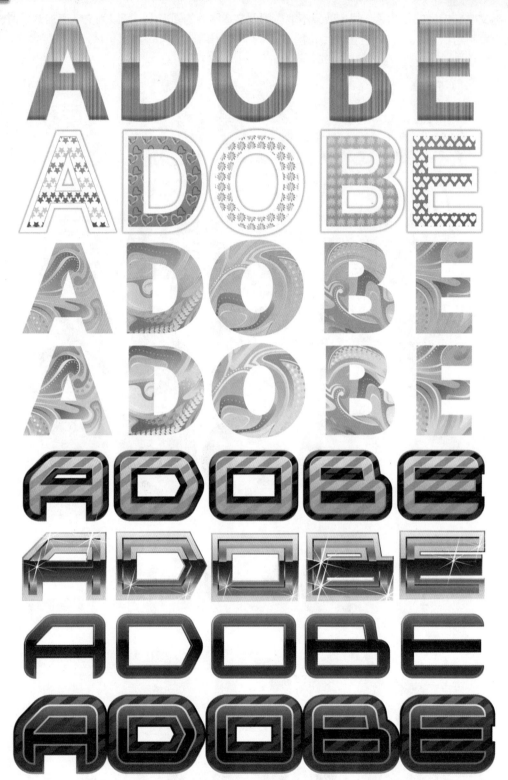

[➡ 图 5-169

第6章

设计配色的技巧

针对用户在设计中所需的搭配颜色的诀窍，Adobe Illustrator CS6 已经拥有了一切配色方法。本章将提供一种用户所不了解的配色技巧，掌握这些内容，将解决令人头疼的颜色风格问题。

本章重点

- 详解颜色工具

- 色板配色技巧

- 矢量上色技巧

- 极易出彩的图像描摹功能和再配色

6.1　详解颜色工具

　　矢量软件由于其构成的特殊性，其颜色需要通过块状的封闭区域来填充（针对 Adobe Illustrator 中支持开放路径填充颜色的特殊情况不在讨论范畴），作品中颜色的分布由绘制的路径区域大小来决定，如图 6-1 所示。在前面的章节中介绍过，在 Adobe Illustrator 中配色通常由拾色器、"颜色"面板和"色板"面板来完成。本章将深入介绍如何通过这些功能来为作品添加丰富多彩的颜色。

图 6-1

6.1.1　详解拾色器　》》

　　拾色器是 Adobe Illustrator 中经常使用到的调色方法，拾色器默认情况下使用的是 HSB 调色方式，如图 6-2 所示。通过调节 H（色相）、S（饱和度）、B（明度）来调整颜色。可以选择不同的调色方式，如图 6-3 所示，调节 RGB 来调整颜色。当颜色只用于 Web 网络时，可选择仅限 Web 颜色选项，如图 6-4 所示，拾色器中颜色将会在网络中安全显示。当在拾色器中设定好颜色后，单击"确定"按钮，颜色将被更新在工具箱中的颜色预览框和"颜色"面板中。

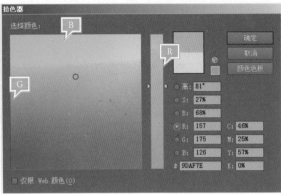

[➡ 图 6-2   [➡ 图 6-3

拾色器模式是使用颜色模型选择颜色，可以使用拾色器中的颜色色板来选择颜色，如图 6-5 所示。拾色器中的颜色色板是存储的印刷色，这里所有的颜色都可以被安全地印刷出来，而不需要担心偏色问题。

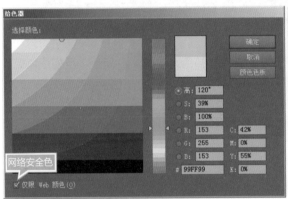

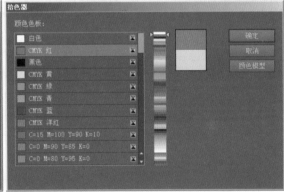

[➡ 图 6-4   [➡ 图 6-5

如图 6-6 所示，选择颜色时，要根据颜色的用途来决定溢色警报的显示与否。如颜色用于印刷时，不要出现三角形的印刷溢色警报；颜色用于网络显示时，不要出现正方体的网络色溢色警报。

[➡ 图 6-6

6.1.2 详解"颜色"面板 »

使用"颜色"面板进行颜色选择时，和拾色器类似，是通过拖动滑块来选择颜色，如图 6-7 所示。以在颜色预览框内查看选定的颜色，在使用 CMYK 设定颜色时最好以 5 的倍数来更改数值，如图 6-8 所示。选择两块以上图形时，颜色预览框将以 "？" 号来显示。

由于 Adobe Illustrator 可以在编辑文件过程中切换当前文件的颜色模式，所以要做到"颜色"面板中选择颜色方式和当前颜色模式一致，如图 6-9 所示。即颜色模式为 CMYK 时，颜色模板选择方式也应是 CMYK 方式。

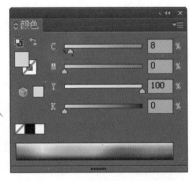

[➡ 图 6-7

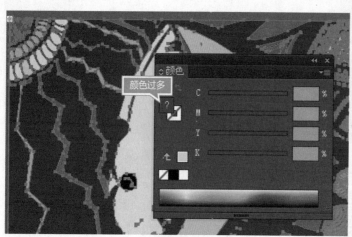

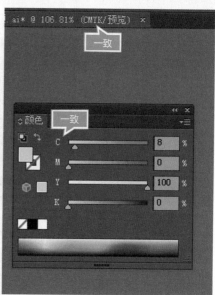

[➡ 图 6-8

[➡ 图 6-9

　　当选择好颜色后，可以在隐藏菜单中选择当前颜色的反相色和补色，如图 6-10 所示。反相是色相、亮度及饱和度同时相补；补色则只是色相相补，而亮度 / 饱和度都与原来近似。

　　当所选颜色会经常用到时，可将其保存在色板中，以便随时提取。单击隐藏菜单中的"创建新色板"命令，在弹出的"新建色板"对话框中，设置保存颜色即可，如图 6-11 所示。所存颜色将出现在拾色器的颜色色板和"色板"面板中。

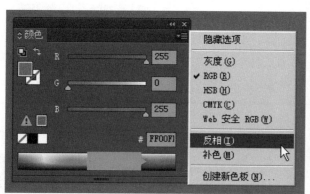

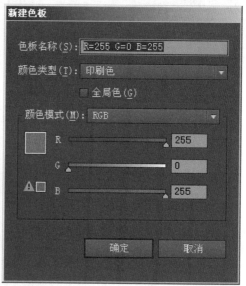

[➡ 图 6-10

[➡ 图 6-11

全局色、印刷色和专色

　　印刷色是使用 4 种标准印刷油墨的组合打印得到的颜色，即青色（C）、洋红色（M）、黄色（Y）和黑色 (K)。所有的印刷色均由这 4 种颜色组合得到。

　　专色是由一种预先混和的特殊油墨，用于替代印刷油墨或为其提供补充，它在印刷时需要使用专门的印版。当指定少量颜色并且颜色准确度很关键时可以使用专色。专色油墨准确重现印刷色色域以外的颜色。

全局色是 Adobe Illustrator 中设定颜色的方式，当将某种颜色设定为全局色后，更改该色时所有使用该色的图形颜色都统一改变。如图 6-12 所示，将橘黄色设定为全局色后将其添加入图形，双击该色块在色板选项中更改颜色，所有使用该色的图形颜色都发生变化，如图 6-13 所示。

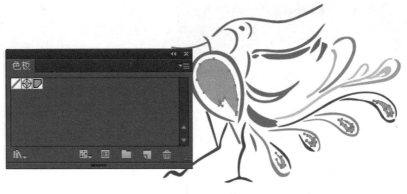

[➡ 图 6-12

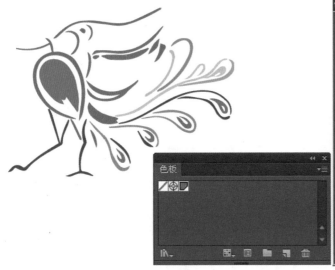

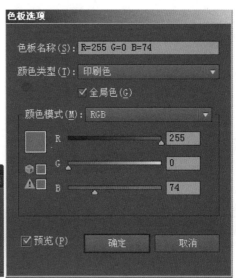

[➡ 图 6-13

6.1.3 详解"色块"面板 »

色板中可以存储单色、渐变和图案 3 种类型颜色，如图 6-14 所示。在默认的色板中可以看到这 3 种类型的颜色。

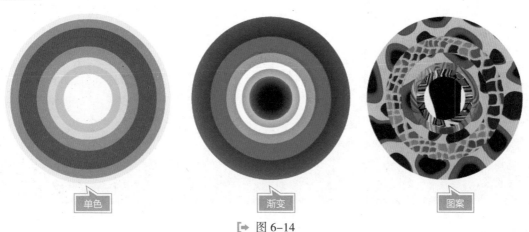

单色　　　渐变　　　图案

[➡ 图 6-14

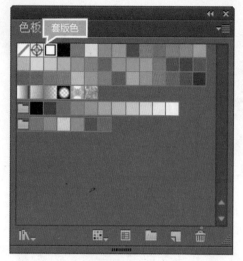

在色板中有一个特殊的颜色叫套版色，如图 6-15 所示。套版色是由 C=100、M=100、Y=100、K=100 组成的颜色，输出后会分别出现在 CMYK 四色版中，通常作为对齐标准来对准 4 个版位。套版色通常应用在印刷当中。在印刷时，需要对 4 种颜色的版面进行对齐并逐一印刷才会出现字迹清晰的画面，如果版面没有套准，则会出现字迹模糊的情况，如图 6-16 所示。

在 Adobe Illustrator 中色板自带多种颜色组合，如图 6-17 所示。可以打开配置好的颜色组合来使用，如图 6-18 所示。色板中固定的颜色搭配非常好用，可以直接将其应用在作品中，如图 6-19 所示。

图 6-15

图 6-16

图 6-17

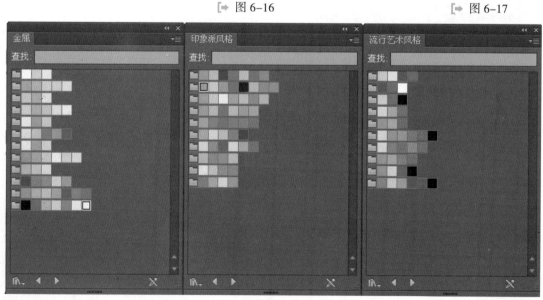

图 6-18

[➡ 图 6–19

6.2 色板配色技巧

6.2.1 设计分析

如图 6-20 所示，使用的配色颜色较少，同时整体颜色控制在灰色调中，而颜色之间的搭配使用了大面积的蓝色作为基色，少量补色作为点缀颜色来进行画面的点缀。在配色时，Adobe Illustrator 的色板中自带了多种配色方案，可以很方便地为作品进行配色。

6.2.2 技术概述 ➤➤

本案例中使用到的工具有"选择"菜单、"色板"面板、"颜色"面板、拾色器等。涉及的相关操作有颜色的基础设置、"色板"面板的配色选择、"选择"菜单的应用、存储所选对象的选择等。

[➡ 图 6–20

6.2.3 配色过程 》

设定颜色范围

01 使用"选择工具"或"直接选择工具"选择图中颜色最深的那块面积，如图 6-21 所示。执行"选择/"相同"/"填充颜色"命令，如图 6-22 所示。将和其相同填充颜色的图形全部选择，如图 6-23 所示。

[➡ 图 6-21

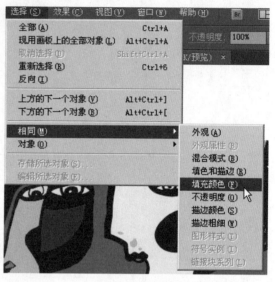

[➡ 图 6-22

[➡ 图 6-23

02 执行"选择"/"存储所选对象"命令，打开"存储所选对象"对话框，输入名称，如图 6-24 所示。存储的相同颜色将在"选择"菜单下找到，如图 6-25 所示。

03 使用相同的方法选择所有中等蓝色图形，如图 6-26 所示。将其存储名称为"中等蓝色"。选择最亮蓝色部分，如图 6-27 所示。将其存储名称为"最亮蓝色"，如图 6-28 所示。

[➡ 图 6-24

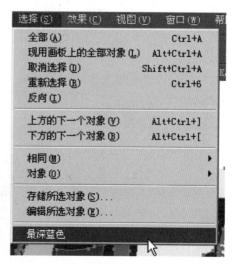

[➡ 图 6-25

[➡ 图 6-26

[➡ 图 6-27

04 将图中所有相同颜色的图形全部存储在"选择"菜单下,并按颜色名称依次存储,如图6-29所示。

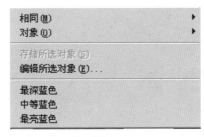

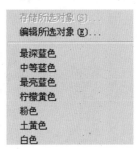

[➡ 图 6-28

[➡ 图 6-29

色板更改颜色

01 在"色板"面板中打开底部的"色板库菜单"/"艺术史"/"流行艺术风格"命令,如图6-30所示。打开色板中流行艺术风格颜色组,如图6-31所示。这里将使用最下面一组颜色来替换之前的颜色组。

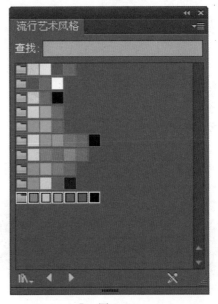

[➡ 图 6-30

[➡ 图 6-31

02 将之前存储的最深蓝色部分，执行"选择"/"最深蓝色"命令，将其选择后，使用"流行艺术风格"色
板中的黑色将其代替，如图 6-32 所示。

03 将之前存储的中等蓝色部分，执行"选择"/"中等蓝色"命令，将其选择后，使用"流行艺术风格"色
板中的深红色将其代替，如图 6-33 所示。

图 6-32

图 6-33

04 将之前存储的最亮蓝色部分，执行"选择"/"最亮蓝色"命令，将其选择后，使用"流行艺术风格"色板中的蓝色将其代替，如图 6-34 所示。

[➡ 图 6-34

05 使用同样的方法将剩余部分全部替换，替换后效果如图 6-35 所示。

[➡ 图 6-35

06 如图 6-36 所示，可以比较荐换前后的同一幅画不同的颜色风格。

图 6-36

6.2.4 举一反三 »

通过如图 6-37 所示的画面，可以发现使用 Adobe Illustrator 对作品进行换色和配色非常方便，这种通过系统自带配色方案进行作品配色和替换颜色的方法适用于很多不同作品。

图 6-37

6.3　矢量上色技巧

使用 Adobe Illustrator 对作品上色有很多种方法，通常使用前面章节中介绍的拾色器、"颜色"面板和"色板"面板。Adobe Illustrator CS6 新功能可以对图形进行快速上色，本节将介绍的是针对矢量图形进行特殊的上色技巧。

6.3.1　图像描摹 »

图像描摹可以快速将位图图像转换为矢量图形，如图 6-38 所示。例如，根据手绘铅笔图形创建矢量图形，或将位图格式的标志图形转换为矢量图形。

[➡ 图 6–38

图像描摹是通过对相同颜色转换为矢量图形的方法将位图像素转换为矢量图形。具体操作步骤如下。

⬇01 新建文档后，执行"文件"/"置入"命令，打开"置入"对话框，如图 6-39 所示。选择图片后，单击"确定"按钮。

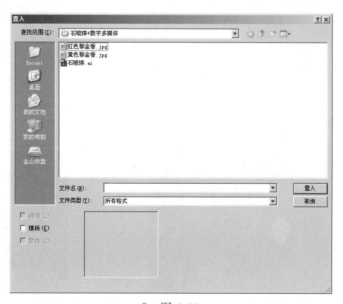

[➡ 图 6–39

02 选择置入的位图图像后，属性栏中显示该图像信息，单击"图像描摹"按钮或单击倒三角按钮，在打开的下拉菜单中选择相应选项，这里选择"16 色"命令，如图 6-40 所示。

[➡ 图 6-40

03 图像描摹后效果如图 6-41 所示。

04 执行"窗口"/"图像描摹"命令，打开"图像描摹"面板，可在该面板中设置描摹属性。勾选"预览"复选框可以实时查看描摹结果，如图 6-42 所示。在"图像描摹"面板中存储了设置好参数的预设，可以根据需要来选择不同的预设，如图 6-43 所示。

[➡ 图 6-41

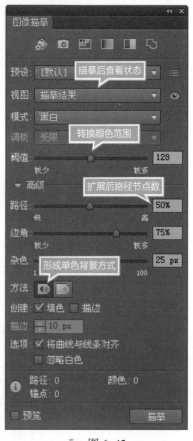

[➡ 图 6-42

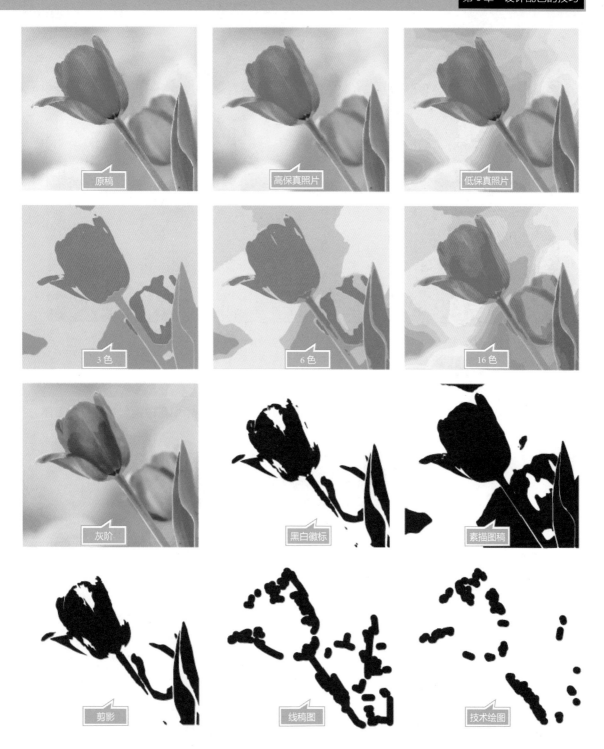

原稿

高保真照片

低保真照片

3色

6色

16色

灰阶

黑白徽标

素描图稿

剪影

线稿图

技术绘图

⮕ 图 6-43

05 将位图图像转换为矢量图形后，默认的是组合状态，可以通过执行"对象"/"扩展"命令，打开"扩展"对话框，如图 6-44 所示。将图形扩展为路径属性，如图 6-45 所示。

[➡ 图 6-45

6.3.2 实时上色 »

实时上色是 Adobe Illustrator 专门针对上色而开发的功能，在工具箱中可以找到实时上色工具，如图 6-46 所示。

[➡ 图 6-46

实时上色工具 ▶

该工具可以快速识别由路径形成的闭合区域，自动转变为封闭区域从而进行填色。具体操作步骤如下。

01 绘制两个图形后，交叠放置，如图 6-47 所示。

02 使用"实时上色工具"在图形中单击，当第一次使用该工具时，会出现实时上色工具提示，如图 6-48 所示。

03 单击"确定"按钮，就可以将色板中的颜色填充至图形中，如图 6-49 所示。

04 使用"实时上色工具"填充的图形将自动转变为实时上色组。该组内图形将只能够被实时上色工具填充，如图 6-50 所示。

05 实时上色组非常便于填充颜色和调整颜色，会根据整片区域来填充颜色。

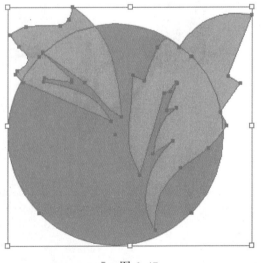

[➡ 图 6-47

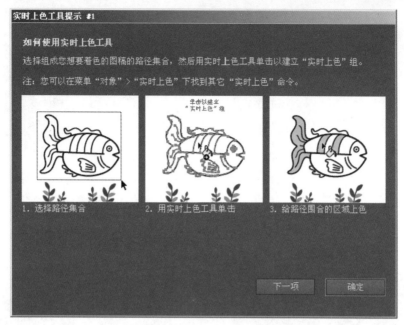

➡ 图 6-48

➡ 图 6-49

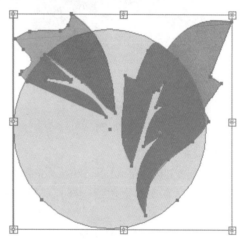

➡ 图 6-50

实时上色选择工具

　　"实时上色选择工具"是针对实时上色组内的图形来选择的工具。如图 6-51 所示，实时上色组内的图形并没有被破坏，当使用"直接选择工具"选择时，只能选择原始路径并移动从而对填充后的图形产生影响，如图 6-52 所示。

　　如果需要选择填充内图形时，就需要用到"实时上色选择工具"。使用该工具直接在图形内单击就可以将填充图形选择为网点状态，即为被选择状态，如图 6-53 所示。通过拖曳"实时上色工具"可以同时选择两个以上的图形，如图 6-54 所示。选择后可以重新为图形填充新的颜色，如图 6-55 所示。

➡ 图 6-51

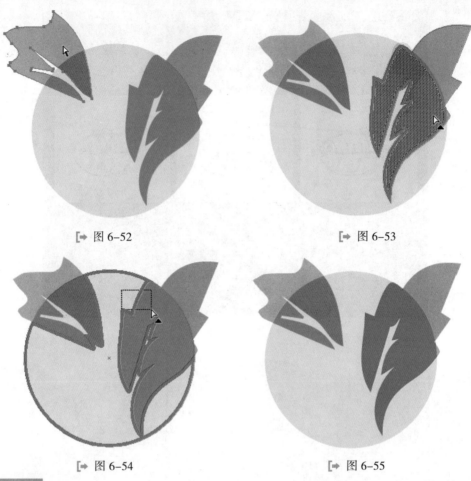

[➡ 图 6-52]   [➡ 图 6-53]

[➡ 图 6-54]   [➡ 图 6-55]

形状生成器工具

      "形状生成器工具"是 Adobe Illustrator 针对形状选择开发的新功能。可以直接将两个以上图形进行合并或删减操作。和实时上色组一样，"形状生成器工具"会自动识别由路径形成的闭合区域，如图 6-56 所示。

      默认情况下形状生成器为合并属性，可以将两个区域合并处理。按住 Alt 键变为删减属性，可以将区域删除。如图 6-57 所示为默认合并状态；如图 6-58 所示为合并后效果；如图 6-59 所示为删减后效果。

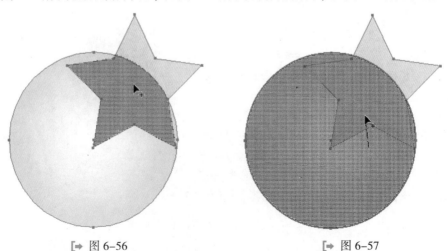

[➡ 图 6-56]   [➡ 图 6-57]

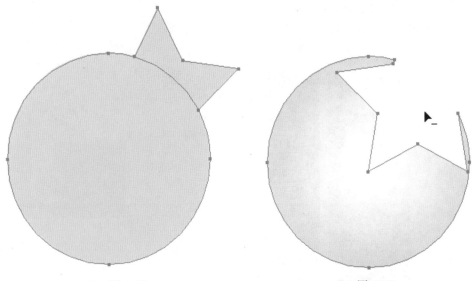

[➡ 图 6-58
[➡ 图 6-59

6.3.3 颜色参考 »

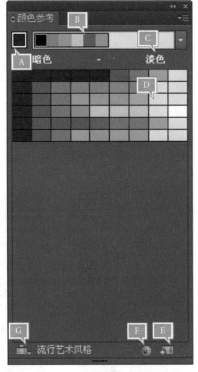

[➡ 图 6-60

颜色参考可以根据工具面板中的当前颜色给出合适的配色颜色，并使用这些颜色对图稿进行着色，可以在"重新着色图稿"对话框中对它们进行编辑，也可以将其存储为"色板"面板中的色板或色板组。如图 6-60 所示为"颜色参考"面板。

* A：当前图形中的基色。
* B：协调规则菜单和当前颜色组。
* C：现用颜色。
* D：颜色变化。
* E：将颜色组存储至"色板"面板中。
* F：根据所选对象编辑颜色。
* G：将颜色限定为指定色板库。

可以使用"颜色参考"面板为图形创建新的颜色搭配，从而选择更佳的配色方案。为方便查看颜色参考原理，这里使用较为简单的图形进行演示，具体操作步骤如下。

⬇01 使用工具箱中的颜色拾色器或"颜色参考"面板选择基色，如图 6-61 所示。

[➡ 图 6-61

02 在"颜色参考"面板中设定指定色板库，如图 6-62 所示。

03 在协调规则中选择颜色组，如图 6-63 所示。

04 使用"矩形工具"绘制 6 个矩形图形，并依次填充颜色，如图 6-64 所示。

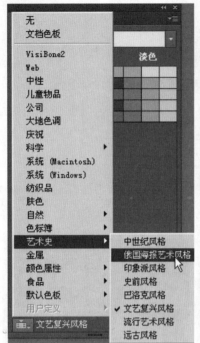

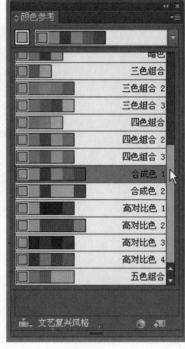

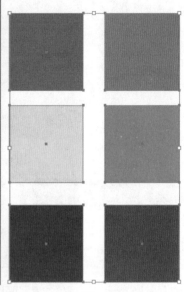

[→ 图 6-62   [→ 图 6-63   [→ 图 6-64

05 将 6 个矩形图形全部选择后，单击"颜色参考"面板中的"编辑"或"应用颜色"按钮，打开"重新着色图稿"对话框，如图 6-65 所示。可以看到 6 个矩形图形的颜色已经被重新定义为新的配色方案。

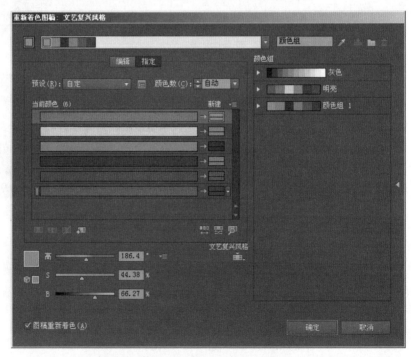

[→ 图 6-65

06　在当前颜色中可以设定各自颜色的替换颜色，如图 6-66 所示。也可以通过拖曳的方式来设定颜色。可以看到颜色通过具体调整来统一改变配色方案，默认情况下配色为 6 色以下配色，如果原稿颜色数量过多，会自动概括同类色至 6 种颜色。

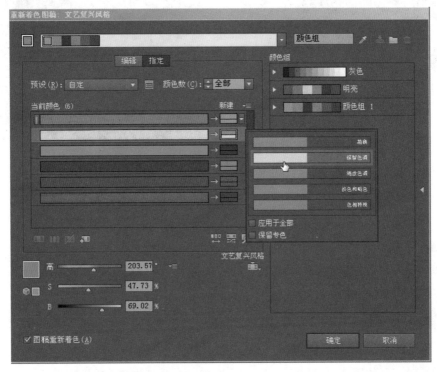

[➡ 图 6-66

07　选择编辑当前颜色时，可以通过色板来调整当前颜色，如图 6-67 所示。如图 6-68 所示是通过"颜色参考"面板调整颜色后的效果。

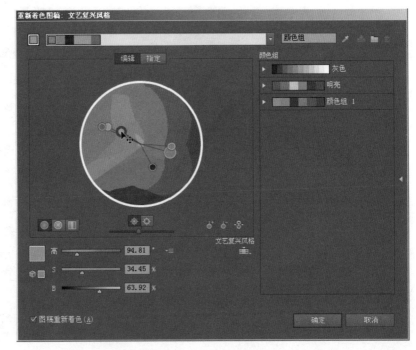

[➡ 图 6-67

[➡ 图 6-68

6.4 极易出彩的图像描摹功能和再配色

6.4.1 设计分析 »

　　由于图像描摹是根据图像的黑白灰关系和颜色关系来矢量化的，所以控制原稿的黑白对比度是非常必要的。如图 6-69 所示的原稿使用黑色马克笔绘制的作品，再使用数码相机拍照导入电脑中。整个作品的黑白对比度会降低，就需要将作品的黑白对比度通过 Adobe Photoshop 来调整原稿的状态，再导入 Adobe Illustrator 中进行图像描摹，这样描摹的作品将会非常清晰。

图 6-69

6.4.2 技术概述 »

本案例中使用到的工具有 Adobe Photoshop 的相关图像操作、Adobe Illustrator 的图像描摹、实时上色、"颜色参考"面板等。涉及的相关操作有"颜色"色板的设置、实时上色功能、图像描摹功能、Adobe Photoshop 中的图像调整操作等。

6.4.3 描摹过程 »

处理原稿

01 对于手绘线稿的处理，Adobe 公司的另一款位图软件——Photoshop 非常擅长。使用 Photoshop 软件打开原图手绘稿，如图 6-70 所示。首先对手稿进行去色处理。执行"图像"/"调整"/"去色"命令（或按快捷键 Shift+Ctrl+U）。

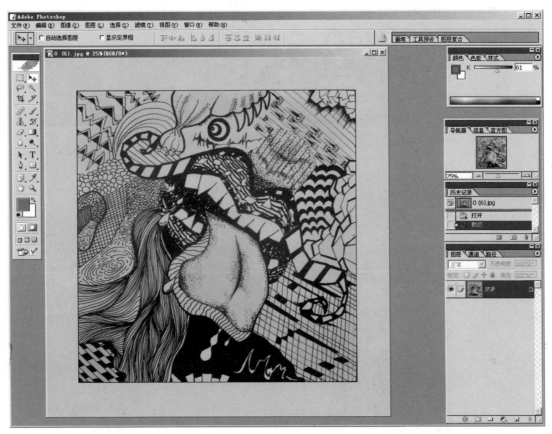

[➡ 图 6-70

02 执行"图像"/"调整"/"曲线"命令（或按快捷键 Ctrl+M），打开"曲线"对话框，将曲线调整为 S 形，如图 6-71 所示。将手稿的黑白对比度加强，主要目的是去掉中间灰色色调。

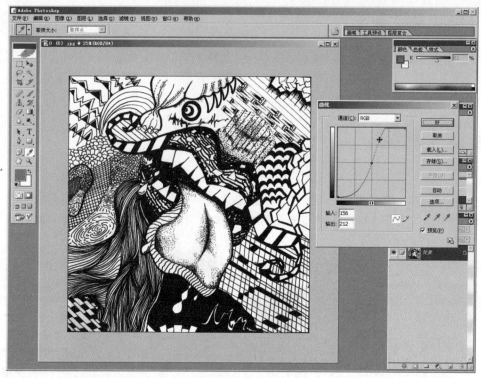

[➡ 图 6–71

03 执行"文件"/"存储"命令（或按快捷键 Ctrl+S），打开"存储为"对话框，将文件进行保存，如图 6-72 所示。选择"格式"为 JPEG 格式，单击"保存"按钮，弹出"JPEG 选项"对话框，选择"品质"为"中"，单击"好"按钮，将文件进行保存，如图 6-73 所示。

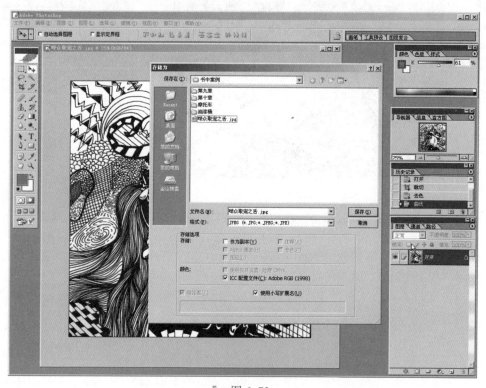

[➡ 图 6–72

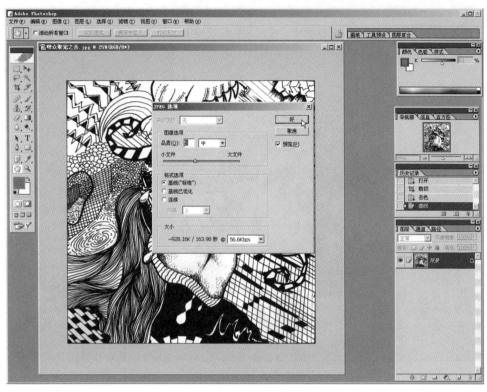

[➡ 图 6-73]

设定颜色 ▶

↓01 切换至 Adobe Illustrator 软件，执行"文件"/"打开"命令（或按快捷键 Ctrl+O），打开"打开"对话框，选择调整后的手稿，单击"打开"按钮，如图 6-74 所示。打开后的文档状态如图 6-75 所示。

[➡ 图 6-74]

[➡] 图 6-75

02 选择打开的图形后，单击属性栏上的"图像描摹"按钮，将位图转换为矢量图形，如图 6-76 所示。

03 将手稿转换为矢量图形后，需要将图片路径扩展出来。使用"选择工具"选择图形后，单击属性栏上的"扩展"按钮，如图 6-77 所示。扩展为路径后的图像如图 6-78 所示。

04 使用"实时上色工具"，选择合适颜色对其填充，效果如图 6-79 所示。

[➡] 图 6-76

[➡] 图 6-77

图 6-78

图 6-79

05 依次选择不同区域对图形进行填充，效果如图 6-80 所示。

06 最终效果如图 6-81 所示。

图 6-80

图 6-81

6.4.4 举一反三 »

为图稿进行颜色填充后，可以使用本节所学内容对图稿重新进行着色，如图 6-82 所示。需要注意的是图稿颜色越多越难掌控，练习作品时可以将颜色控制在 6 色以内进行填色。而色板中自带的颜色组多为 6 色配色颜色组，这样搭配颜色就会非常方便。

图 6-82

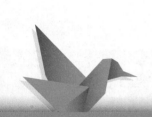

第 7 章
透明和混合应用

针对透明和混合能做什么？本章为用户提供了一个新的思路。除此之外，还介绍了其他一些全新的、高效的、效果出众的制作方法。

本章重点

- 弥补渐变的混合工具

- 晶莹剔透的水滴效果

- 省时省力的喷枪和符号

- 时尚插画绘制效果

- 连绵不断的画笔效果

- 重复的力量——Ctrl+D 键的应用

- 不可思议的 3D 效果

- 文字 3D 效果

7.1 弥补渐变的混合工具

在 Adobe Illustrator 中，可以将混合想象为对象的外形或者颜色以"变异"的方式进入另一个对象中，可以在多个对象之间进行混合，也可以在渐变或者复合路径间进行混合。同时可以对混合的对象进行编辑、调整等。可以使用"混合工具"，也可以使用"对象"/"混合"命令创建混合对象。如图 7-1 所示为"混合工具"；如图 7-2 所示为混合命令。混合对象的具体操作步骤如下。

[➡ 图 7–1   [➡ 图 7–2

01 使用"混合工具"分别在两个图形上单击即可创建混合对象。

02 选择两个图形后，执行"对象"/"混合"/"建立"命令，即可创建混合对象。

03 选择混合对象后，执行"对象"/"混合"/"混合选项"命令，可打开"混合选项"对话框，对混合图形进行设置，如图 7-3 所示。

★ 间距：可选择不同的混合选项，包括平滑颜色、指定的步数、指定的距离。如图 7-4 所示为指定步数后的效果。

★ 取向：决定路径弯曲时，混合对象是否旋转。

[➡ 图 7–3

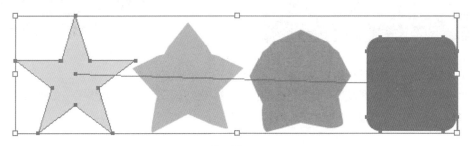

[➡ 图 7–4

不仅可以混合图形，也可以混合单个的路径。

7.1.1 创建混合 »

创建混合的具体操作步骤如下。

01 绘制两个不同形状的图形，如图 7-5 所示。

02 使用"混合工具"分别单击两个图形，或者选择两个图形后，执行"对象"/"混合"/"建立"命令，即可将两个图形进行混合。混合后的效果如图 7-6 所示。

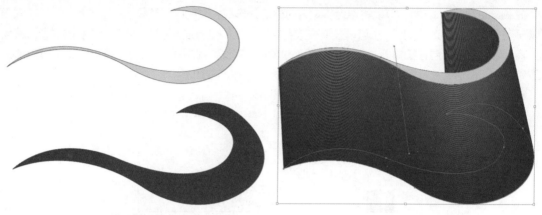

[➡ 图 7-5]   [➡ 图 7-6]

03 执行"对象"/"混合"/"混合选项"命令，打开"混合选项"对话框，设置混合中间数值，如图 7-7 所示。

04 设置数值后的混合效果如图 7-8 所示。

[➡ 图 7-7]   [➡ 图 7-8]

05 使用"选择工具"选择图形后并双击图形，进入图形的编组内部，如图 7-9 所示。

06 分别选择单独图形后，移动图形至最下方的图形上，在空白处双击退出编组内部，效果如图 7-10 所示。

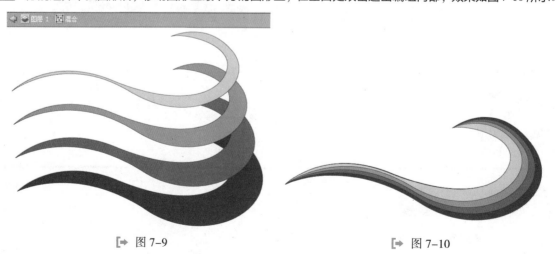

[➡ 图 7-9]   [➡ 图 7-10]

混合图形经常用来模拟渐变完成不了的不规则渐变方式。

7.1.2 替换中间轴 »

替换中间轴的具体操作步骤如下。

↓01 绘制两个不同形状的图形，如图 7-11 所示。

↓02 将两个图形混合后的效果如图 7-12 所示。

[➡ 图 7-11

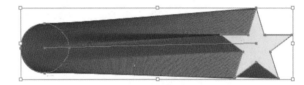

[➡ 图 7-12

↓03 绘制一条曲线，如图 7-13 所示。

↓04 使用"选择工具"选择混合的图形以及绘制的曲线，如图 7-14 所示。

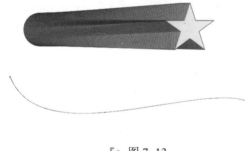

[➡ 图 7-13

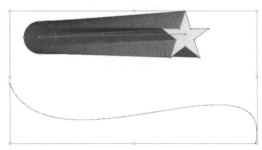

[➡ 图 7-14

↓05 执行"对象"/"混合"/"替换混合轴"命令，替换混合轴后的效果如图 7-15 所示。

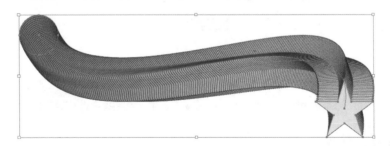

[➡ 图 7-15

使用混合工具时，默认情况下混合物体是以直线的方式来产生中间图形，通过替换中间轴可以改变混合的方向。

7.1.3 释放混合和扩展混合 》》

释放混合是将混合后的图形释放为混合前的两个图形；扩展混合是将混合后的图形的中间图形扩展出来。

↓01 选择混合后的图形，执行"对象"/"混合"/"释放"命令，将图形释放为混合前的状态。

↓02 选择混合后的图形，执行"对象"/"混合"/"扩展"命令，将混合后图形的中间图形扩展出来。如图 7-16 所示为释放混合和扩展混合后的状态。

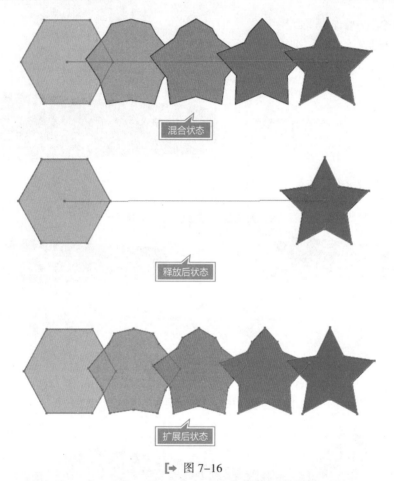

混合状态

释放后状态

扩展后状态

[➡ 图 7-16

7.2 晶莹剔透的水滴效果 👆

7.2.1 设计分析 》》

在使用 Adobe Illustrator 制作水滴效果时，需要结合透明来完成，但在不同的背景下将会体现每一个水滴不同的透明效果。而水滴本身是从一种颜色逐渐渐变至另一种更深的颜色，同时水滴形状各有不同，就需要用到混合功能。最后的高光只需要使用白色的填充色来模拟即可。效果如图 7-17 所示。

[➡ 图 7-17

7.2.2 技术概述 »

　　本案例中使用到的工具有"钢笔工具"、"混合工具"、"透明度"面板、"颜色"面板、"渐变"面板等。涉及到的相关操作有混合选项设置、透明度功能设置等。

7.2.3 绘制过程 »

绘制水滴形状 ▶

⬇01 使用"铅笔工具"绘制水滴的外轮廓形状，由于水滴形状没有固定模式，形状可以自由设置，如图 7-18 所示。使用"铅笔工具"绘制后，可以使用"平滑工具"将外轮廓形状修饰平滑。

⬇02 为外轮廓形状设置粗的描边，同时填充色为无，如图 7-19 所示。

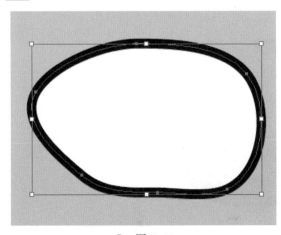

[➡ 图 7-18

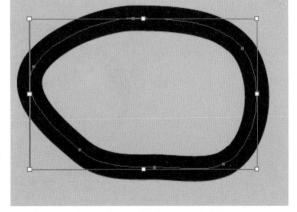

[➡ 图 7-19

⬇03 再次使用"铅笔工具"和"平滑工具"绘制水滴上的中心图形，如图 7-20 所示。将刚刚绘制的图形放置在水滴外轮廓图形上方，如图 7-21 所示。

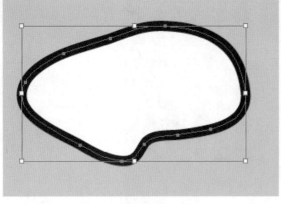

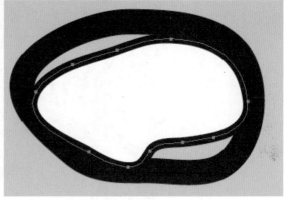

[➡ 图 7-20   [➡ 图 7-21

设置透明

⬇01 使用"透明度"面板将水滴中心图形的"不透明度"设置为 0%，如图 7-22 所示。

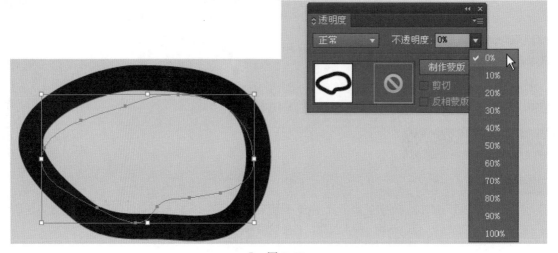

[➡ 图 7-22

⬇02 选择绘制的两个图形，执行"对象"/"混合"/"建立"命令，将两个图形混合，如图 7-23 所示。

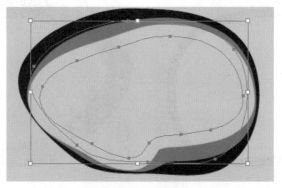

[➡ 图 7-23

⬇03 执行"对象"/"混合"/"混合选项"命令，打开"混合选项"对话框，将"间距"设置为"指定的步数"，
填充数值为 100，如图 7-24 所示。使用"椭圆工具"为水滴添加无描边色、白色填充色的正圆图形，用来模拟
高光部分，如图 7-25 所示。

⬇04 将该图形群组后，放置在不同颜色的背景上，以便查看效果，如图 7-26 所示。

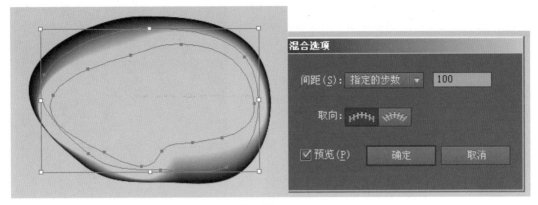

[➡ 图 7-24

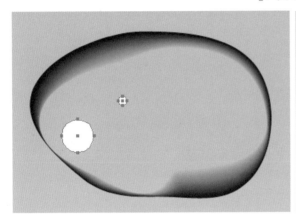

[➡ 图 7-25

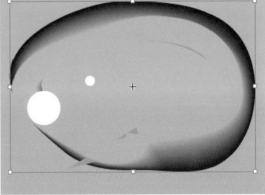

[➡ 图 7-26

7.2.4 举一反三 ➤➤

水滴效果是两个不同属性图形之间的混合效果实例，通过混合两个不同颜色的图形可以模拟很多不同的效果。水滴没有固定的形状，这种制作方法可以应用在任何形状图形上，从而得到更多不同类型的水滴形状，如图 7-27 所示。

[➡ 图 7-27

7.3 省时省力的喷枪和符号

7.3.1 喷枪与符号 ➤➤

当需要大量复制同一图形来满足画面版式时，就可使用 Adobe Illustrator 中的符号系列工具。例如，上一节中数量非常多的水滴就可以使用喷枪喷出。如图 7-28 所示为符号工具、图 7-29 所示为符号展开工具箱、图 7-30 所示为"符号"面板。

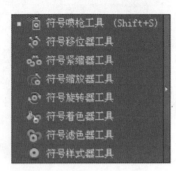 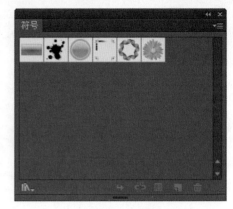

图 7-28　图 7-29　图 7-30

在"符号"面板中选择图形后，使用"符号喷枪工具"在画布上按左键喷涂即可得到图形。可使用符号展开工具箱中的一系列工具进行编辑管理符号。

* 符号喷枪工具：喷涂符号。
* 符号移位元器工具：移动符号。
* 符号紧缩器工具：将符号向中心紧靠。按住 Alt 键的同时外扩。
* 符号缩放器工具：将符号放大。按住 Alt 键的同时缩小。
* 符号旋转器工具：将符号改变方向。
* 符号着色器工具：将工具箱中的颜色添加到符号中，以更改符号颜色。
* 符号滤色器工具：改变符号的透明度。按住 Alt 键的同时将不透明。
* 符号样式器工具：将"样式"面板中的样式添加到符号中。

7.3.2 创建和修改 »

具体操作步骤如下。

01 打开"符号"面板，在该面板中选择一个默认符号，如图 7-31 所示。

02 双击"符号喷枪工具"，打开"符号工具选项"对话框，将直径调整至合适大小，如图 7-32 所示。

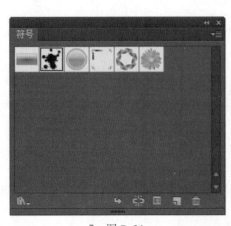 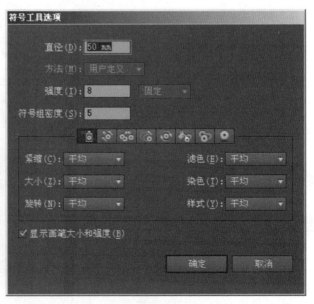

图 7-31　图 7-32

03 按住鼠标左键在工作区域内喷涂符号，效果如图 7-33 所示。

04 使用符号工具中的其他工具（如移位器工具、紧缩器工具）对符号进行修改，如图 7-34 所示。

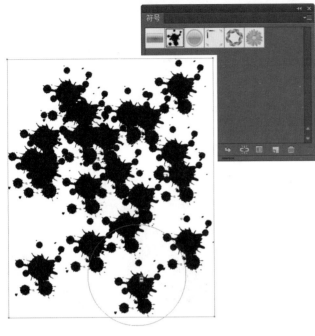

[➡ 图 7-33]　　　　　　　　　　　　　　[➡ 图 7-34]

7.3.3 制作符号 »

可将图形直接拖曳至"符号"面板来创建新的符号，也可将"符号"面板中的单个符号直接拖曳至画布中，执行"对象"/"扩展"命令，将路径提出。如图 7-35 所示，将上一节中制作的水滴拖曳至"符号"面板，在弹出的"符号选项"对话框中输入名称、设置类型即可新建符号。Adobe Illustrator 中符合支持导入至 Adobe Flash 中使用，"影片剪辑"为 Adobe Flash 中的动画内容。

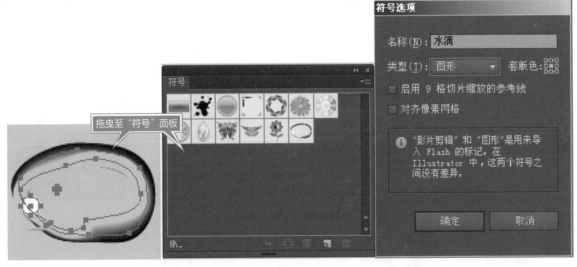

[➡ 图 7-35]

7.4 时尚插画绘制效果

7.4.1 设计分析 »

矢量风格由于其色彩绚丽、制作简单而为设计师
所喜好。如图 7-36 中的矢量风格采用了替换的设计手
法，使用大量的花卉来代替人物的头发，这种风格的
插图效果可以通过 Adobe Illustrator 中符号喷枪工具
组内的工具进行修改来完成。

7.4.2 技术概述 »

本案例中使用到的工具有"钢笔工具"、"符号
喷枪工具"等。涉及的相关操作有符号的设置、符号
工具的操作等。

7.4.3 绘制过程 »

创建花卉头饰

↓01 使用"钢笔工具"绘制侧面女人像，或使用素材库，如
图 7-37 所示。

↓02 打开"符号"面板中的符号库菜单，选择"花朵"素材，
如图 7-38 所示。

↓03 选择其中的红色花卉素材，使用"符号喷枪工具"在人
物上部喷涂，如图 7-39 所示。

↓04 分别选择不同的花卉符号在人物上部喷涂，如图 7-40
所示。

[➡ 图 7-36

[➡ 图 7-37

[➡ 图 7-38

[➡ 图 7-39

[➡ 图 7-40

修改符号

⬇01 使用符号移位器对符号进行位置移动，使用符号紧缩器对符号进行大小的缩放。分别在图中添加不同的符号，如图 7-41 所示。

注意，如图形中有不同符号，更改时需要在"符号"面板中选择该符号才能对其进行修改。

⬇02 使用符号着色器，再使用不同填充色对符号进行颜色的更改，这样可以让单一的颜色呈现出不同的颜色效果，如图 7-42 所示。

⬇03 最后再使用其他符号进行局部的调整，效果如图 7-43 所示。

图 7-41

[➡ 图 7-42

[➡ 图 7-43

7.4.4 举一反三 »

符号非常便于修改大量的同类图形，所以在使用符号工具进行创作时，需要根据具体情况来考虑是否适合该工具。功能是为效果服务的，更快、更好地创作作品是开发设计软件的初衷。如图 7-44 中，既有符号喷枪的大量喷涂，也有单个图形的细微调整，唯一的目的是为了最终效果的完美。

[➡ 图 7-44

7.5 连绵不断的画笔效果

本节主要讲解画笔效果的应用，包括"画笔"面板、画笔类型，"画笔工具"、"铅笔工具"、"平滑工具"的使用等内容。

7.5.1 画笔工具和"画笔"面板 »

Adobe Illustrator 支持模拟书法笔绘制效果。该工具可以帮助建立模拟书法笔效果的特殊效果。如图 7-45 所示为"画笔工具"。

[➡ 图 7-45

具体操作步骤如下。

⬇01 使用"画笔工具"时，需要配合"画笔"面板，选择画笔笔触效果，如图 7-46 所示。

02 在"画笔"面板中选择不同笔触即可绘制不同的画笔效果，如图 7-47 所示。

03 使用 Adobe Illustrator 的系统画笔库文件，更多的笔触可以选择。执行"窗口"/"画笔库"命令，可以打开更多画笔面板，如图 7-48 所示。

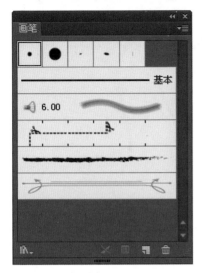

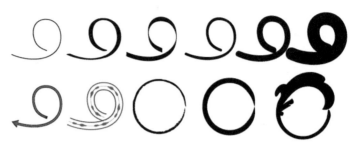

[➡ 图 7-46　　　　　　　　　　　　　　　　　[➡ 图 7-47

04 单击"画笔"面板右上角的按钮，可以打开更多的设置选项。如图 7-49 所示为画笔扩展选项，可以对笔触进行编辑、管理、切换笔触的显示方式及打开画笔库等操作。如图 7-50 所示为"新建画笔"对话框。

05 可以使用"画笔工具"绘制出自由随性的线条作品，如图 7-51 所示。

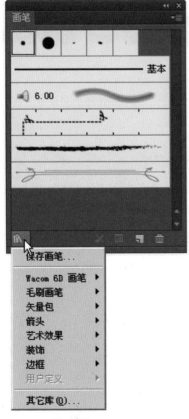

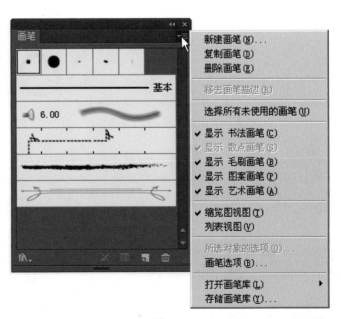

[➡ 图 7-48　　　　　　　　　　　　　　　　　[➡ 图 7-49

[➡ 图 7–50

[➡ 图 7–51

7.5.2 画笔类型 »

Adobe Illustrator 中的画笔笔触分为书法画笔、散点画笔、图案画笔和艺术画笔 4 种类型。

★ 书法画笔：模拟现实中的毛笔绘制的效果，如图 7-52 所示。

★ 散点画笔：和书法画笔类型相似，通过点来模拟书法效果，如图 7-53 所示。

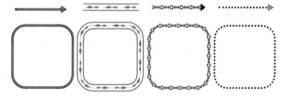

[➡ 图 7–52

[➡ 图 7–53

★ 图案画笔：装饰作用的描边效果，有特殊拐角和始终点的设置，效果如图 7-54 所示。

★ 艺术画笔：将图案添加至路径上的特殊效果，也可模拟书法效果，如图 7-55 所示。

[➡ 图 7–54

[➡ 图 7–55

将制作的图形直接拖曳至"画笔"面板中，即可建立新的画笔笔触。将"画笔"面板中的笔触直接拖曳至画布中，即可得到单独的图形。

7.5.3 铅笔工具和平滑工具 »

Adobe Illustrator 中的"铅笔工具"可以绘制自由形状的路径；"平滑工具"可以手动修改路径的平滑度；"路径橡皮擦工具"则可以擦除路径。当结合数字板时可绘制出随意自由的线条作品，如图 7-56 所示。

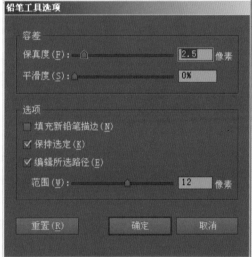

[➡ 图 7-56

双击"铅笔工具",可以打开"铅笔工具选项"对话框,对工具的各项参数进行详细设置,如图 7-57 所示。

* 保真度:绘制时产生线条的还原度。
* 平滑度:绘制后线条的平滑程度。
* 填充新铅笔描边:将使用填充色填充线条。
* 保持选定:绘制后保持选定状态。
* 编辑所选路径:使用铅笔编辑所选的路径,将其更改为新路径。
* 范围:结合"编辑所选路径"选项,在一定范围内可以更改。

使用"铅笔工具"绘制路径时,按住 Alt 键的同时可闭合该路径。使用"铅笔工具"绘制路径后,可按住 Alt 键的同时将其临时切换为"平滑工具",从而平滑路径。

[➡ 图 7-57

7.6 重复的力量——Ctrl+D 键的应用

7.6.1 设计分析 »

如图 7-58 所示的图案创建是 Adobe Illustrator 中画笔所擅长的方式。通过对基本图形的重复,将图案的数量达到质的变化,同时通过画笔中的图案画笔,对其外角、边线、起点和终点分别进行设置,这样可以非常便捷地将其添加在不同形状的描边上,从而创建出复杂多样的图案。

7.6.2 技术概述 »

本案例中使用到的工具有"钢笔工具"、"旋转工具"、"颜色"面板、"对齐"面板、"画笔"面板等。涉及的相关操作有

[➡ 图 7-58

图形的旋转复制、画笔的设置等。

7.6.3 绘制过程 »

基本图案设置

↓01 使用"钢笔工具"创建图形，形状如图 7-59 所示。

↓02 使用"旋转工具"按住 Alt 键的同时创建旋转中心点，打开"旋转"对话框，设置"角度"为 45°，单击"复制"按钮进行复制。再次按快捷键 Ctrl+D，重复旋转复制操作，得到旋转后的图形，如图 7-60 所示。

[➡ 图 7-59　　　　　　　　　　　　　　　　[➡ 图 7-60

↓03 使用"椭圆工具"，配合 Shift 键和 Alt 键在图形的旋转中心点处绘制 A 和 B 两个正圆图形，A 圆为白色填充色、黑色描边，B 圆为黑色填充、无描边色。B 圆在 A 圆的上方，如图 7-61 所示。

关于图案拼贴

↓01 在设置图案时需要事先制定几项拼贴：边线拼贴、外角拼贴、内角拼贴、起点拼贴和终点拼贴。在拼贴时需要考虑到图案各元素之间的对齐问题，拼贴可以通过设置图案衬底来对齐。如图 7-62 所示，蓝色衬底即为图案拼贴时的对齐依据。

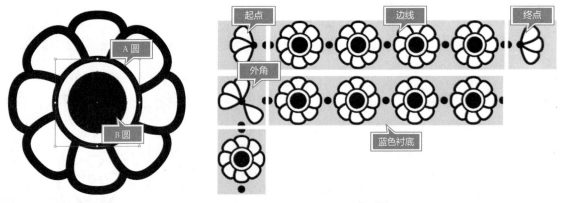

[➡ 图 7-61　　　　　　　　　　　　　　　　[➡ 图 7-62

设置图案拼贴

↓01 使用"矩形工具"配合 Shift 键绘制正方形，并为其添加蓝色填充色、无描边色，如图 7-63 所示。将该正方形复制两个副本，将其长度拉长后对齐至如图 7-64 所示的形状。这里的 3 个图形是为设置图案的边线和外角而做衬底。

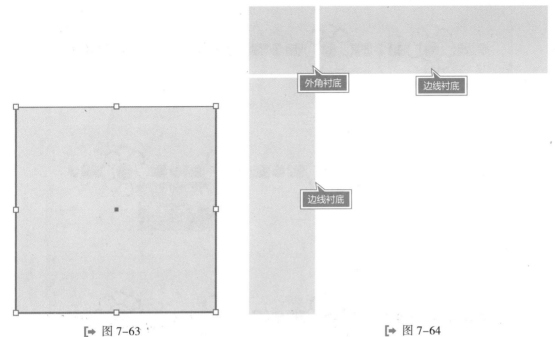

外角衬底

边线衬底

边线衬底

[→ 图 7-63

[→ 图 7-64

⬇02 首先设置边线拼贴，将之前绘制的基本型复制并放置在边线衬底上，将其对齐后如图 7-65 所示。

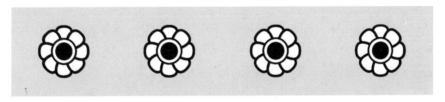

[→ 图 7-65

⬇03 使用 "矩形工具" 绘制长方形，将其分别放置在基本型两旁，效果如图 7-66 所示。

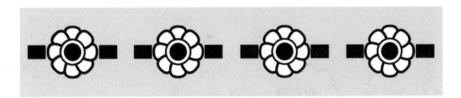

[→ 图 7-66

⬇04 使用 "椭圆工具" 绘制正圆图形，放置在长方形旁边，效果如图 7-67 所示。

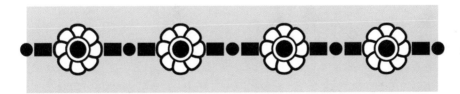

[→ 图 7-67

⬇05 使用 "路径查找器" 面板将超出边线范围的前后两个圆切割，如图 7-68 所示。执行 "窗口" / "路径查找器" 命令，打开 "路径查找器" 面板，选择边线衬底、前后两个圆，执行面板中的 "分割" 命令，如图 7-69 所示。执行命令后图形默认为群组状态，需要取消群组后，将多余部分分别选择删除，如图 7-70 所示。

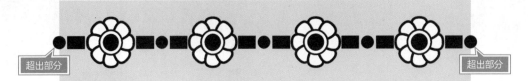

[➡ 图 7-68

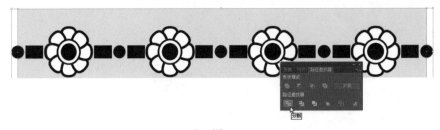

[➡ 图 7-69

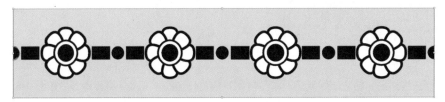

[➡ 图 7-70

06 设置外角拼贴时，需要考虑边角中图案连接的完整性问题，所以在外角中要设置和边线相连贯的图形。使用"椭圆工具"和"矩形工具"绘制图形，效果如图 7-71 所示。创建半圆方法同上。从基本型中复制出部分图形以创建同边线风格一致的图形，如图 7-72 所示。创建完成后的效果如图 7-73 所示。

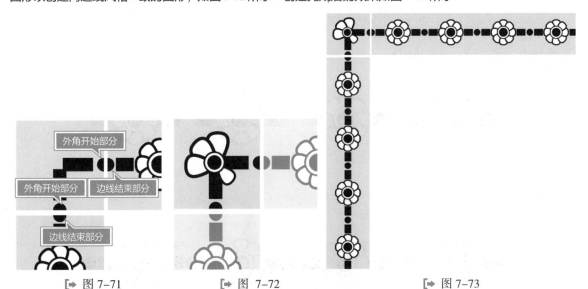

[➡ 图 7-71   [➡ 图 7-72   [➡ 图 7-73

07 创建起点拼贴和终点拼贴时方法同上，效果如图 7-74 所示。最终创建的拼贴效果如图 7-75 所示。

[➡ 图 7-74

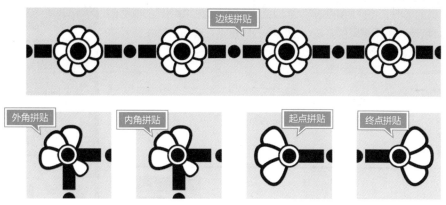

图 7-75

08 打开"画笔"面板，将边线拼贴拖曳至面板中，如图 7-76 所示。在弹出的"新建画笔"对话框中选择"图案画笔"，单击"确定"按钮，如图 7-77 所示。在弹出的"图案画笔选项"对话框中设置名称以及其他选项后，单击"确定"按钮，如图 7-78 所示。在"画笔"面板中可以看到创建的图案画笔，如图 7-79 所示。

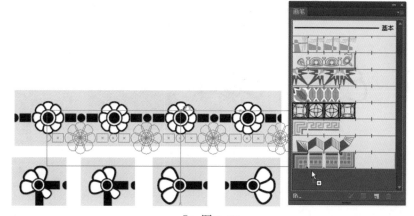

图 7-76

图 7-77

图 7-78

09 按住 Alt 键的同时，将外角拼贴拖曳添加至"画笔"面板中创建的图案画笔中，如图 7-80 所示。采用相同的方法，依次将内角拼贴、起点拼贴和终点拼贴添加至图案画笔中，如图 7-81 所示。

在拖曳时各个拼贴的位置要相对应。

[➡ 图 7-79

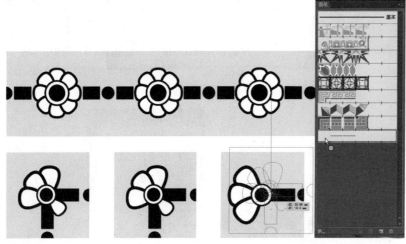

[➡ 图 7-80

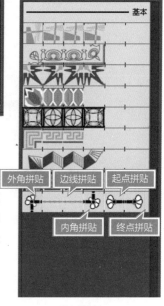

[➡ 图 7-81

添加描边

01 使用"矩形工具"绘制矩形后，单击"画笔"面板中新创建的图案画笔，将创建的图案画笔添加至图形中，如图 7-82 所示。双击"画笔"面板中的该图案后，在弹出的"图案画笔选项"对话框中设置图案的参数，如缩放等，如图 7-83 所示。单击"确定"按钮后弹出警告对话框，如图 7-84 所示。提示是否将改变应用于画笔，然后单击"应用于描边"按钮后，画笔缩放效果如图 7-85 所示。

[➡ 图 7-82

[➡ 图 7–83

[➡ 图 7–84

[➡ 图 7–85

02 创建不同形态的路径线段，将图案画笔分别添加路径，可得到灵活多变的图案形状，如图 7-86 所示。

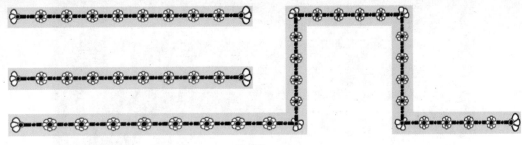

[➡ 图 7-86

7.6.4 举一反三 »

如图 7-87 所示，在创建图案时，图案之间各个拼贴的对齐和连续性非常重要，在考虑外角、内角、边线、起点和终点之间的相互关系和连接问题时就要有图案的基本创建能力。同时在创建图案时，为了保证各个拼贴之间的对齐问题，衬底就必须存在。如果需要无色衬底，只需要将衬底的填充色和描边色均设置为无即可。

[➡ 图 7-87

7.7 不可思议的 3D 效果

Adobe Illustrator 是一款矢量软件，在早期版本中要完成三维效果几乎是不可能的事情。新版本的 Adobe Illustrator 中可模拟 3D 效果的图形。执行"效果"/"3D"命令，即可对图形进行 3D 变换。Adobe Illustrator 的 3D 效果有 3 类，如图 7-88 所示。

> 凸出和斜角(E)...
> 绕转(R)...
> 旋转(O)...

图 7-88

★ 凸出和斜角：为图形添加厚度和斜角。

★ 绕转：将图形旋转 360°以创建 3D 效果。

★ 旋转：将图形以任意角度旋转后放置。

7.7.1 "凸出和斜角"命令 »

凸出和斜角效果可以为图形添加厚度感和光照效果，同时保留图形的可编辑性。具体操作步骤如下。

⬇ 01　使用文字工具添加文字，如图 7-89 所示。

⬇ 02　执行 "效果" / "3D" / "凸出和斜角" 命令，打开 "3D 凸出和斜角选项" 对话框，如图 7-90 所示。

⬇ 03　在该对话框中选择相应的数值，滚动预览窗口中的图形，可将原始图形变形，如图 7-91 所示。

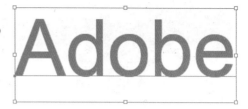

⇨ 图 7–89

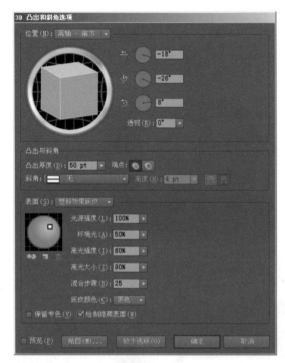

⇨ 图 7–90

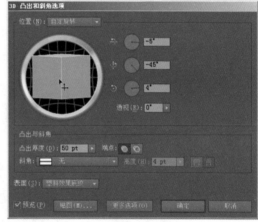

⇨ 图 7–91

⬇ 04　可以使用相应的工具结合制作各种不同效果，如图 7-92 所示。

⇨ 图 7–92

7.7.2　"绕转" 命令 »

"绕转" 命令是将路径绕转 360° 后形成闭合的立体形状。具体操作步骤如下。

⬇ 01　绘制一条任意开放路径。

⬇ 02　执行 "效果" / "3D" / "绕转" 命令，打开 "3D 绕转选项" 对话框，如图 7-93 所示。

⬇ 03　单击 "确定" 按钮后，可将路径转换为 3D 图形，如图 7-94 所示。

⬇ 04　在 "3D 绕转选项" 对话框中，可单击 "贴图" 按钮，打开 "贴图" 对话框为图形贴图，如图 7-95 所示。贴图时采用 "符号" 面板中的图形，效果如图 7-96 所示。

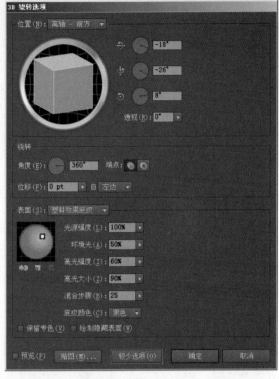

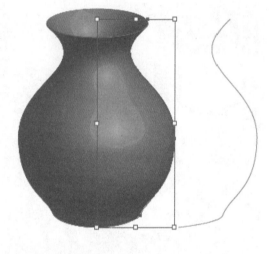

[➡ 图 7–94

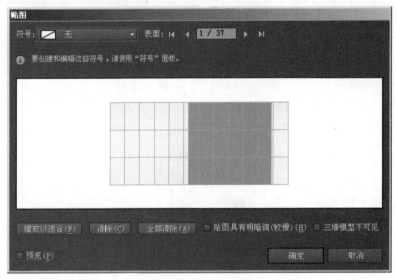

[➡ 图 7–95

[➡ 图 7–96

7.7.3 "旋转" 命令 ≫

"旋转" 命令是使图形在空间内任意旋转，以造成空间透视效果。具体操作步骤如下。

⬇01 使用文字工具输入文本，如图 7-97 所示。

⬇02 执行 "效果" / "3D" / "旋转" 命令，打开 "3D 旋转选项" 对话框，如图 7-98 所示。

⬇03 单击 "确定" 按钮，可将文本旋转为透视效果的文本，如图 7-99 所示。

⬇04 当把鼠标放置在图形内部时，可以看到原始路径显示，如图 7-100 所示。

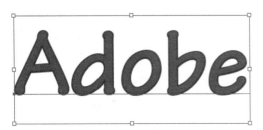

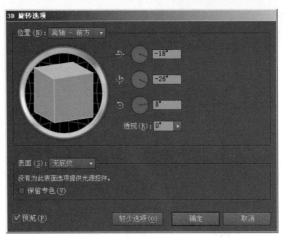

[➡ 图 7-97

[➡ 图 7-98

[➡ 图 7-99

[➡ 图 7-100

7.8 文字 3D 效果

7.8.1 设计分析 ≫

　　3D 效果可以针对文字、路径等设置，如图 7-101 所示。案例中使用文字工具创建文字后为其添加更多渐变效果，这种渐变效果需要将"凸出和斜角"命令产生的图形单独分离出来进行设置。通过为文字添加更多的高光亮点来增强图形的立体效果，这个高光使用了混合工具和透明度设置。

7.8.2 技术概述 ≫

　　本案例中使用到的工具有文字工具、3D 命令、"渐变"面板、混合工具、"透明度"面板、"钢笔工具"等。涉及的相关操作有路径菜单命令、"凸出和斜角"命令、渐变设置操作、透明度设置、混合设置等。

7.8.3 绘制过程 ≫

图 7-101

文字立体化 ▶

↓01　使用文字工具输入文字，并选择字体、字号，如图 7-102 所示。对文字创建轮廓，使用快捷键

Ctrl+Shift+O 将其转换为路径，如图 7-103 所示。

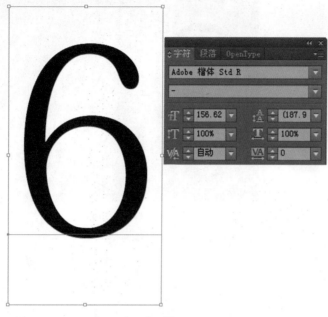

[→ 图 7-102　　　　　　　　　　　　　　　　　　　　[→ 图 7-103

02 执行"对象"/"路径"/"偏移路径"命令，打开"偏移路径"对话框，输入数值后，单击"确定"按钮，如图 7-104 所示。数值的大小取决于图形外扩的程度，以到图中所示位置即可。

03 由于只需要外扩后的图形，可以在其图形上单击鼠标右键，在打开的快捷菜单中选择"取消编组"命令，进行解组，如图 7-105 所示。解组后将外扩图形和原始图形分开，如图 7-106 所示。

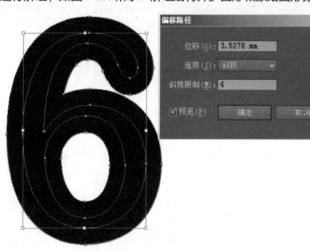

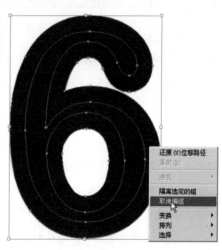

[→ 图 7-104　　　　　　　　　　　　　　　　　　　　[→ 图 7-105

04 为了在创建图形 3D 效果后能方便查看效果，可以为图形填充色彩，无描边色，如图 7-107 所示。执行"效果"/"3D"/"凸出和斜角"命令，打开"3D 凸出和斜角选项"对话框，为其进行 3D 效果设置，如图 7-108 所示。

添加渐变效果

01 由于需要对图形的厚度填充渐变效果，就需要将其进行扩展。选择图形后，执行"对象"/"扩展外观"命令，效果如图 7-109 所示。可以看到扩展外观后图形的厚度不再是一条路径显示，而是被转换为闭合路径。对其进行解组操作，以便分离出前置图形和厚度图形。

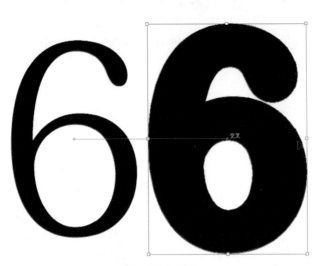

图 7-106

图 7-107

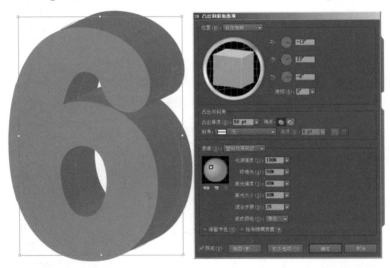

图 7-108

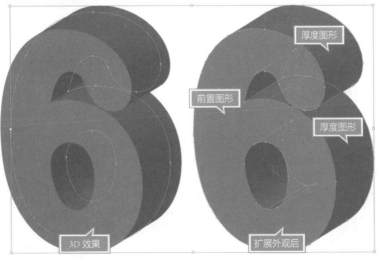

图 7-109

02 扩展后的 3D 效果被转换为多个图形对象，执行"视图"/"轮廓"命令，可以查看图形的原始路径，如图 7-110 所示。

03 按快捷键 Ctrl+Shift+F9，打开"路径查找器"面板，选择上部厚度图形，执行"联集"命令，如图 7-111 所示，效果如图 7-112 所示。将其他几个图形分别进行合并，效果如图 7-113 所示。

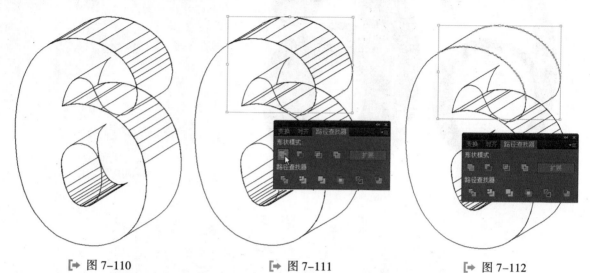

[➡ 图 7-110   [➡ 图 7-111   [➡ 图 7-112

04 对厚度图形添加渐变，渐变的颜色可以使用深蓝色渐变至浅蓝色再渐变至深蓝色的线性渐变，颜色数值可以自由把握，如图 7-114 所示。将各个厚度图形的渐变角度进行设置，效果如图 7-115 所示。

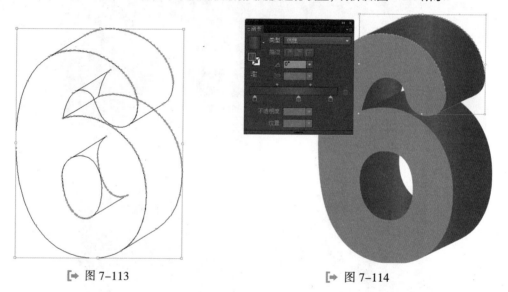

[➡ 图 7-113   [➡ 图 7-114

添加细节

01 为了添加图形中厚度的高光部分，可以使用"钢笔工具"在相应位置绘制路径，如图 7-116 所示。对路径执行"对象"/"路径"/"轮廓化描边"命令，效果如图 7-117 所示。使用"钢笔工具"和"直接选择工具"将描边改为两端尖头的路径，如图 7-118 所示。将剩余高光图形改为相应形状，如图 7-119 所示。

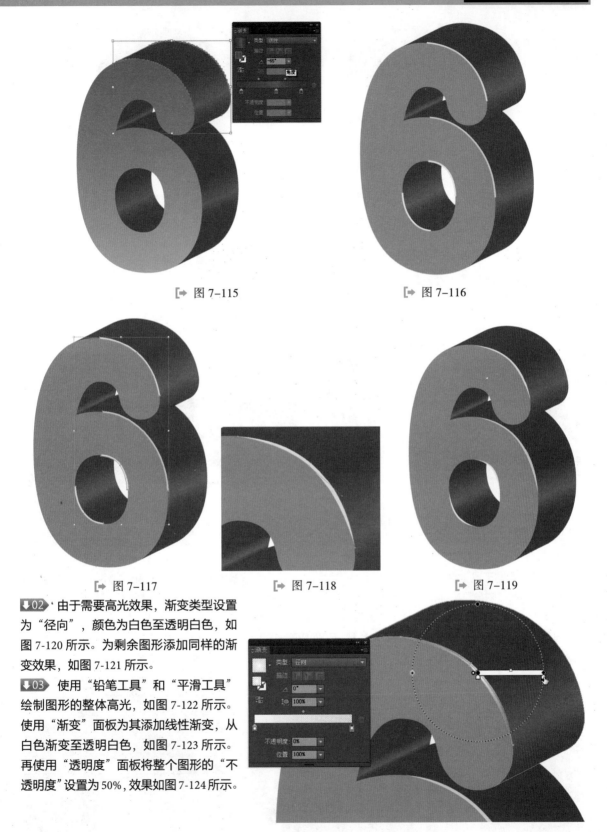

[→ 图 7-115

[→ 图 7-116

[→ 图 7-117

[→ 图 7-118

[→ 图 7-119

02 由于需要高光效果，渐变类型设置为"径向"，颜色为白色至透明白色，如图 7-120 所示。为剩余图形添加同样的渐变效果，如图 7-121 所示。

03 使用"铅笔工具"和"平滑工具"绘制图形的整体高光，如图 7-122 所示。使用"渐变"面板为其添加线性渐变，从白色渐变至透明白色，如图 7-123 所示。再使用"透明度"面板将整个图形的"不透明度"设置为 50%，效果如图 7-124 所示。

[→ 图 7-120

[➡ 图 7-121

[➡ 图 7-122

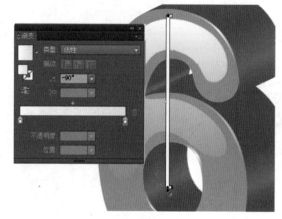

[➡ 图 7-123

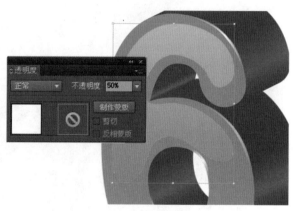

[➡ 图 7-124

▼04 使用"椭圆工具"绘制两个椭圆图形,如图 7-125 所示。方法是先绘制大椭圆,再绘制小椭圆,选择两个椭圆图形,执行"对象"/"混合"/"建立"命令(或按快捷键 Alt+Ctrl+B),将两个椭圆图形混合,如图 7-126 所示。使用"直接选择工具"将大圆单独选择后,将其"不透明度"设置为 0%,如图 7-127 所示。将小圆放置在大圆前面,如图 7-128 所示。混合后图形数量较少而影响效果时,可以执行"对象"/"混合"/"混合选项"命令,打开"混合选项"对话框,将"间距"设置为"指定的步数",步数值调高,效果如图 7-129 所示。

[➡ 图 7-125

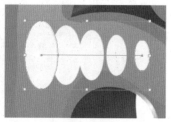

[➡ 图 7-126

[➡ 图 7-127

05 将设置好的混合图形复制副本，分别缩放、旋转后放置在相应位置，如图 7-130 所示。

06 最后调整阶段可以为前置图形添加深浅的渐变颜色变化，让整个图形显得更加有光感效果，如图 7-131 所示。

[→ 图 7-128

[→ 图 7-129

[→ 图 7-130

[→ 图 7-131

7.8.4 举一反三 »

当掌握了为图形添加厚度的 3D 效果制作后，可以为不同形状的图形添加厚度效果，只需要在颜色上进行适当变化即可制作出丰富多彩的图形效果，如图 7-132 所示。

[→ 图 7-132

第 8 章

质感的力量

本章内容将着重介绍如何体现作品的质感，从而使创作的作品提升一个档次。

本章重点

- "网格工具"的应用

- 详解网格技巧

- 绘制质感出众的摩托车

8.1 "网格工具" 的应用

不同物体具有不同的质地。质感是指造型艺术通过不同的表现手段，表现出各种不同的物体所具有的特质。绘画表现物体质感，就是表现物体质地所显现出的可视特征。不同的物质材料构成不同质地的物体，不同质地显现出不同的质地特征，如坚硬或柔软、光滑或粗糙、厚重或单薄、透明或不透明、蓬松或板结等。在对质感进行表现时，要重点抓住物体质感特征进行描绘，甚至进行强调和夸张，金属反射色光的能力强，木器反射色光的能力弱，并有突出纹理，这是它们各自的主要可视特征。Adobe Illustrator 非常擅长表现光滑物体、金属物体等反光强烈的对象。在使用 Adobe Illustrator 表现质感时通常使用渐变、透明和"网格工具"来表现质感。而"网格工具"又是完善渐变的重要功能，所以掌握"网格工具"的操作方法就成了表现复杂质感的重要手段。

8.1.1 创建网格的方法 »

"网格工具"也称为渐变网格，可以将多个渐变相互之间有秩序地混合在一起。可以使用"网格工具"制作出真实照片质感的作品效果。如图 8-1~ 图 8-4 所示分别为渐变网格创建的作品以及作品的原始路径。

[➡ 图 8-1

[➡ 图 8-2

[➡ 图 8-3

[➡ 图 8-4

网格创建的具体操作步骤如下。

01 绘制图形后，执行"对象"/"创建渐变网格"命令，打开"创建渐变网格"对话框，如图 8-5 所示。设置网格数量后，即可为图形创建渐变网格，如图 8-6 所示。

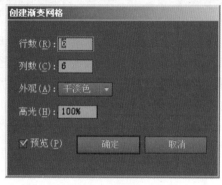

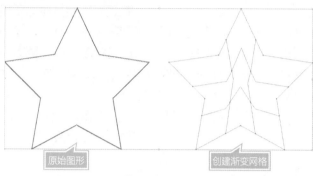

图 8-5　　　　　　　　　　　　　　　　　　　　　图 8-6

02 使用"网格工具"在图形上单击也可创建渐变网格。"网格工具"如图 8-7 所示。创建后的效果如图 8-8 所示。

03 可以使用"套索工具"选择网格上的单个节点，结合"色板"面板为节点填充颜色，效果如图 8-9 所示。

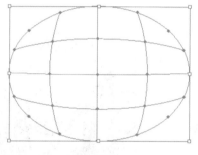

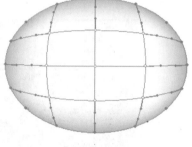

图 8-7　　　　　　　　　　　图 8-8　　　　　　　　　　　　　　图 8-9

04 可以结合不透明度蒙版来制作任意形状的渐变网格对象，如图 8-10 和图 8-11 所示。

图 8-10　　　　　　　　　　　　　　　　　　　　　图 8-11

8.1.2 创建网格注意事项 »

在创建渐变网格时，网格节点可以填充颜色，颜色范围至紧邻节点结束。同时渐变网格线创建时都遵循纵横原则，而创建合理清晰的网格线是制作写实矢量作品的关键。

3 种不同的节点

在创建渐变网格时，将会产生网格节点、网格定位点和形状节点 3 种不同的节点，如图 8-12 所示。

* 网格节点：所有渐变网格线交叉形成的节点。可以填充颜色和更改网格线形状。
* 网格定位点：如图 8-12 中红色圆圈标志的为网格定位点，标示出网格的纵横走向，无论是规则图形还是不规则图形，均可以找到网格定位点来区分纵横网格线。这一点在创建网格线时需要特别注意。A、B 节点形成的即为横向网格线，在 AB 横向网格线上创建的均为纵向网格线。
* 形状节点：如图 8-12 中方框标识的为形状节点，为完善图形外观而创建的节点，不能填充颜色。C 点即为形状节点，它只为完善图形外轮廓形状而不能填充颜色。形状节点通常出现在不规则图形中。

网格线走向规律

渐变网格线的形状取决于网格边线和中心线的形状，如图 8-13 所示。当改变网格中心线和网格边线时，其他网格线将会受到影响，逐渐变形。

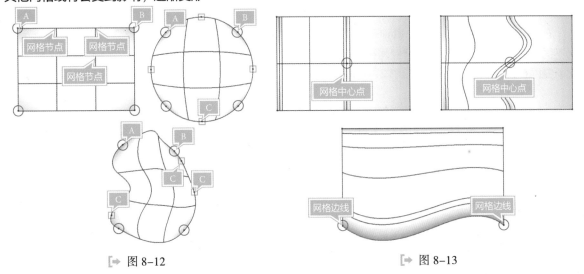

[➡ 图 8-12

[➡ 图 8-13

控制渐变颜色范围

在为渐变网格填充颜色时，颜色的范围受到网格节点的影响。如图 8-14 中网格节点 A 拥有 4 个控制柄来控制纵横两个方向的网格线，填充的颜色从网格节点 A 逐渐渐变至网格节点 B，可以看到颜色逐渐渐变至底色。

当改变渐变网格控制柄长度时会发现颜色填充范围将改变。如图 8-15 所示，当网格控制柄 A 和网格控制柄 B 相互交错时，两种颜色会发生交叠，出现一条生硬的颜色线，这种情况应该尽量避免。避免这种生硬颜色线的方法是将两个控制柄调整至互相不交错即可。如图 8-15 所示，网格控制柄 C 和网格控制柄 D 没有交错，产生的颜色过多也较为缓和。

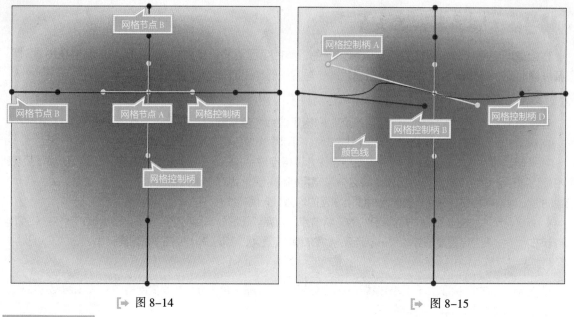

图 8-14 图 8-14   图 8-15

创建网格线技巧

　　在建立渐变网格时，Adobe Illustrator 可以在网格内部建立，也可以在边线上建立，如图 8-16 所示。所不同的是，在图形内部创建渐变网格会产生两个节点，而在边线上创建会产生一个节点。为了便于控制渐变网格线，推荐在边线上创建较为合适。

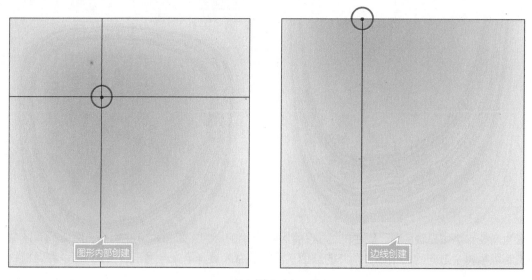

图 8-16

创建不同的渐变类型

　　利用渐变网格填充颜色时，需要考虑渐变颜色的起点和终点。如图 8-17 所示，渐变起点 A 上下各有一条渐变终点用于结束渐变范围。同样渐变起点 B 上下也各有一条渐变终点。细腻平滑的渐变就需要拉大渐变起点和终点 3 条线的距离。

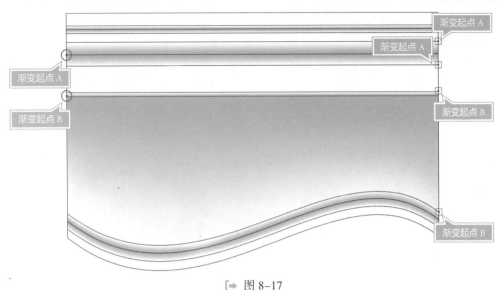

渐变起点 A

渐变起点 A

渐变起点 A

渐变起点 B

渐变起点 B

渐变起点 B

[➡ 图 8-17

选择多个网格节点

　　完成渐变网格创建后，由于节点数量众多，选择时会非常麻烦。可以使用"直接选择工具"配合 Shift 键来加减选多个节点，也可以使用"套索工具"来自由选择不同位置的节点。

8.2　详解网格技巧

　　在 Adobe Illustrator 中，创建网格方法常用的有蒙版网格和可控网格两种。

8.2.1　创建蒙版网格 »

　　可以通过蒙版的形式为网格添加自由外轮廓形状，从而改变网格的外观。这种方法常用于创建较为简单的网格图形。具体操作步骤如下。

⬇01 使用"矩形工具"绘制矩形图形后，执行"对象"/"创建渐变网格"命令，为其添加网格线，并填充颜色，效果如图 8-18 所示。

⬇02 使用"椭圆工具"绘制花卉形状，作为蒙版图形，效果如图 8-19 所示。创建时可使用"椭圆工具"绘制单独一个椭圆，然后使用"旋转工具"进行旋转复制后，将全部图形执行"路径查找器"面板中的"联集"命令即可得到。

⬇03 将花卉形状置于矩形网格前面，并将两个图形选取，执行"对象"/"剪切蒙版"/"建立"命令（或按快捷键 Ctrl+7），效果如图 8-20 所示。

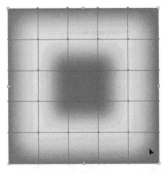

[➡ 图 8-18

[➡ 图 8-19

[➡ 图 8-20

8.2.2 创建可控网格 »

　　由于在创建网格时，会根据图形的形状来确定网格定位点位置，这样执行"对象"/"创建渐变网格"命令产生的网格线就会不受控制点的影响随机出现，很多时候所产生的网格线不符合需要（如图 8-21 所示），产生的网格线就非常杂乱。这时就需要通过手动来确定网格定位点的位置，从而得到理想的网格线，如图 8-22 所示。具体操作步骤如下。

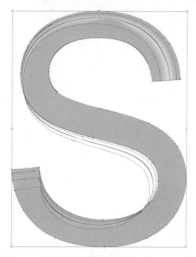
[➡ 图 8–21

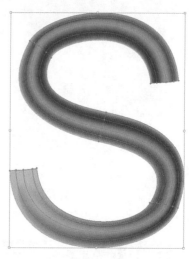
[➡ 图 8–22

⬇01▶ 使用文字工具创建"S"字母，并选择字体为"Arial"。执行"文字"/"创建轮廓"命令（或按快捷键 Ctrl+Shift+O），将字母转换为轮廓。再执行"对象"/"锁定"/"所选对象"命令（或按快捷键 Ctrl+2），将字母进行锁定，如图 8-23 所示。

⬇02▶ 使用"矩形工具"创建矩形图形，效果如图 8-24 所示。

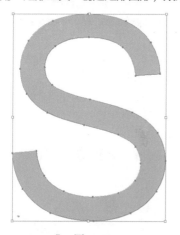
[➡ 图 8–23

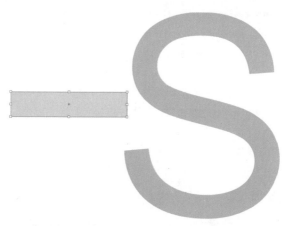
[➡ 图 8–24

⬇03▶ 执行"对象"/"创建渐变网格"命令，为矩形图形添加 1 行 2 列网格，这样的网格既可以确定出矩形的中心，同时又便于更改网格图形，如图 8-25 所示。

⬇04▶ 找到"S"字母中心位置，将矩形网格的中心对应放置，如图 8-26 所示。

⬇05▶ 使用"直接选择工具"将矩形网格定位点定位于"S"字母端点上，如图 8-27 所示。依次将定位点对应后调整控制柄至合适位置，如图 8-28 所示。至此，可以看到图形中缺少一些锚点来完善形状，所以需要在适当位置添加锚点从而解决外轮廓形状，如图 8-29 所示。

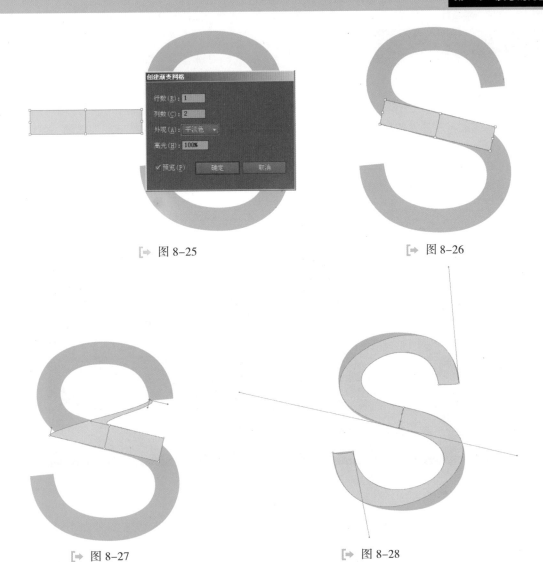

[➡ 图 8-25

[➡ 图 8-26

[➡ 图 8-27

[➡ 图 8-28

↓06 使用"网格工具"在"S"字母起点位置添加网格线,这时的网格线就非常适合"S"图形,如图 8-30 所示。再使用"直接选择工具"或是"套索工具"选择相应锚点为其添加颜色,效果如图 8-31 所示。

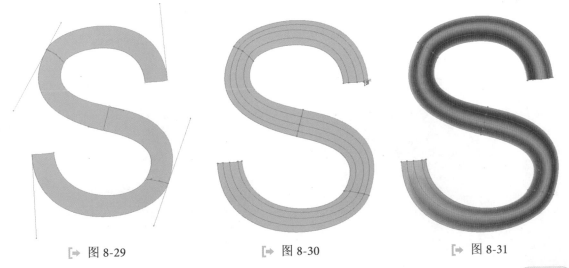

[➡ 图 8-29

[➡ 图 8-30

[➡ 图 8-31

8.2.3 建立网格技巧 ≫

需要清晰的高质量图片

对于初学者而言，要创作写实性作品是非常难的，所以在初学阶段需要对作品进行临摹来掌握创建网格技巧，这时一幅成熟的高清作品将会至关重要。高清的图片可以使得细节更加清晰，在制作网格时便于分析网格线的走向等。比如高清的摄影作品、设计作品、绘画作品等。这样的图片文件量通常在1MB 左右，低于这个文件量的图片可能在细节上会不清晰，影响后期制作效果。

通过颜色来决定网格线位置

网格在填充颜色时是由网格线来决定颜色的范围，所以在确定网格线位置时就需要找到颜色的分界线。如图 8-32 和图 8-33 所示，在黄色底色中产生的 3 条轻重不一样的颜色线即为创建网格线段位置。

图 8-32

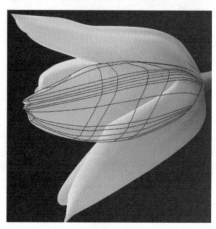

图 8-33

通过网格线走向决定网格定位点位置

网格定位点决定了网格线的纵横走向，在规则图形中，网格定位点非常好找。但在不规则图形中网格定位点则较难确定。这时可以通过颜色确定的网格线的走向来决定网格定位点的位置。如图 8-34 所示的矢量花卉，即是通过颜色的分布来决定网格线的分布，再通过网格线分布来决定网格定位点位置。如图 8-35 所示是其中的一个花瓣，会发现在花瓣的自由外轮廓中有 4 个网格定位点来决定花瓣中网格线的走向。当确定出 4 个网格定位点位置后，再将外轮廓边线更改为需要的曲线，这时内部的网格线也就变为需要的花卉纹理。

图 8-34

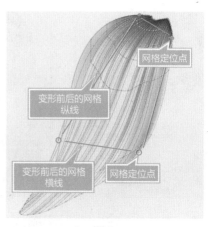

图 8-35

8.3 绘制质感出众的摩托车

8.3.1 设计分析

质感需要光影来衬托才能体现它的能量，所以使用 Adobe Illustrator 来绘制质感强烈的设计作品时就需要考虑光影因素。在 Adobe Illustrator 中能够体现光影效果的技术包括"渐变工具"、"透明度"面板和"网格工具"。在制作较为简单的阴影效果时，渐变工具和透明度网格无疑是首选。如图 8-36 所示，摩托车的质感就是通过渐变和透明这两种技术来模拟光影效果。

8.3.2 技术概述

本案例中使用到的工具有"钢笔工具"、"路径查找器"面板、"旋转工具"、"颜色"面板、"渐变"面板、"对齐"面板、"透明度"面板等。涉及的相关操作有渐变操作、透明度设置、移动复制操作、"路径查找器"面板操作、图形的前后顺序、颜色的设置等。

[→ 图 8-36

8.3.3 绘制过程

车身部分

↓01 使用 Adobe Illustrator 绘制摩托的整体思路为分组、分块绘制。每个部分都由整体色、暗面和高光组成。这样绘制每组图形的顺序为先绘制整体大面积图形，再绘制摩托车整个暗面和反光的图形，最后绘制高光部分。按照这个思路来绘制摩托车身上所有的零部件，最后再组合成为一辆完整的摩托车作品。

↓02 打开素材图片。使用"钢笔工具"绘制摩托车车身整体形状，并为其添加渐变色，渐变色模拟光影效果，如图 8-37 所示。

↓03 为摩托车车身添加转折面形状，同样填充渐变色，模拟车身转折面反光灯效果，如图 8-38 所示。

↓04 继续使用"钢笔工具"绘制车身上所有高光部分，

[→ 图 8-37

如图 8-39 所示。高光部分填充颜色同样为渐变色，从白色渐变至车身的淡红色，并将其整个透明度调低，如图 8-40 所示。为车身添加更多的细节，如反光等，如图 8-41 所示。反光也是通过更改图形透明度来模拟。

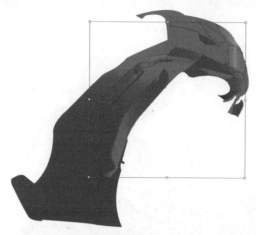

[➡ 图 8-38

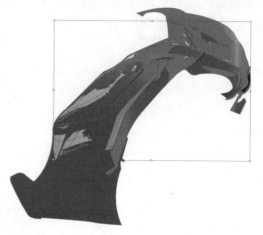

[➡ 图 8-39

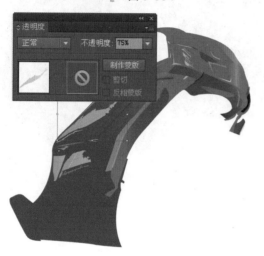

[➡ 图 8-40

[➡ 图 8-41

05 为摩托车车身添加更多详细内容，如车头灯等，效果如图 8-42 所示。可以看到这几个零部件都由 3 个部分组成，即底色、暗部和高光。只要合理分析出图形的 3 个部分就可以很快地画出图形，掌握这个技巧将是提升矢量绘画的秘诀，效果如图 8-43 所示。

06 绘制车把部分。使用"钢笔工具"绘制车把外轮廓形状，并为其填充渐变色，如图 8-44 所示。为车把绘制亮部、暗部，并绘制车把纹理。车把纹理同样也由 3 个部分组成，即底色、暗部和亮部，如图 8-45 所示。使用"椭圆工具"绘制椭圆图形并为其添加径向渐变模拟高光，并把纹理图形复制副本均匀放置车把图形中，效果如图 8-46 所示。

[➡ 图 8-42

[➡ 图 8-43

[➡ 图 8-44

[➡ 图 8-45

[➡ 图 8-46

暗部

亮部

底色

↓07 绘制车把配件。同样使用"钢笔工具"绘制图形的整体底色，如图 8-47 所示。为其添加暗部色块，但暗部色块可以根据需要调整不同颜色，效果如图 8-48 所示。再为其添加高光，如图 8-49 所示，并为其添加白色隔断图形，如图 8-50 所示。继续使用"钢笔工具"绘制剩余部分，同样先绘制底色，如图 8-51 所示。为其添加细节如图 8-52 所示。加入高光等图形效果如图 8-53 所示。将各组图形组合后效果如图 8-54 所示。将其放置在摩托车车身上效果如图 8-55 所示。

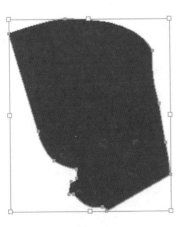

[➡ 图 8-47

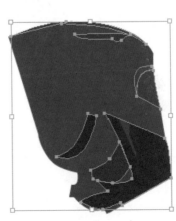

[➡ 图 8-48

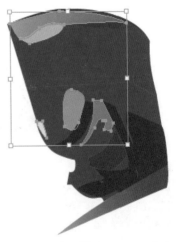

[➡ 图 8-49

[➡ 图 8-50   [➡ 图 8-51   [➡ 图 8-52

[➡ 图 8-53   [➡ 图 8-54

[➡ 图 8-55

08 绘制后视镜。使用"钢笔工具"绘制后视镜外轮廓,如图 8-56 所示。为其添加暗部形状,如图 8-57 所示。最后为其添加高光,高光部分为渐变形式,效果如图 8-58 所示。再使用"钢笔工具"绘制后视镜上部形体,并为其添加渐变,注意渐变的细腻过渡和角度问题,效果如图 8-59 所示。为其添加反光标示如图 8-60 所示。再为其添加亮部图形如图 8-61 所示。添加更多的细节如图 8-62 所示。最后为其添加更多高光如图 8-63 所示。将其放置在车身上效果如图 8-64 所示。

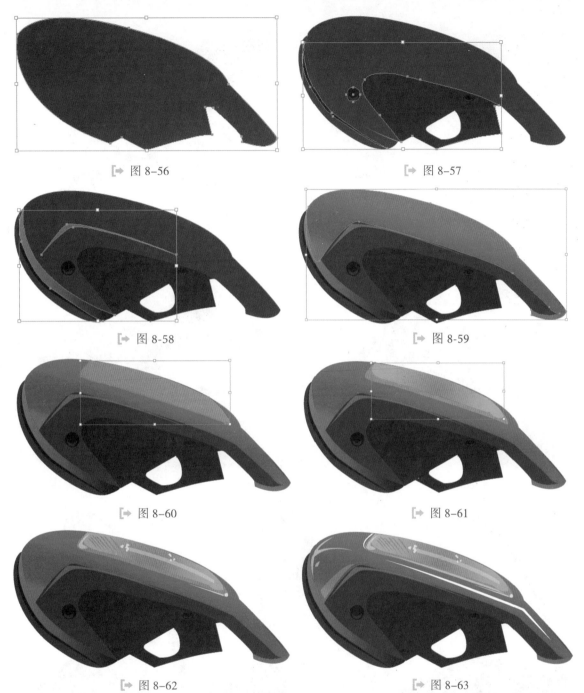

[➡ 图 8-56　　　　　　　　　　　　　　　[➡ 图 8-57

[➡ 图 8-58　　　　　　　　　　　　　　　[➡ 图 8-59

[➡ 图 8-60　　　　　　　　　　　　　　　[➡ 图 8-61

[➡ 图 8-62　　　　　　　　　　　　　　　[➡ 图 8-63

⬇09 绘制其他部分。如图 8-65~ 图 8-67 中都是由底图、暗部、亮部 3 部分组成。同样都应先绘制底色部分，再绘制暗部和高光部分，最后组合在一起。

后轮部分

⬇01 使用"钢笔工具"绘制摩托车轮胎后轮部分，注意绘制时由于轮胎很多部分都被车身覆盖，所以没有必要将轮胎全部绘制出来，只需要绘制外露部分即可，如图 8-68 所示。将轮胎侧面部分以渐变形式绘制出来，如图 8-69 所示。将轮胎钢圈部分同样以渐变形式绘制，如图 8-70 所示。在此基础之上添加更多暗部形体，如图 8-71 和图 8-72 所示。最后再加入轮胎纹理的暗部和高光部分，如图 8-73 和图 8-74 所示。将绘制完成的轮胎放置在车身上如图 8-75 所示。

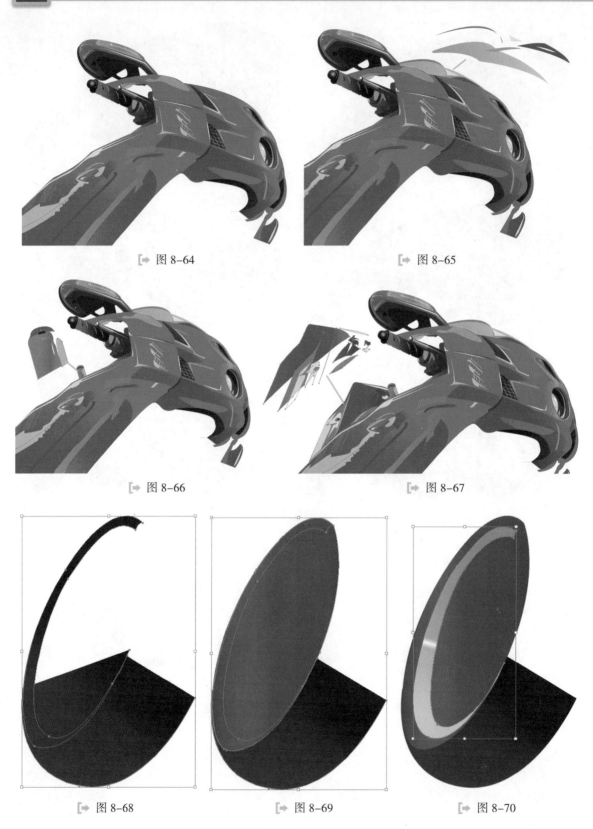

[➡ 图 8-64

[➡ 图 8-65

[➡ 图 8-66

[➡ 图 8-67

[➡ 图 8-68

[➡ 图 8-69

[➡ 图 8-70

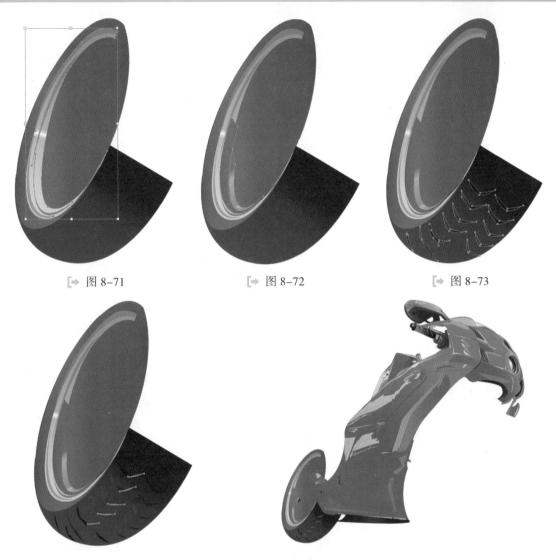

[➡ 图 8–71   [➡ 图 8–72   [➡ 图 8–73

[➡ 图 8–74   [➡ 图 8–75

02 使用同样的方法按组分类并分别绘制各零部件，而且各零部件均由底色、暗部和高光组成。方法相同，在此不再赘述，效果如图 8-76~ 图 8-84 所示。组合后的后轮效果如图 8-85 所示。

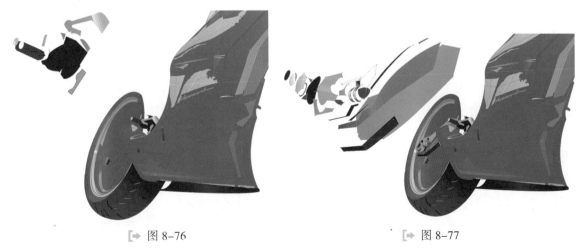

[➡ 图 8–76   [➡ 图 8–77

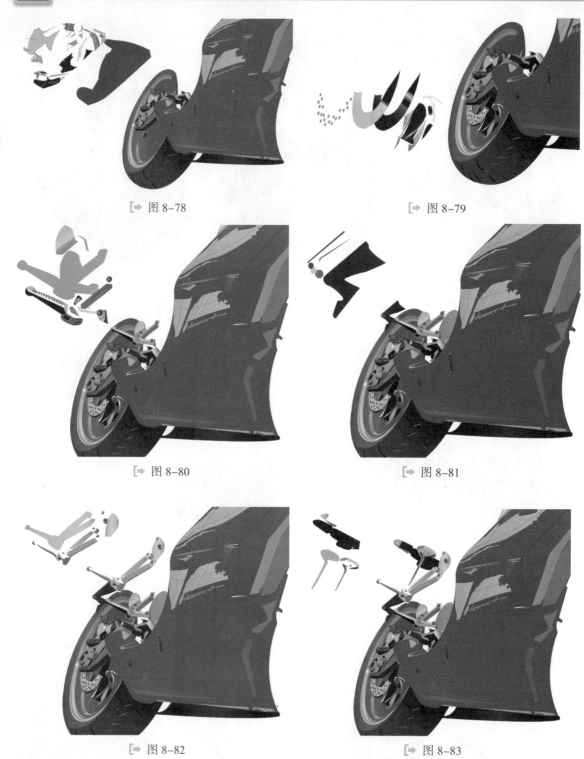

图 8-78

图 8-79

图 8-80

图 8-81

图 8-82

图 8-83

前轮部分

↓01 使用"椭圆工具"绘制轮胎整体外形，可以根据轮胎形状通过"选择工具"来适当调整轮胎的外形，效果如图 8-86 所示。再使用"椭圆工具"绘制轮胎内部形状，做出透视轮胎效果，如图 8-87 所示。使用"钢笔工具"绘制轮胎纹理，注意纹理的暗部和亮部形状及颜色，效果如图 8-88 和图 8-89 所示。

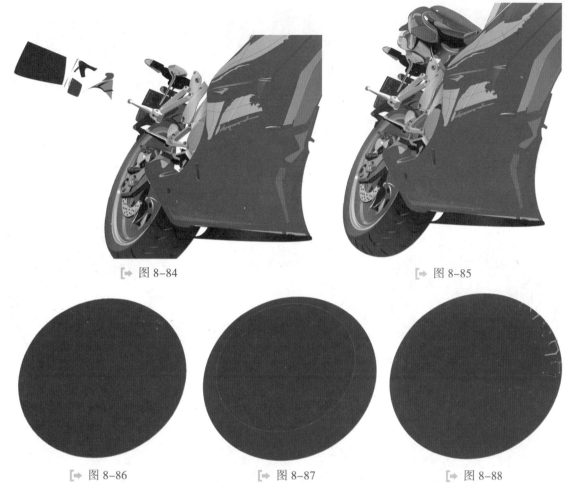

[➡ 图 8-84   ［➡ 图 8-85

［➡ 图 8-86   ［➡ 图 8-87   ［➡ 图 8-88

▼02 使用"椭圆工具"绘制椭圆图形,并为其填充渐变色,效果如图 8-90 所示。再次使用"椭圆工具"绘制渐变色椭圆,渐变方向与之前的椭圆渐变方向相反,效果如图 8-91 所示。为其添加细节效果如图 8-92 和图 8-93 所示。再使用"钢笔工具"绘制白色图形以制作镂空效果,如图 8-94 所示。

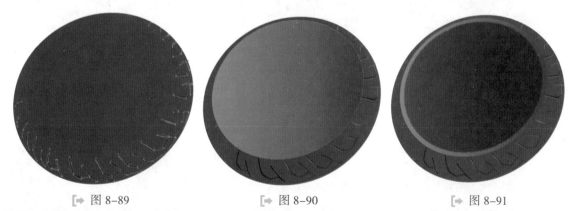

［➡ 图 8-89   ［➡ 图 8-90   ［➡ 图 8-91

▼03 使用"椭圆工具"绘制椭圆图形并填充线性渐变,效果如图 8-95 所示。再次使用"椭圆工具"绘制椭圆线,如图 8-96 所示,该椭圆线只有黑色描边色,无填充色。使用"钢笔工具"绘制多个无填充色、黑色描边色图形后,进行复制错位放置,效果如图 8-97 所示。分别使用"钢笔工具"和"椭圆工具"绘制黑色填充色图形,效果如图 8-98 所示。再使用"钢笔工具"和"椭圆工具"绘制白色填充图形并将其错位放置在黑色图形前面,效果如图 8-99 和图 8-100 所示。最后使用"钢笔工具"绘制钢箍形体,效果如图 8-101 所示。

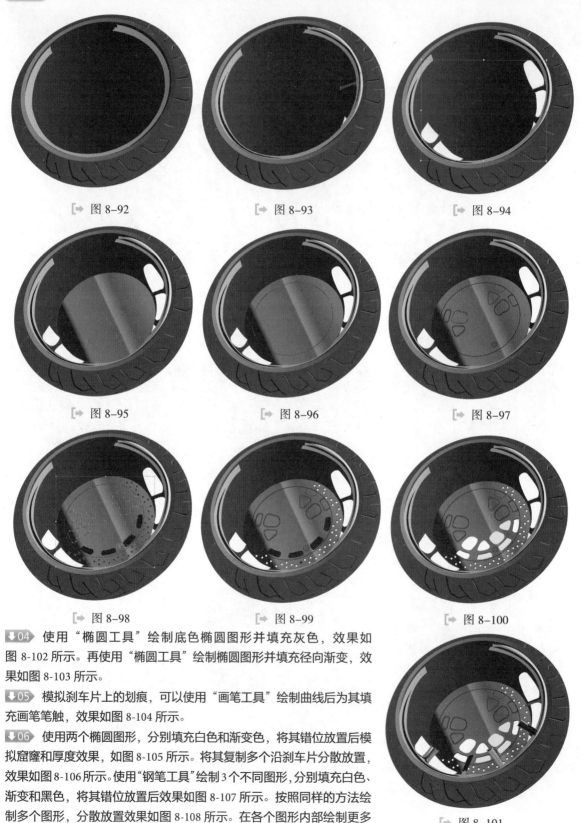

[➡ 图 8-92] [➡ 图 8-93] [➡ 图 8-94]

[➡ 图 8-95] [➡ 图 8-96] [➡ 图 8-97]

[➡ 图 8-98] [➡ 图 8-99] [➡ 图 8-100]

[⬇04] 使用"椭圆工具"绘制底色椭圆图形并填充灰色,效果如图 8-102 所示。再使用"椭圆工具"绘制椭圆图形并填充径向渐变,效果如图 8-103 所示。

[⬇05] 模拟刹车片上的划痕,可以使用"画笔工具"绘制曲线后为其填充画笔笔触,效果如图 8-104 所示。

[⬇06] 使用两个椭圆图形,分别填充白色和渐变色,将其错位放置后模拟窟窿和厚度效果,如图 8-105 所示。将其复制多个沿刹车片分散放置,效果如图 8-106 所示。使用"钢笔工具"绘制 3 个不同图形,分别填充白色、渐变和黑色,将其错位放置后效果如图 8-107 所示。按照同样的方法绘制多个图形,分散放置效果如图 8-108 所示。在各个图形内部绘制更多细节,效果如图 8-109 所示。

[➡ 图 8-101]

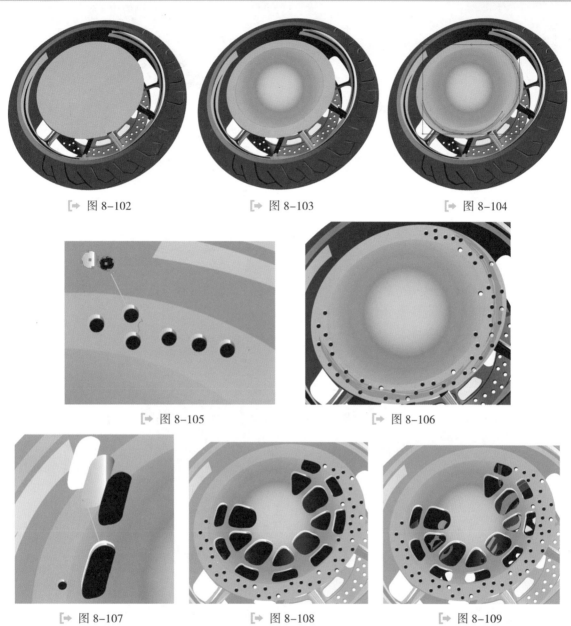

[➡ 图 8-102

[➡ 图 8-103

[➡ 图 8-104

[➡ 图 8-105

[➡ 图 8-106

[➡ 图 8-107

[➡ 图 8-108

[➡ 图 8-109

07 使用"椭圆工具"绘制多个椭圆图形，填充不同渐变类型后，缩放大小和错位放置后效果如图 8-110 所示。将其复制多个后分别放置，效果如图 8-111 所示。

[➡ 图 8-110

[➡ 图 8-111

08 使用"椭圆工具"绘制 3 个椭圆图形，分别填充灰色、渐变和黑色，将其错位放置后，效果如图 8-112 所示。前轮整体效果如图 8-113 所示。

[➡ 图 8-112　　　　　　　　　　　　　[➡ 图 8-113

09 使用"钢笔工具"绘制整个摩托车的厚度，并填充黑色，效果如图 8-114 所示。分别绘制轮胎上的各个零部件，方法相同不再赘述，效果如图 8-115~ 图 8-118 所示。

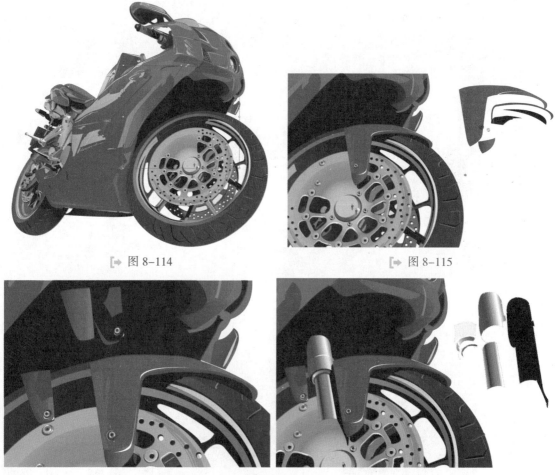

[➡ 图 8-114　　　　　　　　　　　　　[➡ 图 8-115

[➡ 图 8-116　　　　　　　　　　　　　[➡ 图 8-117

10 最终效果如图 8-119 所示。整个摩托车多数运用到了渐变的处理，可以看到整个效果的质感非常到位。制作简单而又效果精美是矢量软件的最大特点。熟练掌握贝塞尔曲线的运用、熟练操作渐变和透明度设置就可以制作出效果非常精美的设计作品。

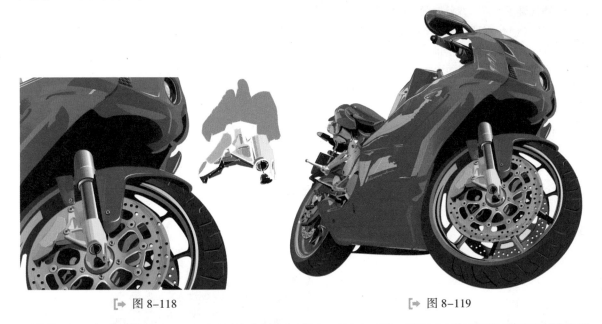

[➡ 图 8-118　　　　　　　　　　　　　　　　　[➡ 图 8-119

8.4　金属和液体质感的完美体现

8.4.1　设计分析 »

　　金属的质感较为光滑且反光强烈，同时金属质感的物体自身的明暗交界线非常清楚，所以在表现金属质感物体时就需要考虑金属图形的明暗交界线和反光的轻重关系。而液体的质感较为柔和，同时反光较金属来说不会那么强烈，表现好两者之间的差别才能在制作时运用自如。如图 8-120 所示的效果是金属桶内放置油漆液体，这时就需要使用"网格工具"来表现更为细腻的反光细节。

8.4.2　技术概述 »

　　本案例中使用到的工具有"矩形工具"、"网格工具"、"吸管工具"、"颜色"面板、"渐变"面板、"对齐"面板等。涉及的相关操作有网格的设置、颜色的提取、图形前后顺序等。

8.4.3　绘制过程 »

[➡ 图 8-120

金属桶身

↓01 打开素材文件后，注意观察素材图片中的颜色分布，首先根据颜色来确定网格线的位置，通过网格线位置来确定网格定位点位置。

02 首先确定效果大致分为桶身、桶厚度、桶内壁、桶提手和桶内液体 5 个组成部分。下面先从面积最大的桶身开始绘制。桶身作为面积最大，同时颜色过渡较为细腻的一部分，是比较好绘制的。结合前面讲解的网格建立技巧，从桶身来看需要将桶身的网格线整理为如图 8-121 所示的状态，才能在适合的位置更改颜色。

03 使用"矩形工具"创建一个矩形图形，执行"对象"/"创建渐变网格"命令，将其转换为 1 列 1 行的网格图形，如图 8-122 所示。将矩形形状更改为图 8-123 所示的图形轮廓，注意各个定位点更改前后的位置关系，以及轮廓边线的形状，只有这样才能在图形内部创建更为合适的网格线。使用"网格工具"在图形内部创建网格线，效果如图 8-124 所示。

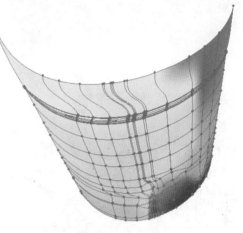

[➡ 图 8-121

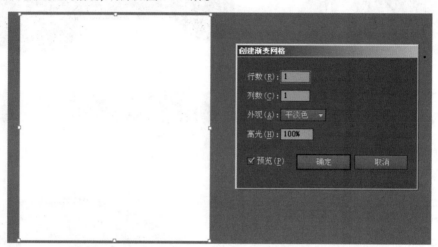

[➡ 图 8-122

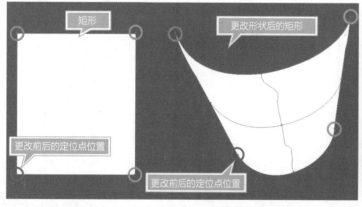

[➡ 图 8-123

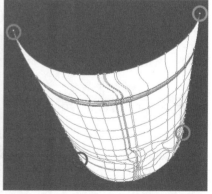

[➡ 图 8-124

04 分别使用"吸管工具"和"直接选择工具"（或"套索工具"），依次选择节点，为该节点添加适当的颜色，颜色可以通过"吸管工具"在素材图中直接吸取。如图 8-125 所示为添加颜色前后的效果。桶身效果如图 8-126 所示。

05 使用"矩形工具"绘制一个矩形图形，并将其转换为渐变网格后，将其网格定位点按照图中图形定位好，并将外轮廓线更改为图中形状，通过"网格工具"创建网格线，效果如图 8-127 所示。

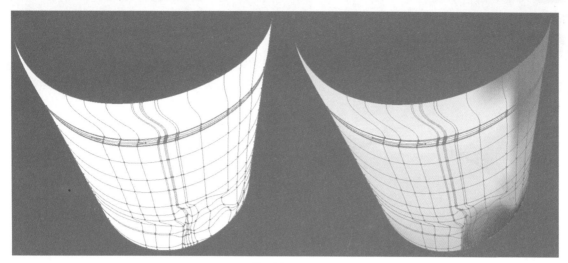

[➡ 图 8-125

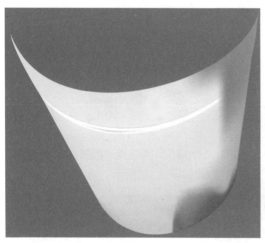

[➡ 图 8-126

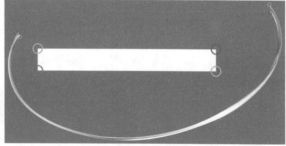

[➡ 图 8-127

06 使用同样的方法重新绘制矩形图形并将其转换为渐变网格后，设定定位点位置，将外轮廓线更改为如图 8-128 所示的形状。

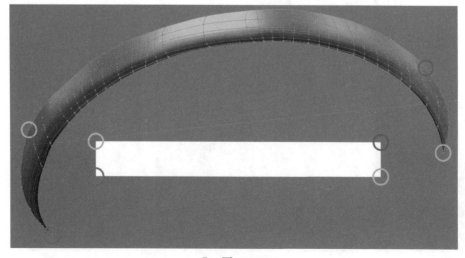

[➡ 图 8-128

矢量的力量——
Illustrator 创作启示录

07 将 3 个图形合并后的效果如图 8-129 所示。

金属提手

01 使用"矩形工具"绘制一个矩形图形，将其转换为渐变网格后，将图形外形更改为如图 8-130 所示的形状，注意图形定位点的位置关系。采用同样的方法，创建另一个图形，形状如图 8-131 所示。将图形合并后效果如图 8-132 所示。

图 8-129

图 8-130

02 使用"椭圆工具"绘制白色椭圆图形来模拟镂空效果，如图 8-133 所示。再使用"矩形工具"创建渐变网格图形，效果如图 8-134 所示。将该图形放置在之前图形的前方，效果如图 8-135 所示。

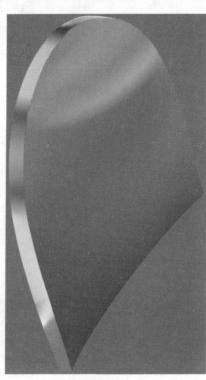

图 8-131

图 8-132

图 8-133

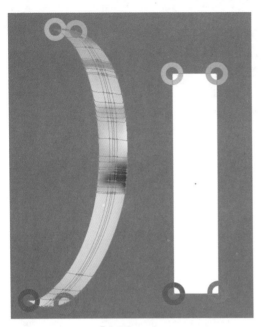

[➡ 图 8-134]

[➡ 图 8-135]

⬇03 使用矩形图形转网格的方法制作如图 8-136 所示的 4 个零部件，将其组合后效果如图 8-137 所示。注意考虑这 4 个零部件各自的定位点如何分布。

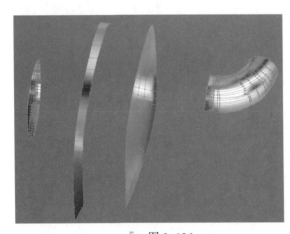

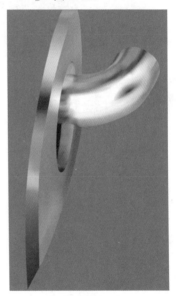

[➡ 图 8-136]

[➡ 图 8-137]

⬇04 再次使用矩形图形转网格的方法制作提手，注意提手 4 个定位点的位置关系及外轮廓形状，效果如图 8-138 所示。将制作的所有零件与桶身相结合后效果如图 8-139 所示。

[➡ 图 8-138]

红色液体

↓01 使用"矩形工具"绘制网格形状，液体部分由桶内液体、桶上液体、桶壁液体和桶底液体4个部分组成。利用矩形图形转网格的方法将矩形依次转变为所需形状，注意各自网格定位点的位置关系，同时注意内部网格线形状。内部网格线形状可以通过调整图形外轮廓线和图形中心线形状来决定其他内部网格线形状。如图 8-140~ 图 8-143 所示。

图 8–139

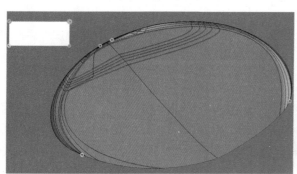

图 8-140

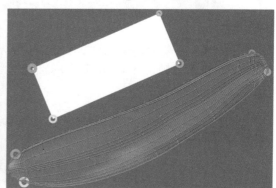

图 8-141

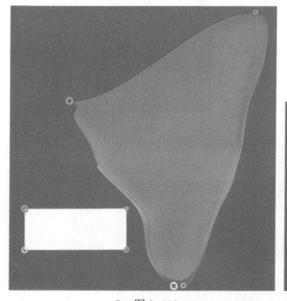

图 8-142

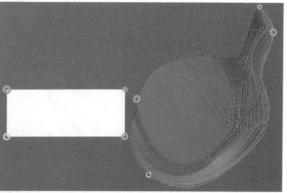

图 8-143

02 将绘制的形状依次放入之前绘制的桶体内部，注意前后关系，如图 8-144 和图 8-145 所示。

[➡ 图 8–144

[➡ 图 8–145

03 为红色液体添加更多反光细节，如图 8-146 所示。最终效果如图 8-147 所示。

[➡ 图 8–146

[➡ 图 8–147

第9章

写实的力量

　　本章介绍的不再是初级的、简单的知识，而是那些想突破自我、追求挑战的设计师们梦寐以求的知识。跟随本章案例的制作，用户会发现自己现在的水平已经超乎想象了。

本章重点

　矢量写实风格作品——花卉

　矢量写实风格作品——玻璃质感

　矢量写实风格作品——蔬菜

9.1　矢量写实风格作品——花卉

9.1.1　设计分析 »

如图 9-1 所示，花卉的绘制分为花瓣和花蕊两部分。花瓣的绘制是对"网格工具"操作的考验，熟练使用"网格工具"会使得绘制花瓣效率加快。花蕊的绘制则较为简单，只需要使用"渐变工具"来模拟花蕊的受光即可，为不同的花蕊添加不同的高光效果则是通过"效果"下的滤镜命令来完成。

9.1.2　技术概述 »

本案例中使用到的工具有"矩形工具"、"网格工具"、"渐变工具"、"渐变"面板、"色板"面板、"吸管工具"、"效果"菜单等。涉及到的相关操作有"矩形工具"的应用、渐变网格的操作、渐变的设置、"吸管工具"的操作、视图的缩放、"高斯模糊"命令的运用等。

[➡ 图 9–1

9.1.3　绘制过程 »

制作花瓣

01 打开素材文件后，从一个花瓣开始绘制，首先使用"矩形工具"创建一个矩形图形，并执行"对象"/"创建渐变网格"命令，为矩形创建渐变网格为 1 行 1 列，如图 9-2 所示。使用"网格工具"为其添加中心网格线，如图 9-3 所示。

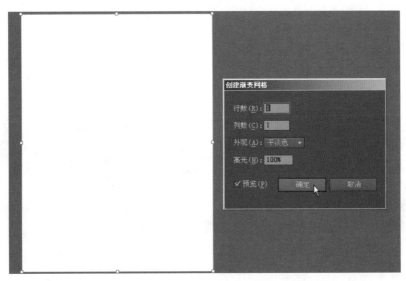

[➡ 图 9–2

02 将矩形网格更改为如图 9-4 所示的形状，注意网格定位点位置及中心线形状。为更改后的图形添加网格线，如图 9-5 所示。

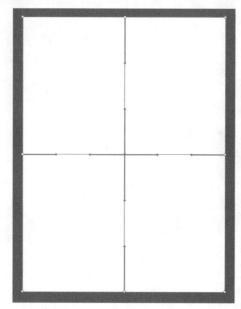

[➡ 图 9-3

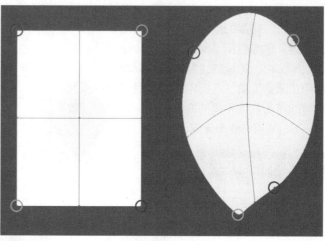

[➡ 图 9-4

03 选择全部节点，为其填充统一颜色，如图 9-6 所示。

04 使用"套索工具"选择下部节点，为其填充较深红色，如图 9-7 所示。继续选择节点添加较浅红色，如图 9-8 所示。

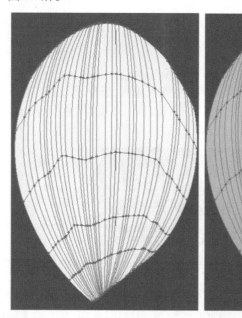

[➡ 图 9-5

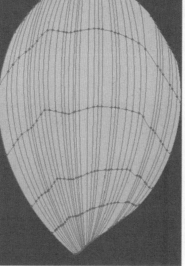

[➡ 图 9-6

[➡ 图 9-7

05 使用"套索工具"选择单个节点为其填充红色，如图 9-9 所示。依次选择单个节点添加深浅不同的颜色，模拟花瓣纹理，如图 9-10 所示。填充完成后的效果如图 9-11 所示。

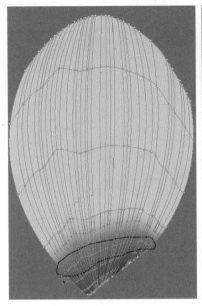

[➡ 图 9-8

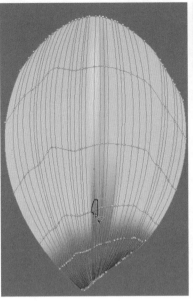

[➡ 图 9-9

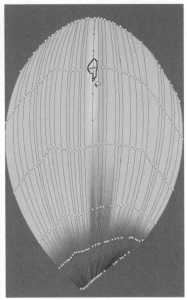

[➡ 图 9-10

⬇06 选择上部节点，为其填充亮色部分，如图 9-12 所示。

[➡ 图 9-11

[➡ 图 9-12

⬇07 绘制椭圆图形置于花瓣下方，以便对比形状绘制花卉。如图 9-13 所示。

⬇08 使用同样的方法绘制其他花瓣，如图 9-14 所示。重复多次操作后，绘制好的花卉花瓣如图 9-15 所示。

[➡ 图 9-13

制作花蕊

⬇01 使用"椭圆工具"绘制椭圆图形，如图 9-16 所示。为其填充渐变色，渐变颜色可根据素材图片颜色来调整，如图 9-17 所示。

⬇02 将填充渐变的椭圆拉长后效果如图 9-18 所示。根据素材图片花蕊部分的颜色来绘制多种不同的颜色渐变，如图 9-19 所示。

[➡ 图 9-14

图 9-15

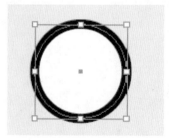
图 9-16

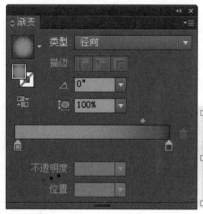
图 9-17

图 9-18

图 9-19

03 花蕊高光部分较为柔和，就需要使用"椭圆工具"绘制椭圆图形，该图形为白色填充，无描边色，如图 9-20 所示。

04 执行"效果"/"模糊"/"高斯模糊"命令，将白色椭圆边缘柔和处理，通过调整半径来决定柔和程度，如图 9-21 所示。

图 9-20

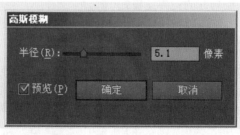
图 9-21

05 使用"透明度"面板将高斯模糊后的白色椭圆图形透明度降低，如图 9-22 所示。高光部分变得柔和起来。

06 使用同样的方法处理多个高光点，如图 9-23 所示。绘制多个椭圆图形并为其添加不同高光点，如图 9-24 所示。

07 重复以上操作，根据不同花蕊的受光面和颜色情况，绘制多个花蕊，绘制的原则为中心部分花蕊颜色较浅、高光较多，边缘花蕊颜色较深、高光较少，如图 9-25 所示。

[➡ 图 9-22

[➡ 图 9-23

[➡ 图 9-24

[➡ 图 9-25

组合花卉

▼01　将花蕊放置在花瓣内部，效果如图 9-26 所示。

▼02　使用同样的方法绘制多个花瓣和花蕊，可以将之前绘制的花瓣形状通过缩放和旋转等方法得到形状不同的花瓣，从而组合出新的花卉，如图 9-27 所示。

[➡ 图 9-26

[➡ 图 9-27

▼03 为其添加更多细节，如图 9-28 所示。将底色调整为合适颜色，如图 9-29 所示。

[→ 图 9-28

[→ 图 9-29

9.2 矢量写实风格作品——玻璃质感

9.2.1 设计分析 »

玻璃制品的反光会更加的细腻，同时迎光面和背光面的反光形状会更加清晰。在使用 Adobe Illustrator 绘制玻璃质感的作品时，需要在整体的细腻光感效果之上添加多个反光形状。如图 9-30 所示，玻璃制品的高光是通过将白色图形降低透明度模拟出来，这样处理会使得玻璃制品和其他物体的质感有所区别。

9.2.2 技术概述 »

本案例中使用到的工具有"钢笔工具"、"路径查找器"面板、"旋

[→ 图 9-30

转工具"、"颜色"面板、"渐变"面板、"对齐"面板等。涉及的相关操作有"路径"菜单命令、"路径查找器"面板操作、"选择工具"的移动复制、图形的前后顺序、颜色的设置等。

9.2.3 绘制过程 »

瓶盖

▼01 打开素材文件后，从第一个瓶子的瓶盖开始绘制。使用"矩形工具"创建一个矩形图形并转换为网格，如图 9-31 所示。将转换为网格后的矩形外轮廓更改为瓶盖形状，如图 9-32 所示。

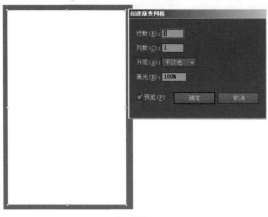

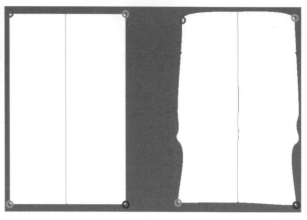

[➡ 图 9-31

[➡ 图 9-32

02 使用"网格工具"添加网格线，如图 9-33 所示，可以从上往下依次添加。添加完网格的效果如图 9-34 所示。

03 选择该图形后，为其添加统一底色，如图 9-35 所示。

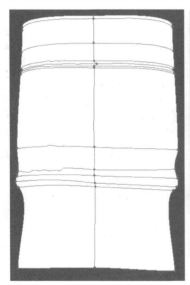

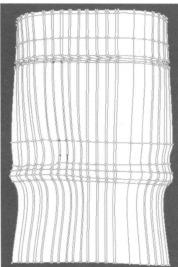

[➡ 图 9-33

[➡ 图 9-34

[➡ 图 9-35

04 使用"套索工具"选择单个节点，为瓶盖添加黑色，如图 9-36 所示。

05 使用"套索工具"依次选择节点，为其添加颜色，添加颜色后的效果如图 9-37 所示。瓶盖上部绘制完成。

06 再次使用"矩形工具"绘制一个矩形图形并转为网格属性，然后将其修改为如图 9-38 所示的形状。

07 使用"网格工具"为其添加网格线，如图 9-39 所示。添加完成后的效果如图 9-40 所示。

08 选择该图形后为其添加统一底色，如图 9-41 所示。

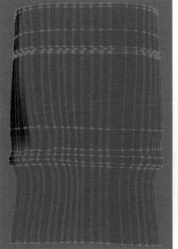

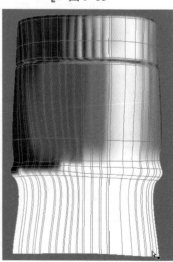

[➡ 图 9-36

[➡ 图 9-37

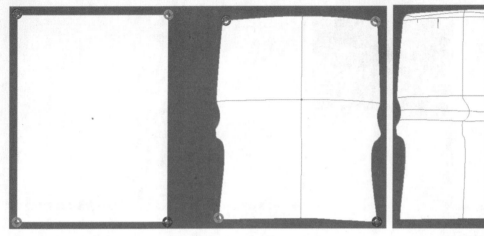

[➡ 图 9-38   [➡ 图 9-39

09 使用"套索工具"依次选择单个节点，为其添加颜色，效果如图 9-42 所示。逐一添加完成后的效果如图 9-43 所示。

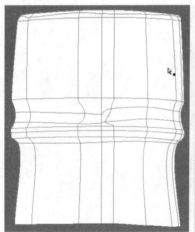  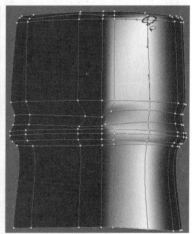

[➡ 图 9-40   [➡ 图 9-41   [➡ 图 9-42

10 将该图形置于之前瓶盖上部形状前方，效果如图 9-44 所示。瓶盖绘制完成。

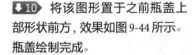

01 使用"矩形工具"绘制一个矩形图形并将其转换为网格属性，然后将其形状更改为如图 9-45 所示的瓶身形状。注意定位点位置关系。

02 使用"网格工具"依次添加网格线，效果如图 9-46 所示。添加完成后的效果如图 9-47 所示。

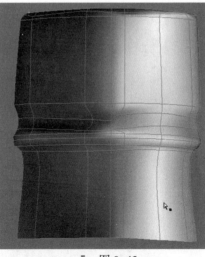 

[➡ 图 9-43   [➡ 图 9-44

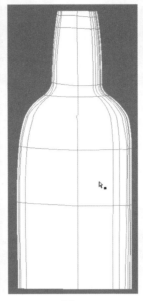
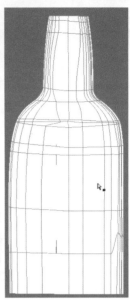

[➡ 图 9-45　　　　　　　　[➡ 图 9-46　　　　　　　　[➡ 图 9-47

03 使用"套索工具"选择节点，为其添加底色，并将瓶身上部颜色填充为亮部，效果如图 9-48 所示。模拟瓶身受光部分。逐一为其添加瓶身细节，由于瓶子下部会被其他瓶子挡住，可以就此忽略，效果如图 9-49 所示。

04 使用"钢笔工具"绘制高光部分，并使用"透明度"面板为其添加透明效果，如图 9-50 所示。图中清晰的高光部分可以通过直接降低白色图形透明度得到，而模糊的高光部分则可以通过将图形高斯模糊后得到柔和的高光部分。

05 将瓶身与之前的瓶盖部分组合在一起，效果如图 9-51 所示。

[➡ 图 9-48　　　　　[➡ 图 9-49　　　　　[➡ 图 9-50　　　　　[➡ 图 9-51

⬇06 使用"钢笔工具"和文字工具为瓶子添加更多细节，效果如图 9-52 所示。

其他部分

⬇01 其他部分的绘制方法同前一样，可以通过更改矩形图形得到形状，并依此改变节点位置，效果如图 9-53 所示。

⬇02 使用"钢笔工具"绘制白色图形，并通过"透明度"面板降低其透明度得到模拟后的高光效果，如图 9-54 所示。

[➡ 图 9-52   [➡ 图 9-53   [➡ 图 9-54

⬇03 使用"矩形工具"绘制不同的图形，并为其填充细腻的颜色渐变，效果如图 9-55 所示。组合后的效果如图 9-56 所示。

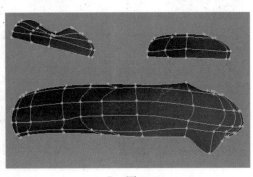 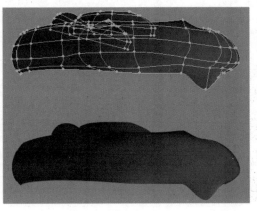

[➡ 图 9-55   [➡ 图 9-56

04　使用"矩形工具"绘制多个图形，为其填充白色后，使用"高斯模糊"命令将其柔和化处理，效果如图 9-57 所示。将两个图形组合后的效果如图 9-58 所示。使用文字工具为其添加路径文字，效果如图 9-59 所示。

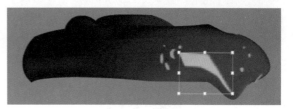

[➡ 图 9–57

[➡ 图 9–58

[➡ 图 9–59

05　陶瓷水壶的绘制同样是使用"矩形工具"修改得到，步骤不再逐一赘述。水壶各个部件如图 9-60 所示。将其组合后的效果如图 9-61 所示。

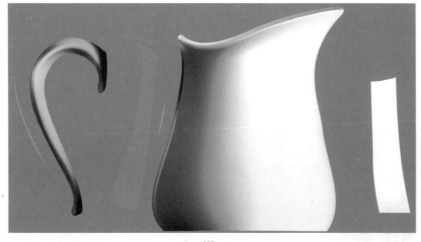

[➡ 图 9–60

06　将 3 个图形放置在一起后，为其添加径向渐变的底色，效果如图 9-62 所示。使用同样的方法添加更多玻璃制品，效果如图 9-63 所示。

[➜ 图 9-61

[➜ 图 9-62

07 最终效果如图 9-64 所示。

[➜ 图 9–63

[➜ 图 9-64

9.3 矢量写实风格作品——蔬菜

9.3.1 设计分析 »

　　绘制蔬菜的方法和过程同之前所讲解
的流程一样，都是通过矩形更改为网格的方
法。需要注意的是，在绘制蔬菜时不需要太
关注蔬菜的详细纹理，只需要将整个蔬菜的
大体质感表现出来即可。而在绘制蘑菇时，
使用了两种不同的方法来绘制，可以看到不
同的技术绘制出来的效果不同，这就需要考
虑具体效果需要用具体的技术来完成。效果
如图 9-65 所示。

[➜ 图 9–65

9.3.2 技术概述 »

　　本案例中使用到的工具有"钢笔工具"、"矩形工具"、"网格工具"、"混合工具"等。涉及的相关操作有网格功能的设置、"混合工具"的应用、透明度的设置、"滤镜"命令的运用、"选择工具"的移动并复制、图形的前后顺序、颜色的设置等。

9.3.3 绘制过程 »

绘制西红柿

↓01 使用"矩形工具"绘制一个矩形图形,并将其转为网格。注意转变形状后定位点的位置关系,如图9-66所示。使用"网格工具"添加网格线,如图9-67所示。添加完网格线后的效果如图9-68所示。

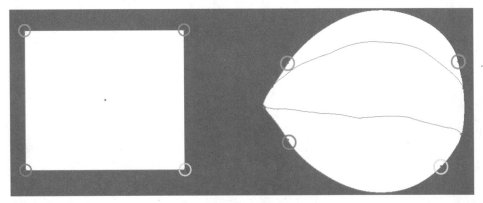

[→ 图 9-66

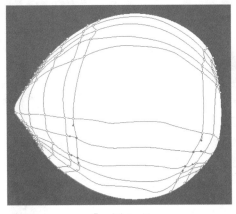

[→ 图 9-67

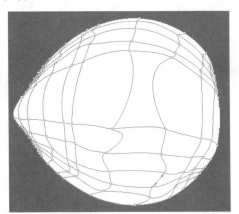

[→ 图 9-68

↓02 将图形全部选择后为其统一填充底色为红色,效果如图9-69所示。使用"套索工具"选择单个节点,为其填充其他颜色,如图9-70所示。颜色添加完成后的效果如图9-71所示。

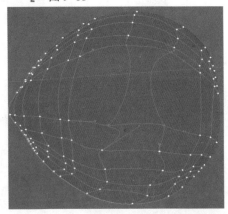

[→ 图 9-69

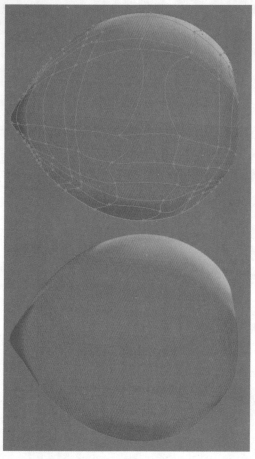
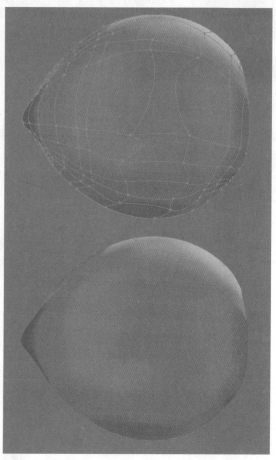

[➡ 图 9–70   [➡ 图 9–71

03 使用"钢笔工具"绘制高光部分，如图 9-72 所示。执行"效果"/"模糊"/"高斯模糊"命令，为其添加高斯模糊处理，效果如图 9-73 所示。将高光移至图形前部，效果如图 9-74 所示。

[➡ 图 9–72

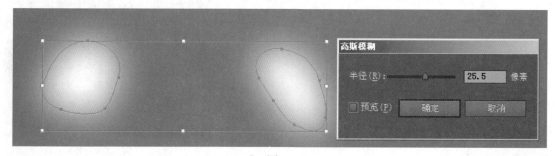

[➡ 图 9–73

04 使用"钢笔工具"分别绘制不同的叶子形状，如图 9-75 所示。将其合并后的效果如图 9-76 所示。最后将其添加至西红柿右部，效果如图 9-77 所示。

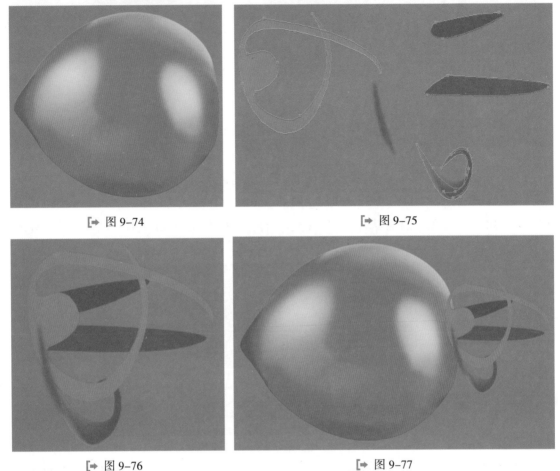

[→ 图 9-74

[→ 图 9-75

[→ 图 9-76

[→ 图 9-77

绘制蘑菇

01 使用"矩形工具"绘制一个矩形图形并将其转换为网格，效果如图 9-78 所示。注意定位点的位置关系。使用"网格工具"为其添加网格线，效果如图 9-79 所示。添加完成网格线及颜色后的效果如图 9-80 所示。

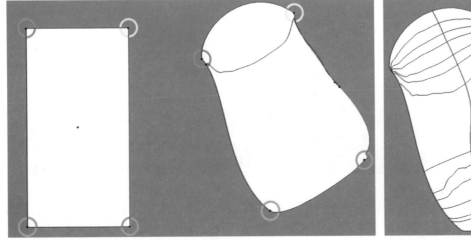

[→ 图 9-78

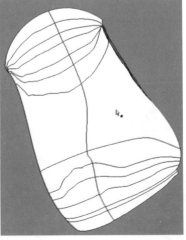

[→ 图 9-79

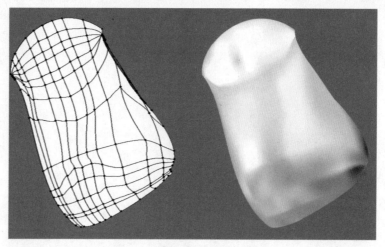

[➡ 图 9-80

02 继续使用"矩形工具"绘制蘑菇其他部分，并将其转为网格属性，注意定位点位置关系，如图 9-81 所示。逐一添加网格线后并填充颜色，效果如图 9-82 所示。合并后的效果如图 9-83 所示。

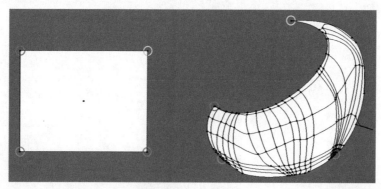

[➡ 图 9-81

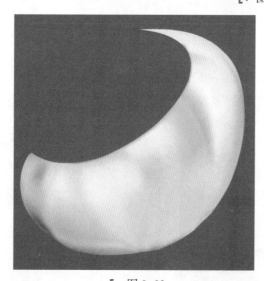

[➡ 图 9-82

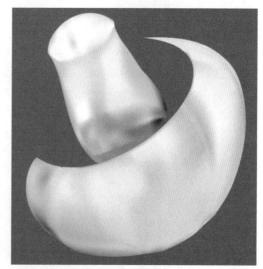

[➡ 图 9-83

03 继续使用"矩形工具"绘制一个矩形图形并转为网格属性，来制作蘑菇内壁，效果如图 9-84 所示。注意定位点位置转换前后的效果。使用"网格工具"添加网格线后并为其添加颜色效果，如图 9-85 所示。将其放置在蘑菇内部，效果如图 9-86 所示。

[➡ 图 9-84

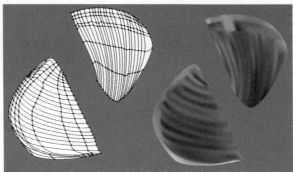

[➡ 图 9-85

04 使用同样方法制作蘑菇其他部件，效果如图 9-87~ 图 9-89 所示。

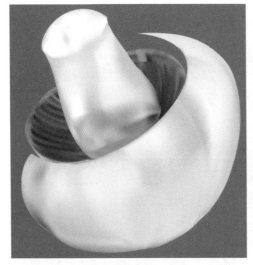

[➡ 图 9-86

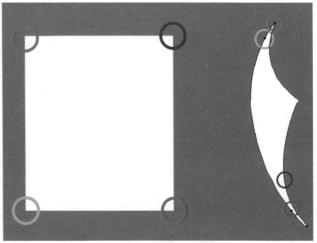

[➡ 图 9-87

[➡ 图 9-88

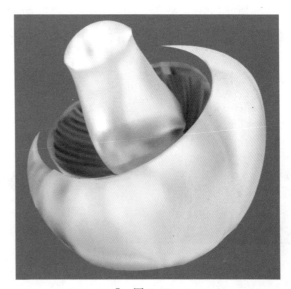

[➡ 图 9-89

05 将蘑菇剩余部分绘制完成，效果如图 9-90～图 9-93 所示。

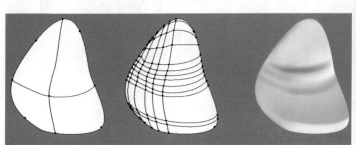

[➡ 图 9-90

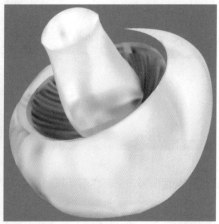

[➡ 图 9-91

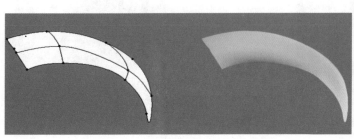

[➡ 图 9-92

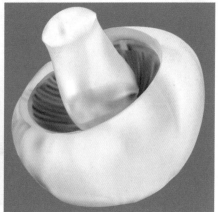

[➡ 图 9-93

06 在绘制其他蘑菇时，会遇到蘑菇自身纹理效果的处理，如图 9-94 所示。首先绘制蘑菇形状并为其添加颜色。再使用"钢笔工具"绘制多个蘑菇纹理形状图形，如图 9-95 所示。将其透明度降低后放置在蘑菇上，效果如图 9-96 所示。将该蘑菇图形和之前绘制好的蘑菇图形放置在一起，效果如图 9-97 所示。

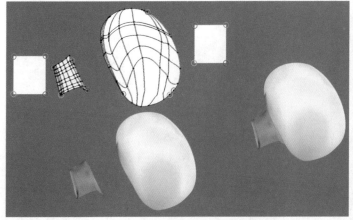

[➡ 图 9-94

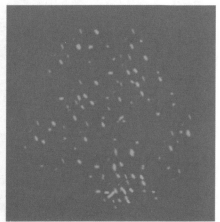

[➡ 图 9-95

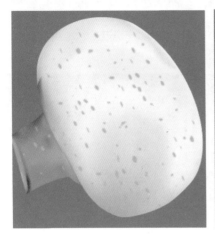

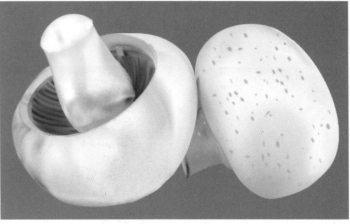

[➡ 图 9-96

[➡ 图 9-97

07 除使用"网格工具"绘制蘑菇效果外，也可以使用其他方法来绘制蘑菇。如图 9-98 所示，使用"钢笔工具"绘制蘑菇外轮廓形状。

08 再使用"钢笔工具"绘制两个图形，填充颜色后并将其混合，用来模拟蘑菇上的高光效果，效果如图 9-99 所示。使用同样方法绘制多个不同混合效果图形，如图 9-100 所示。将其置于蘑菇上，效果如图 9-101 所示。

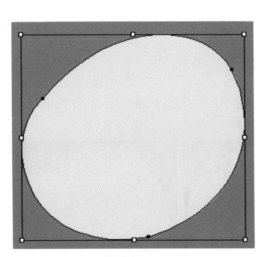

[➡ 图 9-98

[➡ 图 9-99

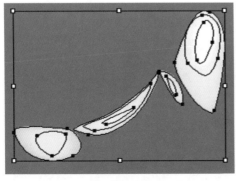

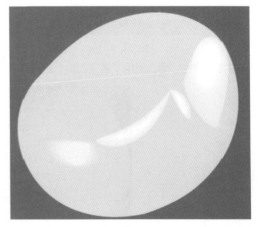

[➡ 图 9-100

[➡ 图 9-101

09 为其添加更多细节，效果如图 9-102 所示。

10 利用矩形转为网格的方法绘制蘑菇柄及内部形状，效果如图 9-103 所示。将其置于蘑菇上，效果如图 9-104 所示。将绘制的蘑菇和西红柿合并后的效果如图 9-105 所示。

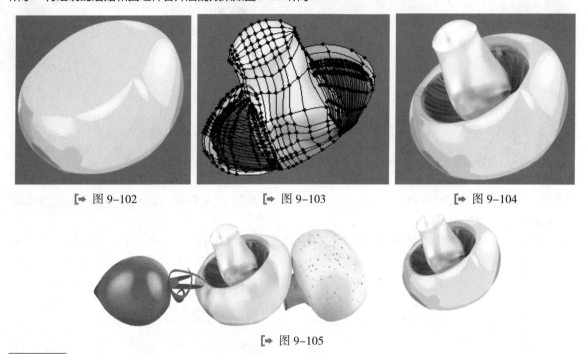

[➡ 图 9-102   [➡ 图 9-103   [➡ 图 9-104

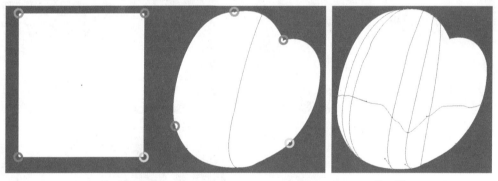

[➡ 图 9-105

绘制红椒

01 红椒的绘制也是分组单个绘制。首先使用矩形转为网格的方法绘制红椒第一个形状，效果如图 9-106 所示。使用"网格工具"为其添加多个网格线，效果如图 9-107 所示。

[➡ 图 9-106   [➡ 图 9-107

02 添加完成网格线后，使用"套索工具"选择单个节点，为其添加颜色，效果如图 9-108 所示。

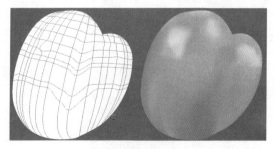

[➡ 图 9-108

03 使用矩形转为网格的方法绘制红椒其他部件，效果如图 9-109~ 图 9-111 所示。

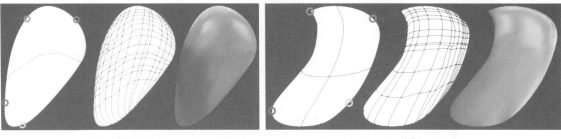

[➡ 图 9-109　　　　　　　　　　　　　[➡ 图 9-110

[➡ 图 9-111

04 绘制完成的红椒各个部件效果如图 9-112 所示。合并后的效果如图 9-113 所示。将其和之前绘制的蔬菜合并后效果如图 9-114 所示。

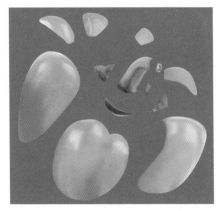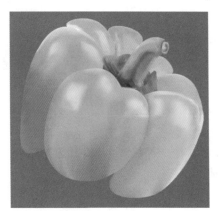

[➡ 图 9-112　　　　　　　　　　　　　[➡ 图 9-113

[➡ 图 9-114

综合调整

⬇ 01　在绘制剩余的红椒、洋葱、玻璃瓶的步骤时都同样使用矩形转为网格的方法，这里不再逐一赘述。效果如图 9-115 所示。将其合并后的效果如图 9-116 所示。

[➡ 图 9-115

[➡ 图 9-116

⬇ 02　制作各个物体的倒影效果可以通过转位图方式为其添加透明度渐变来完成。选择各个物体，使用"镜像工具"将各个蔬菜进行镜像复制后效果如图 9-117 所示。

⬇ 03　选择单个图形的镜像副本，对其执行"对象"/"栅格化"命令，将各个蔬菜转为位图属性，效果如图 9-118 所示。转换时可以根据效果来选择分辨率的大小。分辨率越高，位图效果越清晰。转换后效果如图 9-119 所示。

[➡ 图 9-117

[➡ 图 9-118

04 使用"矩形工具"绘制一个矩形图形,为其填充黑白渐变,效果如图 9-120 所示。

[➡ 图 9-119

[➡ 图 9-120

05 打开"透明度"面板,选择黑白渐变矩形和位图图像,执行面板隐藏菜单中的"建立不透明蒙版"命令,如图 9-121 所示。建立不透明蒙版后的效果如图 9-122 所示。

[➡ 图 9-121

[➡ 图 9-122

06 可以使用"透明度"面板来调整渐变的位置和大小，从而更改投影的效果，如图 9-123 所示。单个调整后的效果如图 9-124 所示。

[➡ 图 9-123

[➡ 图 9-124

07 最终效果如图 9-125 所示。

[➡ 图 9-125

9.4 矢量写实风格作品——提琴

9.4.1 设计分析 »

如图 9-126 所示，小提琴可以分为琴身、琴把、琴弦和琴按钮等部件进行绘制。其中琴弦因其过于小可以忽略其质感，通过简单的路径上色来完成。而案例中花朵的绘制和之前绘制花卉方法一样，花朵因其颜色过于单一和细腻，在创建网格时可以通过大面积填色、小面积刻画来完善花朵的效果。

9.4.2 技术概述 »

本案例中使用到的工具有"矩形工具"、"铅笔工具"、"路径查找器"面板、"旋转工具"、"颜色"面板、"渐变"面板、"对齐"面板等。涉及的相关操作有"路径"菜单命令的运用、"路径查找器"面板的操作、"选择工具"的移动复制、图形的前后顺序、颜色的设置等等。

9.4.3 绘制过程 »

图 9-126

绘制琴身

01 通过矩形转为网格的方法将矩形图形转换为网格属性，并将其形状更改为小提琴外轮廓，效果如图 9-127 所示。注意定位点的位置关系。使用"网格工具"添加网格线，效果如图 9-128 所示。添加网格线后，使用"套索工具"选择单个节点，为其添加颜色，效果如图 9-129 所示。

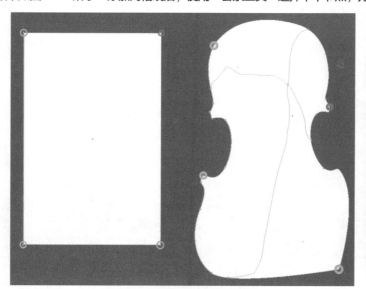

图 9-127

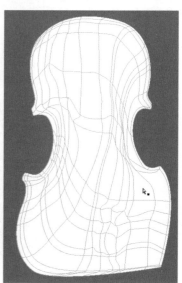

图 9-128

02 使用"钢笔工具"绘制两条路径，形状如图 9-130 所示。将小提琴边缘的装饰线绘制出来。

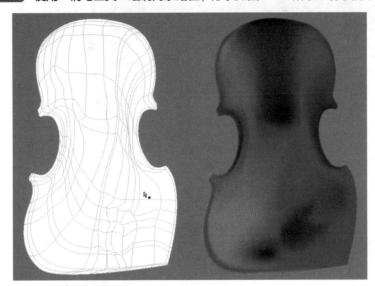

[➡ 图 9-129   [➡ 图 9-130

03 使用"铅笔工具"或"钢笔工具"绘制小提琴的高光部分，效果如图 9-131 所示。形状不需要和图中完全一致，但需要符合小提琴修长的感觉。绘制后将其填充白色，然后降低透明度设置。采用同样的方法绘制小提琴另一边的反光，效果如图 9-132 所示。反光的透明度要低于高光透明度。

04 使用"钢笔工具"绘制小提琴上的装饰品，效果如图 9-133 所示。

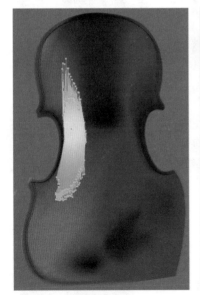
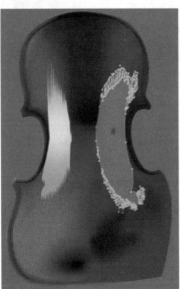

[➡ 图 9-131   [➡ 图 9-132   [➡ 图 9-133

绘制小提琴部件

01 使用"矩形工具"绘制一个矩形图形，并将形状转换为网格属性，并使用"网格工具"为其添加网格线和颜色，效果如图 9-134 所示。

02 继续使用"矩形工具"绘制网格属性矩形。注意 4 个定位点位置关系，效果如图 9-135 所示。将两个图形合并后的效果如图 9-136 所示。

[➡ 图 9–134

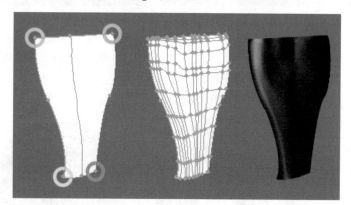

[➡ 图 9–135

[➡ 图 9–136

▼03 使用"椭圆工具"绘制一个椭圆图形,效果如图 9-137 所示。执行"对象"/"创建渐变网格"命令,为其创建 6 行 6 列的网格线,效果如图 9-138 所示。使用"网格工具"和"直接选择工具"为其修改网格线形状,并为其添加颜色,效果如图 9-139所示。

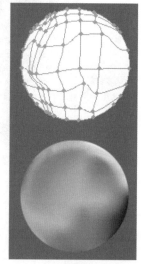

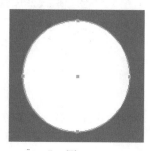

[➡ 图 9–137

[➡ 图 9–138

[➡ 图 9–139

▼04 使用同样的方法创建 3 个椭圆网格,并为其填充颜色,效果如图 9-140 所示。

▼05 使用"矩形工具"绘制一个矩形图形并转为网格属性,为其添加网格线和颜色,制作琴键部分,效果如图 9-141 所示。将几个琴键合并后的效果如图 9-142 所示。

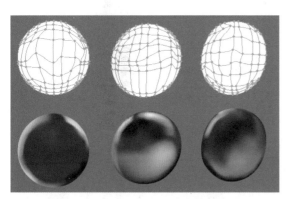

[→ 图 9-140

[→ 图 9-141

↓06 使用"钢笔工具"绘制 4 条直线，并为其填充不同颜色以模拟琴弦，效果如图 9-143 所示。将其和琴身部分合并后的效果如图 9-144 所示。

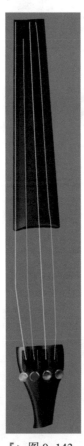

[→ 图 9-142

[→ 图 9-143

[→ 图 9-144

绘制花卉

↓01 使用矩形创建网格的方法来创建花卉花心部分，如图 9-145 所示。

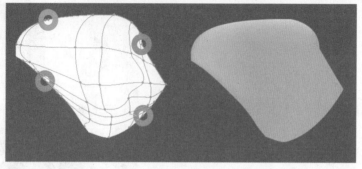

[➡ 图 9-145

02 使用同样方法创建花心的不同部位，效果如图 9-146 所示。将两个图形合并后的效果如图 9-147 所示。

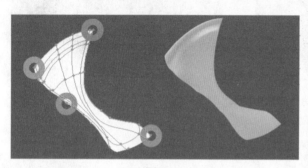

[➡ 图 9-146

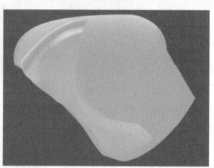

[➡ 图 9-147

03 再绘制其他部分，效果如图 9-148 所示。将其合并后的效果如图 9-149 所示。

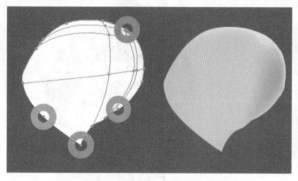

[➡ 图 9-148

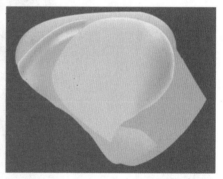

[➡ 图 9-149

04 继续绘制花心其他部分，效果如图 9-150 所示。合并后的效果如图 9-151 所示。

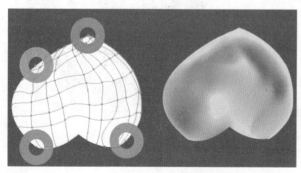

[➡ 图 9-150

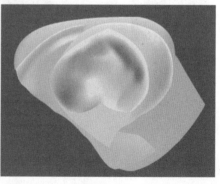

[➡ 图 9-151

05 使用"矩形工具"创建一个矩形图形，并为其填充颜色，作为花卉的花心，效果如图 9-152 所示。将其置于花卉中心后的效果如图 9-153 所示。

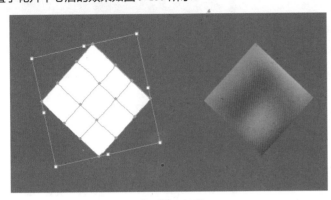

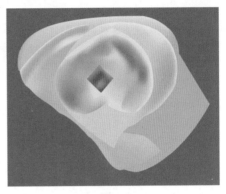

[➡ 图 9-152

[➡ 图 9-153

06 使用矩形创建网格的方法继续绘制花卉的其他部分。分别绘制两个图形，为其填充颜色，效果如图 9-154 和图 9-155 所示。将其放置于花卉旁，效果如图 9-156 所示。

07 绘制花卉的花瓣部分时，考虑到花瓣的分层效果，需要绘制两个图形，如图 9-157 和图 9-158 所示。将其合并后的效果如图 9-159 所示。

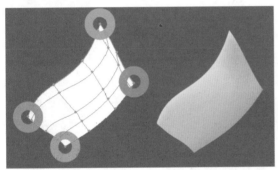

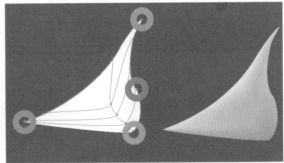

[➡ 图 9-154

[➡ 图 9-155

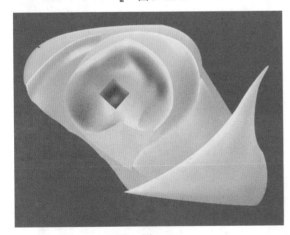

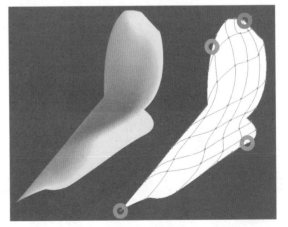

[➡ 图 9-156

[➡ 图 9-157

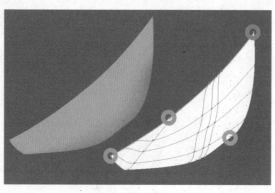

[➡ 图 9–158

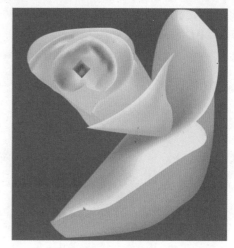

[➡ 图 9–159

08 绘制花瓣效果如图 9-160 和图 9-161 所示。合并后的效果如图 9-162 所示。

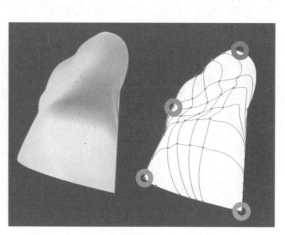

[➡ 图 9–160

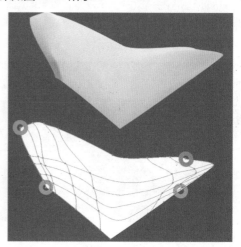

[➡ 图 9–161

09 继续绘制剩余花瓣，效果如图 9-163 所示。注意，花瓣越靠外、越靠后的则颜色越深。合并后的效果如图 9-164 所示。

[➡ 图 9–162

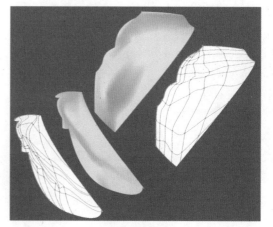

[➡ 图 9–163

10 继续绘制单个的花瓣，效果如图 9-165 所示。组合后的效果如图 9-166 所示。

11 继续绘制最靠外的单个花瓣，效果如图 9-167 所示。组合后的效果如图 9-168 所示。

[➡ 图 9–164

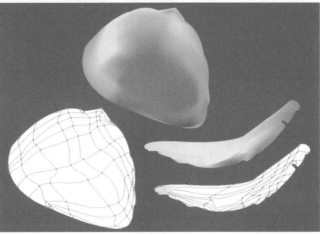

[➡ 图 9–165

[➡ 图 9–166

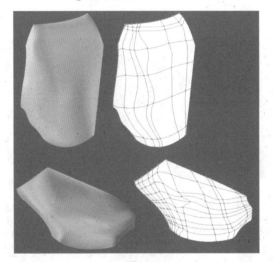

[➡ 图 9–167

12 最后绘制花瓣部分，效果如图 9-169 所示。和花卉组合后的效果如图 9-170 所示。

[➡ 图 9–168

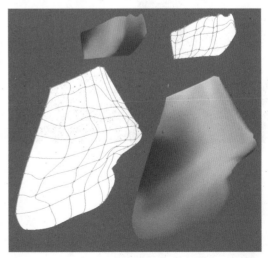

[➡ 图 9–169

[➡ 图 9-170

13 将绘制好的花卉和小提琴放置在一起，并为其添加一个黑色的背景，效果如图 9-171 所示。继续为其添加另一个小提琴，完成后的效果如图 9-172 所示。

[➡ 图 9-171

[➡ 图 9-172

第 10 章

终极矢量效果秀

　　本章将介绍如何实现精美的矢量效果。制作方法其实很简单，只需掌握前面讲解的内容并再加上一点点的耐心，就可以很好地掌握并自如运用 Adobe Illustrator CS6 这个软件，从而解决工作中遇到的种种难题。

10.1 解析矢量质感秘诀——插画风格汽车

10.1.1 设计分析 »

　　至此，Adobe Illustrator 的所有效果命令以及工具，用户应该掌握的差不多了。本章将结合之前所学内容，采用分组介绍的方式来还原案例的制作流程。通过介绍如何将复杂图形分解为简单图形，来降低绘制难度。如图 10-1 所示的案例制作非常复杂，对于初学者来说会产生不可完成的错觉。但通过分析可以看到，案例中有很多重复性工作，如很多图形都采用矩形转为网格的绘制方法，只需要将大体网格建立完成后，再细部建立网格线进而填充颜色即可。所以本章案例将结合之前章节学习的内容，将重点展示案例中不同的制作方式，而和之前章节介绍的制作方式相同原理的部分将不再详细介绍。

[⇒ 图 10-1

10.1.2 技术概述 »

　　本案例中使用到的工具有"矩形工具"、"钢笔工具"、"直线段工具"、"网格工具"、"透明度"面板、"渐变"面板、"路径查找器"面板、"旋转工具"、"颜色"面板、"对齐"面板等。涉及到的相关操作有"网格工具"的操作、"钢笔工具"的应用、"路径"菜单命令的运用、"路径查找器"面板的操作、"选择工具"的移动复制、图形的前后顺序、颜色的设置等。

10.1.3 绘制过程 »

绘制车身

↓01 使用前面所学的矩形转为网格的方法绘制车体引擎盖部分，并为其填充颜色，如图 10-2 所示。继续使用矩形转为网格的方法绘制引擎盖上的受光部分，如图 10-3 和图 10-4 所示。将其和其他部分合并后的效果如图 10-5 所示。

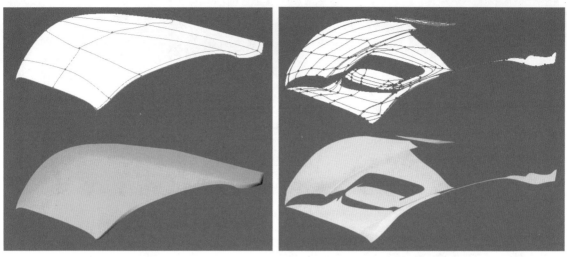

[➡ 图 10-2　　　　　　　　　　　　　[➡ 图 10-3

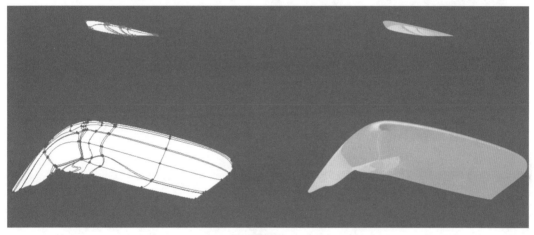

[➡ 图 10-4

[➡ 图 10-5

↓ 02 绘制引擎盖下方副本，注意建立网格线时的定位点位置，并根据车体受光线条来建立网格线，如图 10-6 所示。合并后的效果如图 10-7 所示。使用"钢笔工具"绘制反光部分，如图 10-8 所示。反光部分使用白色填充色后将其透明度降低即可，如图 10-9 所示。继续绘制其他部分，如图 10-10 所示。合并后的效果如图 10-11 所示。将其和之前部分组合后的效果如图 10-12 所示。

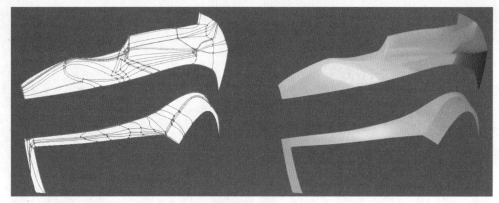

[➡ 图 10-6

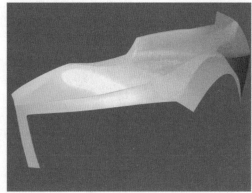

[➡ 图 10-7

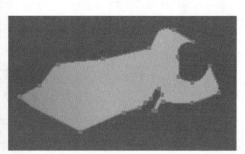

[➡ 图 10-8

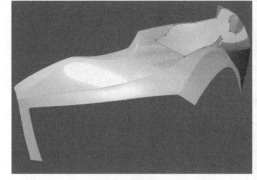

[➡ 图 10-9

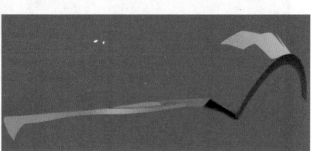

[➡ 图 10-10

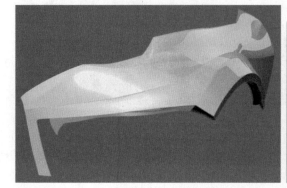

[➡ 图 10-11

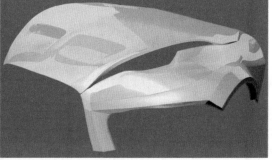

[➡ 图 10-12

03 绘制车身下体部分，可以分开绘制，如图 10-13 所示。合并后的效果如图 10-14 所示。将其和之前部分组合后的效果如图 10-15 所示。

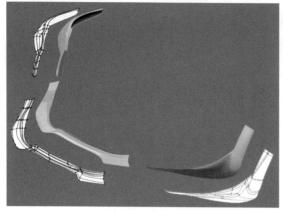

[➡ 图 10-13

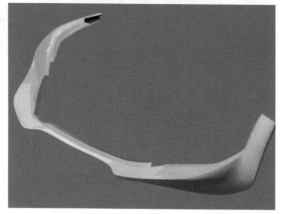

[➡ 图 10-14

[➡ 图 10-16

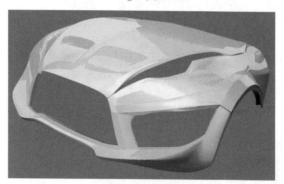

[➡ 图 10-15

04 绘制车门部分，分组绘制后将其组合，效果如图 10-16 所示。将其和之前部分组合后的效果如图 10-17 所示。

[➡ 图 10-17

[➡ 图 10-16

05 继续绘制其他部分，如图 10-18 所示。将其和之前部分组合后的效果如图 10-19 所示。

车身其他部件

01 使用"钢笔工具"绘制车牌照底色部分，如图 10-20 所示。使用"矩形工具"绘制牌照的不锈钢框架部分，如图 10-21 所示。将其合并后的效果如图 10-22 所示。

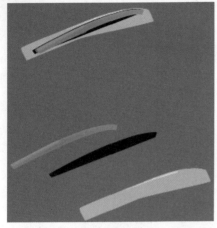

图 10-18

图 10-19

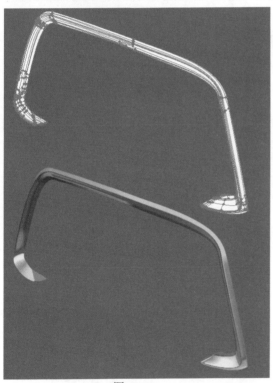
图 10-21

图 10-20

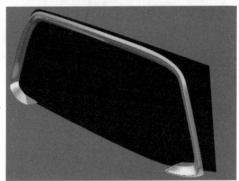
图 10-22

⬇02 使用矩形转为网格的方法绘制牌照底板部分，如图 10-23 所示。合并后的效果如图 10-24 所示。继续使用"钢笔工具"和文字工具创建牌照上方的栅格部分和牌照上的字体部分，效果如图 10-25 所示。将其置于底板上方如图 10-26 所示。将其和车身结合后的效果如图 10-27 所示。

⬇03 使用"钢笔工具"绘制进气口底色部分，如图 10-28 所示。并使用"钢笔工具"或"矩形工具"绘制纹理效果如图 10-29 所示。使用"多边形工具"绘制六边形并将其复制多个副本，制作网格孔效果，如图 10-30 所示。并将其整体复制副本，效果如图 10-31 所示。继续使用矩形转为网格的方法绘制其他部分，如图 10-32~ 图 10-34 所示。

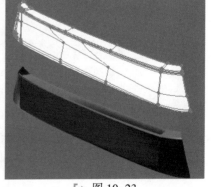
图 10-23

将其合并后的效果如图 10-35 所示。将其他部分合并后的效果如图 10-36 所示。

图 10-24

图 10-25

图 10-26

图 10-27

图 10-28

图 10-29

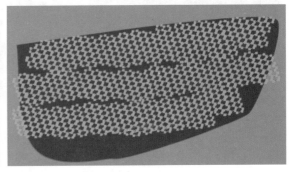

图 10-30

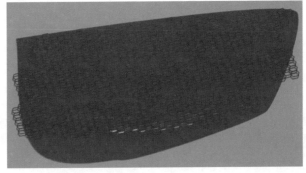

图 10-31

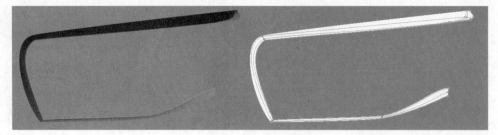

[➡ 图 10-32

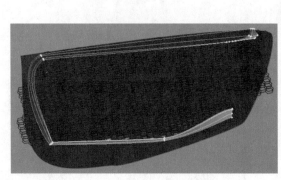

[➡ 图 10-33

[➡ 图 10-34

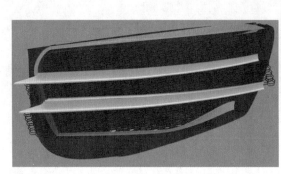

[➡ 图 10-35

[➡ 图 10-36

04 使用矩形转为网格的方法绘制车灯的底色部分，如图 10-37 所示。并使用"钢笔工具"绘制灯泡底色部分，如图 10-38 所示。使用"钢笔工具"绘制单个灯泡，如图 10-39 所示。将其置于底色前部，效果如图 10-40 所示。并将其复制多个副本，效果如图 10-41 所示。

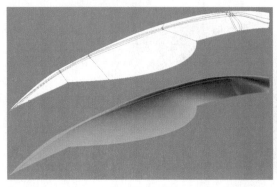

[➡ 图 10-37

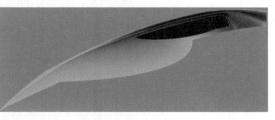

[➡ 图 10-38

[➡ 图 10-39

[➡ 图 10-40

05 继续使用矩形转为网格的方法绘制其他部分，如图 10-42 所示。将其置于前部，如图 10-43 所示。

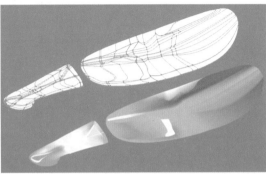

[➡ 图 10-41

[➡ 图 10-42

06 使用"钢笔工具"绘制图形，如图 10-44 所示。使用矩形转为网格的方法绘制图形，如图 10-45 所示。使用"钢笔工具"绘制高光部分，如图 10-46 所示。使用"多边形工具"绘制六边形图形，如图 10-47 所示。将其群组后复制多个副本，如图 10-48 所示。将其和车身组合后的效果如图 10-49 所示。

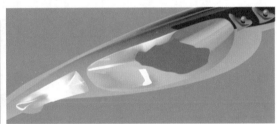

[➡ 图 10-43

[➡ 图 10-44

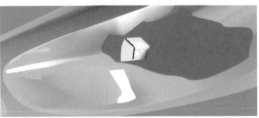

[➡ 图 10-45

[➡ 图 10-46

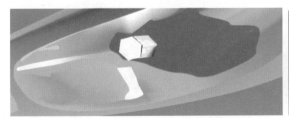

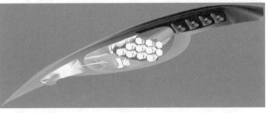

[➡ 图 10-47

[➡ 图 10-48

07 绘制引擎盖上的进气口时，由于较小，
只需要绘制整体感觉即可。使用"钢笔工具"
绘制进气口整体形状，如图 10-50 所示。使用
"多边形工具"绘制六边形后填充无色和黑色
描边，如图 10-51 所示。将其复制多个副本，
如图 10-52 所示。将进气口整体形状复制，如
图 10-53 所示。将其置于六边形图形前方，右
键单击图形，在打开的快捷菜单中选择"建立
剪切蒙版"命令，如图 10-54 所示。建立后效
果如图 10-55 所示。最后将其置于进气口前方，
如图 10-56 所示。使用矩形转为网格的方法绘

[➡ 图 10-49

制进气口周围金属部分，如图 10-57 所示。将其置于进气口前方，效果如图 10-58 所示。

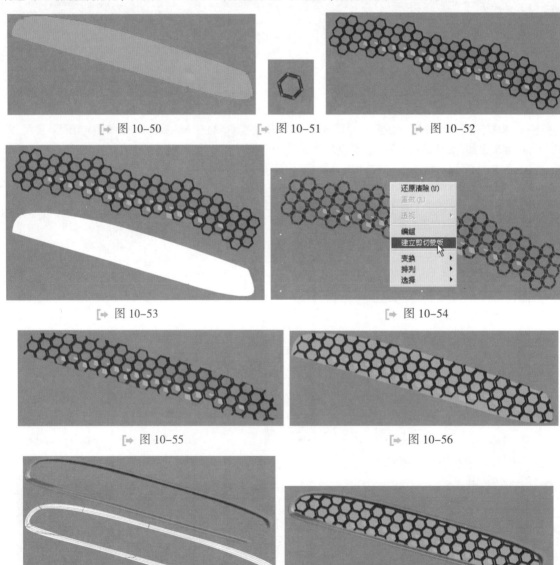

[➡ 图 10-50   [➡ 图 10-51   [➡ 图 10-52

[➡ 图 10-53   [➡ 图 10-54

[➡ 图 10-55   [➡ 图 10-56

[➡ 图 10-57   [➡ 图 10-58

08 继续使用同样方法绘制另一个进气口。使用"钢笔工具"绘制单个图形，如图 10-59 所示。将其合并后的效果如图 10-60 所示。复制多个副本后排列效果如图 10-61 所示。使用"钢笔工具"绘制图形，如图 10-62 所示。将其复制多个副本后排列效果如图 10-63 所示。继续使用"多边形工具"绘制线条图形，如图 10-64 所示。将其复制多个副本后排列效果如图 10-65 所示。使用"钢笔工具"绘制进气口蒙版部分，并将其置于栅格部分前方，如图 10-66 所示。对其执行快捷菜单中的"建立剪切蒙版"命令后的效果如图 10-67 所示。

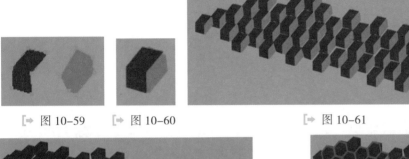

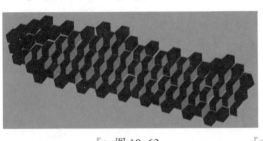

[→ 图 10-59　　[→ 图 10-60　　　　　　　[→ 图 10-61　　　　　　　　[→ 图 10-62

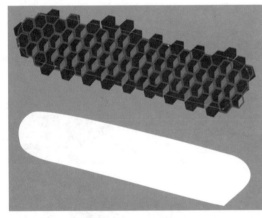

[→ 图 10-63　　　　　　[→ 图 10-64　　　　　　[→ 图 10-65

[→ 图 10-66　　　　　　　　　　　　　[→ 图 10-67

09 使用矩形转为网格的方法绘制进气口周边金属部分，如图 10-68 所示。使用"钢笔工具"绘制蒙版，将多余部分蒙住，如图 10-69 所示。建立剪切蒙版后效果如图 10-70 所示。将其置于栅格图形前部，效果如图 10-71 所示。

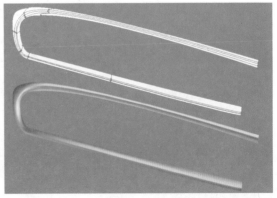

[→ 图 10-68

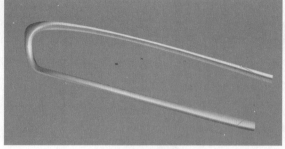

[→ 图 10-69   → 图 10-70

⬇10 和车身部分组合后的效果如图 10-72 所示。

[→ 图 10-71   → 图 10-72

玻璃及后视镜

⬇01 使用矩形转为网格的方法绘制车窗玻璃部分，如
图 10-73 所示。可以分开绘制，以表现更多的细节，如
图 10-74 所示。将其合并后的效果如图 10-75 所示。继续
绘制更多车窗内部图形，如图 10-76 所示。将其合并后
的效果如图 10-77 所示。

[→ 图 10-73

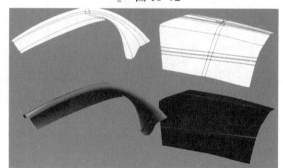

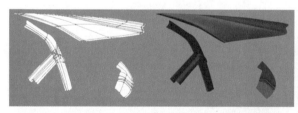

[→ 图 10-74   → 图 10-75

[→ 图 10-76   → 图 10-77

02 使用"钢笔工具"绘制车窗上的受光部分，如图 10-78 所示，只需要通过"透明度"面板更改其透明度数值即可。使用"钢笔工具"逐一绘制雨刷部分，如图 10-79 所示。

［➡ 图 10-78　　　　　　　　　　　　　［➡ 图 10-79

03 绘制后视镜部分时，可以分为两个部分绘制，如图 10-80 和图 10-81 所示。

［➡ 图 10-80　　　　　　　　　　　　　［➡ 图 10-81

04 将两个图形组合，将下部分以剪切蒙版方式去除多余部分，如图 10-82 所示。建立剪切蒙版后的效果如图 10-83 所示。将其合并后的效果如图 10-84 所示。

05 绘制后视镜把手部分，如图 10-85 所示。将其合并后的效果如图 10-86 所示。和车身组合后的效果如图 10-87 所示。

［➡ 图 10-82

 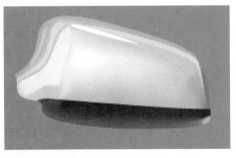

［➡ 图 10-83　　　　　　　　　　　　　［➡ 图 10-84

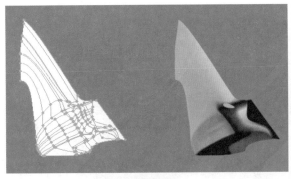 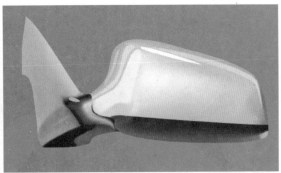

［➡ 图 10-85　　　　　　　　　　　　　［➡ 图 10-86

[➡ 图 10-87

轮胎及其他

01 绘制轮胎的方法和之前绘制摩托车轮胎的方法有异曲同工之处，都是从绘制底色开始，如图 10-88 所示。在底色上添加细节，如图 10-89 所示。将其合并后的效果如图 10-90 所示。使用文字工具和"钢笔工具"绘制更多细节，如图 10-91 所示。将其合并后的效果如图 10-92 所示。

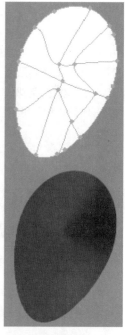

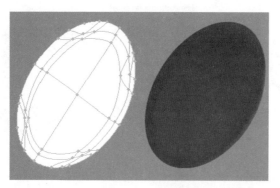

[➡ 图 10-88

[➡ 图 10-89

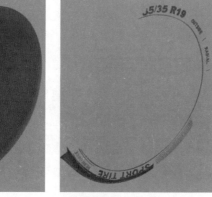

[➡ 图 10-90

[➡ 图 10-91

[➡ 图 10-92

02 绘制轮胎上的金属部分，如图 10-93 所示。将其合并后的效果如图 10-94 所示。使用"钢笔工具"绘制其他部分，如图 10-95 所示。并加入更多细节后的效果如图 10-96 所示。

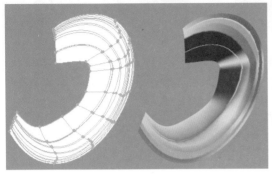
[➡ 图 10-93

[➡ 图 10-94

[➡ 图 10-95

03 使用矩形转为网格的方法绘制多个图形，如图 10-97 所示。将其和轮胎合并后的效果如图 10-98 所示。将绘制好的轮胎和车身组合后的效果如图 10-99 所示。

[➡ 图 10-96

[➡ 图 10-97

[➡ 图 10-98

04 继续绘制后轮胎部分。使用矩形转为网格的方法绘制轮胎整个底色，如图 10-100 所示。并绘制其他部分，如图 10-101 所示。在绘制侧面轮毂部分时，也是将其分组绘制，如图 10-102 所示。为其建立蒙版部分，如图 10-103 所示。建立蒙版后的效果如图 10-104 所示。和刚才轮毂其他部分组合后的效果如图 10-105 所示。和后轮胎组合后的效果如图 10-106 所示。将其置于车身后方的效果如图 10-107 所示。

[➡ 图 10-99

图 10-100

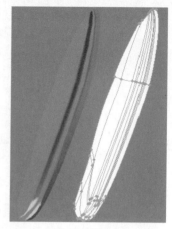

图 10-101

图 10-102

图 10-103

图 10-104

图 10-105

图 10-106

图 10-107

05 绘制完成后的汽车效果如图 10-108 所示。

[⇨ 图 10-108

10.2 解析矢量质感秘诀——变形金刚

10.2.1　设计分析 »

　　变形金刚可以说是工业设计的巅峰之作,而其中零件之间的相互转化也存在着它的合理性。本案例通过介绍变形金刚的绘制流程来阐述如何利用 Adobe Illustrator 进行复杂图形创作的思路。如图 10-109 所示的零部件非常多,大体可分为外部面板(黄色)和内部零件(褐色)两部分,而按照躯干来划分则分为头部、躯干、手臂和腿部几个部分。可以看出颜色细腻的黄色面板部分采用网格来绘制,褐色零件部分则需要通过多个分散的零部件来组合完成。在绘制如此复杂的矢量图形时,细节方面其实没有必要绘制得非常精细,因为零件的数量已经足以震撼观者,需要做的就是具备耐心而已。

[⇨ 图 10-109

10.2.2 技术概述 »

　　本案例中使用到的工具有"矩形工具"、"钢笔工具"、"直线段工具"、"网格工具"、"透明度"面板、"渐变"面板、"路径查找器"面板、"旋转工具"、"颜色"面板、"对齐"面板等。涉及的相关操作有"网格工具"的操作、"钢笔工具"的应用、"路径"菜单命令的运用、"路径查找器"面板的操作、"选择工具"的移动复制、图形的前后顺序、颜色的设置等。

10.2.3 绘制过程 »

绘制头部及躯干

⬇01　从简单的头部饰品开始绘制，如图 10-110 所示。继续绘制单个的部分，如图 10-111 所示。组合后的效果如图 10-112 所示。为其添加更多细节，如图 10-113 所示。将两者结合后的效果如图 10-114 所示。

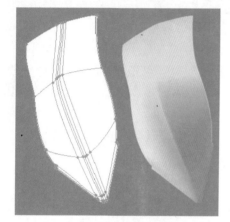

图 10-110

图 10-111

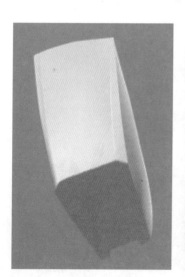

图 10-112

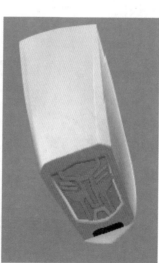

图 10-113

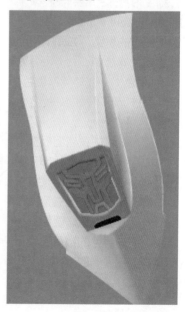

图 10-114

⬇02　绘制头盔的其他部分，如图 10-115 所示。组合后的效果如图 10-116 所示。继续绘制如图 10-117 所示的图形。组合后的效果如图 10-118 所示。继续绘制细节部分，如图 10-119 所示。组合后的效果如图 10-120 所示。

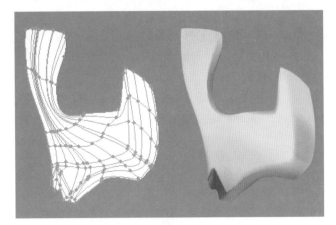

[⇨ 图 10-115

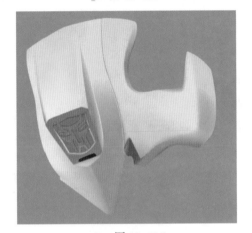

[⇨ 图 10-116

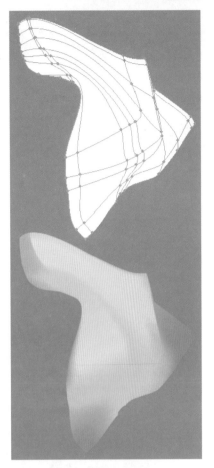

[⇨ 图 10-117

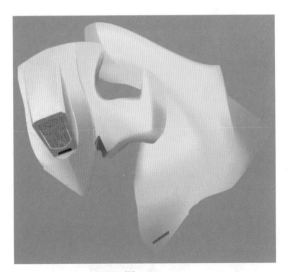

[⇨ 图 10-118

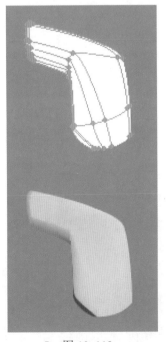

[⇨ 图 10-119

03 零件部分的绘制可以使用混合功能。使用"钢笔工具"绘制图形，并对其执行"对象"/"混合"/"建立"命令，效果如图 10-121 所示。使用同样的方法绘制另一个混合图形，如图 10-122 所示。使用"钢笔工具"绘制细节部分，如图 10-123 所示。并将其组合后的效果如图 10-124 所示。继续使用"钢笔工具"绘制多个图形，并将其组合后的效果如图 10-125 所示。将所有图形组合后的效果如图 10-126 所示。将该零件部分和头盔部分组合后的效果如图 10-127 所示。

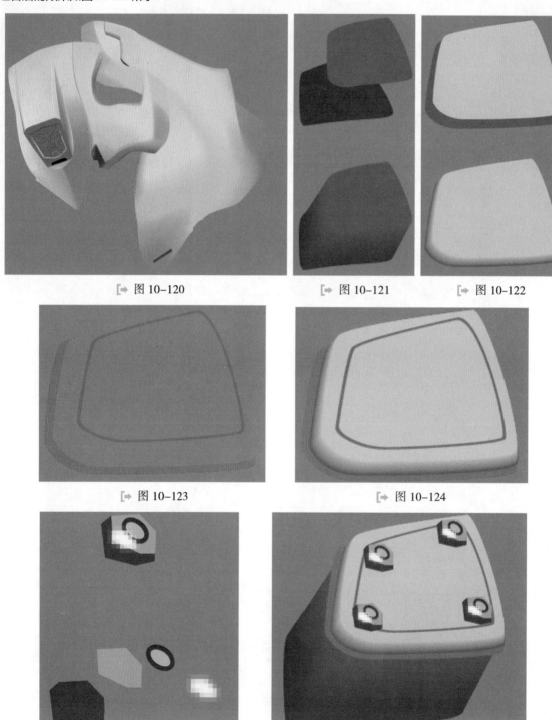

[➡ 图 10-120

[➡ 图 10-121

[➡ 图 10-122

[➡ 图 10-123

[➡ 图 10-124

[➡ 图 10-125

[➡ 图 10-126

04 使用矩形转为网格的方法绘制头盔上其他的零部件，如图 10-128 所示。将其和头盔部分组合后的效果如图 10-129 所示。

05 绘制面部时的分组效果如图 10-130 所示。将其组合后的效果如图 10-131 所示。

06 眼睛的绘制其实很简单，只需使用"多边形工具"绘制即可，如图 10-132 所示。使用"椭圆工具"和"多边形工具"绘制眼睛周围的形状，如图 10-133 所示。并为其添加底色，如图 10-134 所示。使用"混合工具"为其添加眼睛的厚度效果，如图 10-135 所示。将其置于面部中，效果如图 10-136 所示。

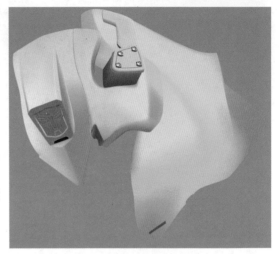

[➡ 图 10-127

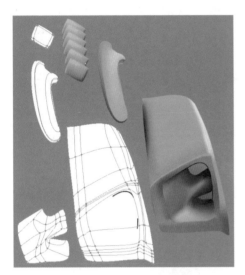

[➡ 图 10-128

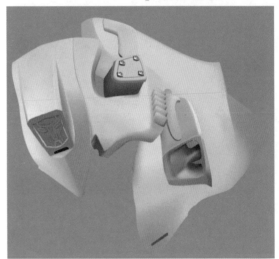

[➡ 图 10-129

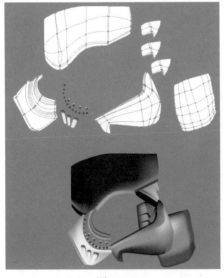

[➡ 图 10-130

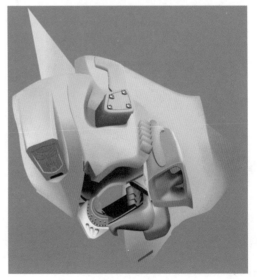

[➡ 图 10-131

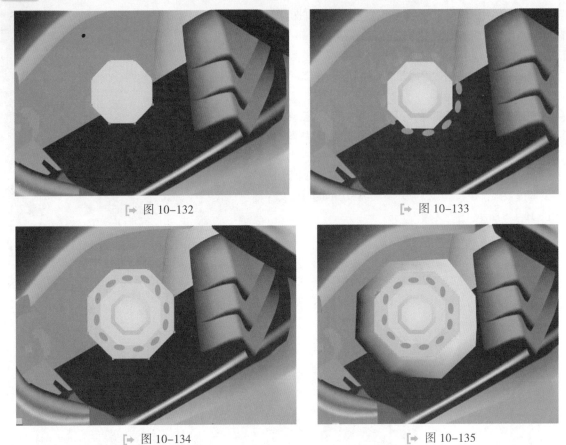

[➡ 图 10-132

[➡ 图 10-133

[➡ 图 10-134

[➡ 图 10-135

07 使用 "钢笔工具" 绘制脸部整体形状，如图 10-137 所示。为其添加零部件，如图 10-138 所示。继续添加更多零部件，如图 10-139 所示。

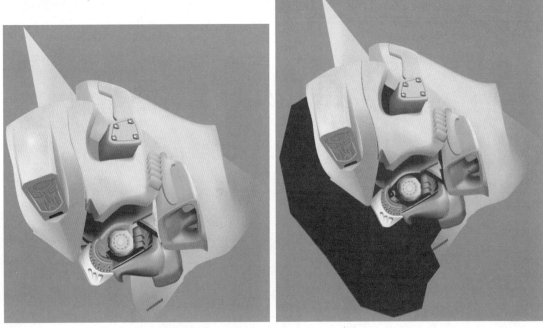

[➡ 图 10-136

[➡ 图 10-137

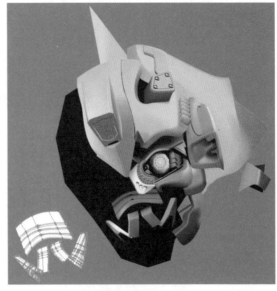

[➡ 图 10-138

[➡ 图 10-139

08 嘴部的形状绘制较为特别，制作锯齿状椭圆时，可以使用"椭圆工具"绘制正圆图形后，再使用"变形工具"中的"晶格化工具"在椭圆图形中心单击即可形成，如图 10-140 所示。将其复制副本并为其填充不同颜色，如图 10-141 所示。为其执行"对象"/"混合"/"建立"命令，将其混合，效果如图 10-142 所示。再复制该锯齿椭圆副本，为其填充渐变效果，并将其置于混合图形前部，效果如图 10-143 所示。再使用"椭圆工具"绘制线条圆并置于前部，如图 10-144 所示。使用"钢笔工具"绘制纹理效果如图 10-145 所示。将其合并后的效果如图 10-146 所示。将两个部分合并后的效果如图 10-147 所示。将嘴部形状和头部形状组合后的效果如图 10-148 所示。绘制另一个面部形体，绘制方法同前面一样，不再逐一赘述。绘制完成后的效果如图 10-149 所示。

[➡ 图 10-140

[➡ 图 10-141

[➡ 图 10-142

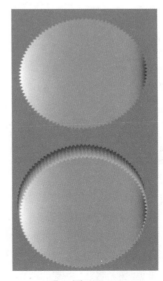

[➡ 图 10-143

[➡ 图 10-144

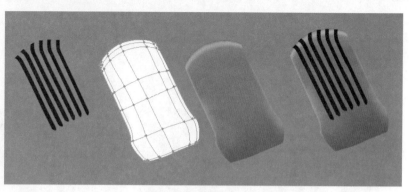

[➡ 图 10-145

[➡ 图 10-146

[➡ 图 10-147

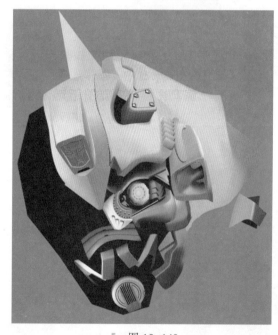

[➡ 图 10-148

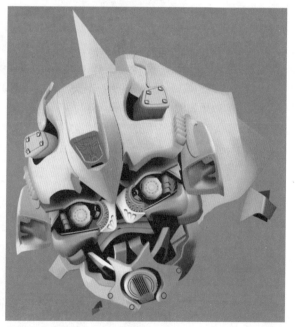

[➡ 图 10-149

09 绘制躯干部分时也同样先从大的形体开始绘制，如图 10-150 所示。再绘制小的形体，如图 10-151 和图 10-152 所示。将两个形体合并后的效果如图 10-153 所示。绘制灯部分时可以先从底图开始，使用"椭圆工具"绘制渐变的椭圆，注意渐变颜色细腻效果，如图 10-154 所示。再使用"钢笔工具"绘制灯上多个纹理效果，都为其填充渐变效果，如图 10-155 所示。将其和灯底色合并后的效果如图 10-156 所示。灯和躯体合并后的效果如图 10-157 所示。为其添加其他部分，效果如图 10-158 所示。

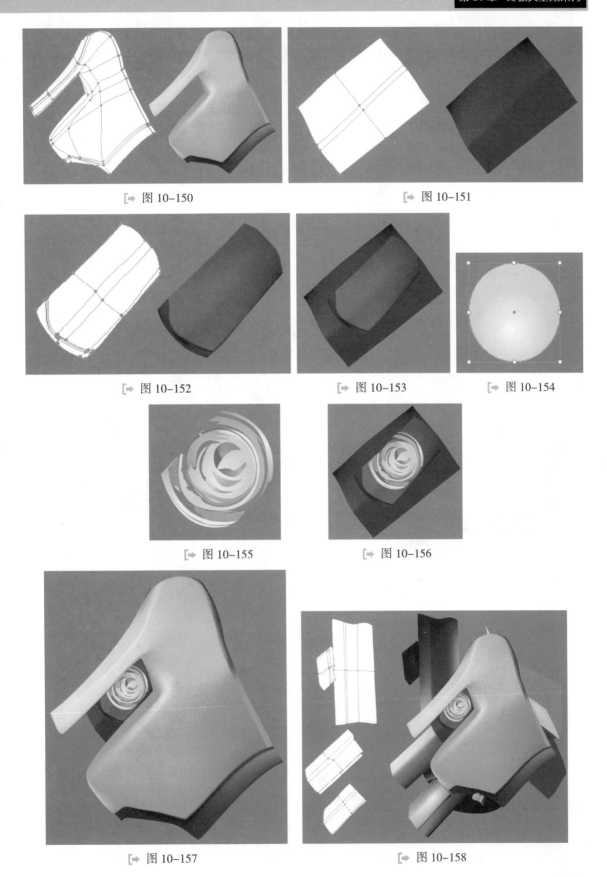

[➡ 图 10-150

[➡ 图 10-151

[➡ 图 10-152

[➡ 图 10-153

[➡ 图 10-154

[➡ 图 10-155

[➡ 图 10-156

[➡ 图 10-157

[➡ 图 10-158

10 剩余的其他部分绘制时同样需要分组绘制，如图 10-159 和图 10-160 所示。将其组合后的效果如图 10-161 所示。和躯体组合后的效果如图 10-162 所示。使用同样的方法绘制另一半躯体，如图 10-163 所示。将其和头部组合后的效果如图 10-164 所示。

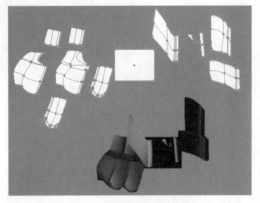

[➡ 图 10-159

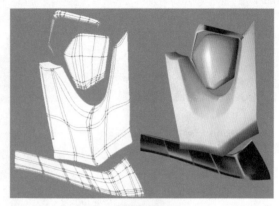

[➡ 图 10-160

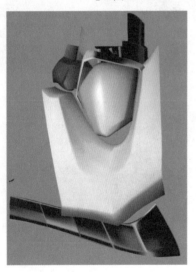

[➡ 图 10-161

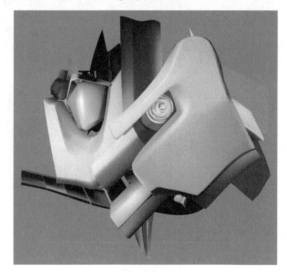

[➡ 图 10-162

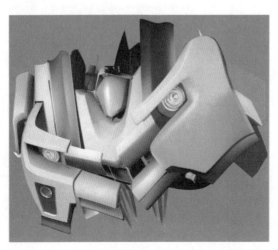

[➡ 图 10-163

[➡ 图 10-164

绘制手臂

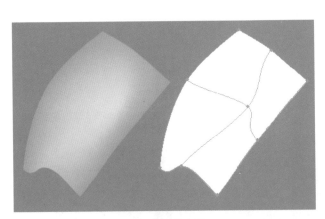

01 手臂的绘制从最底层开始。首先绘制最底层的图形，如图 10-165 所示。继续绘制底图图形，如图 10-166 所示。绘制轮胎局部，如图 10-167 所示。轮胎局部包含底图和纹理部分，如图 10-168 所示。将其结合后的效果如图 10-169 所示。

图 10-165   图 10-166

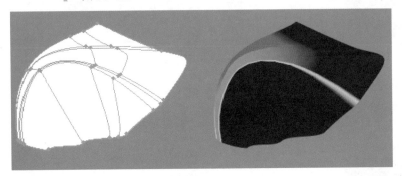

图 10-167

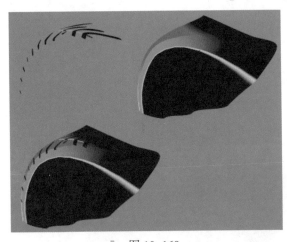
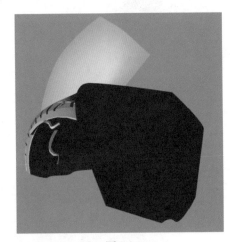

图 10-168   图 10-169

02 继续绘制其他部分，如图 10-170~ 图 10-172 所示。将 3 个图形合并后的效果如图 10-173 所示。使用混合的方法制作零部件，如图 10-174 所示。将其绘制的两个图形同其他部分组合后的效果如图 10-175 所示。继续使用混合的方法制作方形零部件，如图 10-176 所示。制作多个混合图形后同其他部分组合后的效果如图 10-177 所示。将其合并于手臂部分上，效果如图 10-178 所示。

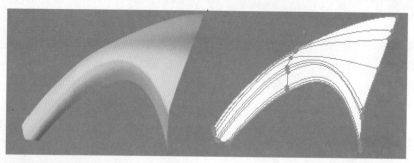

[➡ 图 10-170

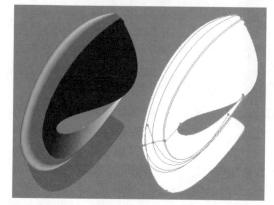

[➡ 图 10-171

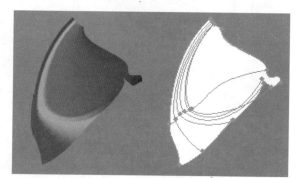

[➡ 图 10-172

[➡ 图 10-173

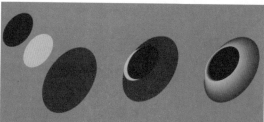

[➡ 图 10-174

[➡ 图 10-175

[➡ 图 10-176

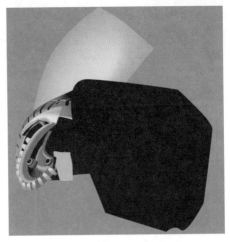

图 10-177

图 10-178

03 使用矩形转为网格的方法制作零部件，如图 10-179 所示。将其同手臂合并后的效果如图 10-180 所示。使用混合方法制作零部件，如图 10-181 所示。将其同手臂合并后的效果如图 10-182 所示。使用矩形转为网格的方法制作其他零部件，如图 10-183 所示。将其同手臂结合后的效果如图 10-184 所示。

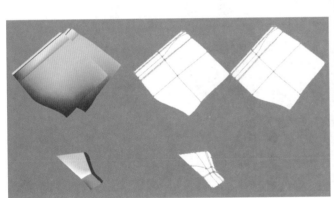

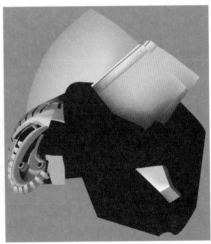

图 10-179

图 10-180

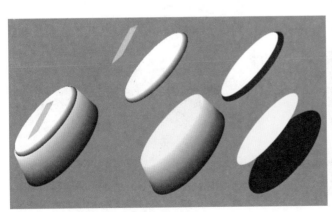

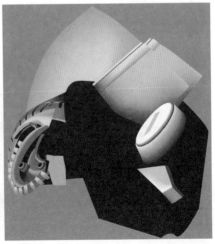

图 10-181

图 10-182

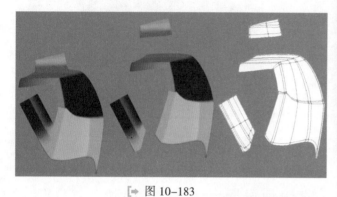

[➡ 图 10-183

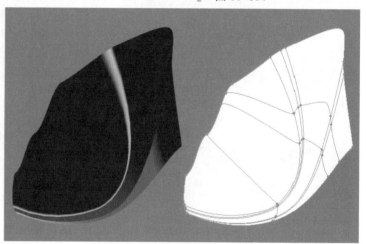

[➡ 图 10-184

04 制作的轮胎局部和之前一样，如图 10-185 所示。为其添加纹理效果如图 10-186 所示。添加椭圆网格，如图 10-187 所示。为其添加各个零部件，如图 10-188 所示。合并后的效果如图 10-189 所示。将其和轮胎局部合并后的效果如图 10-190 所示。继续为其添加更多细节，效果如图 10-191 所示。将其和手臂部分合并后的效果如图 10-192 所示。

[➡ 图 10-185

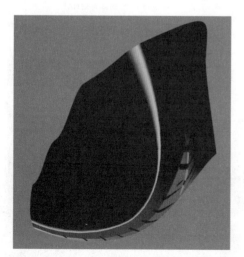

[➡ 图 10-186

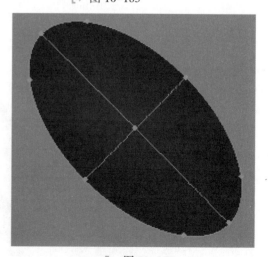

[➡ 图 10-187

[➡ 图 10-188

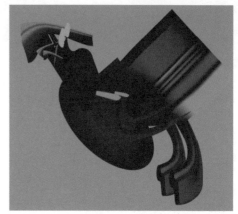

[➡ 图 10-189

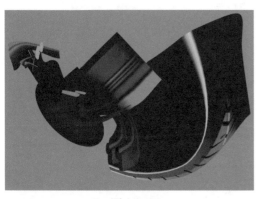

[➡ 图 10-190

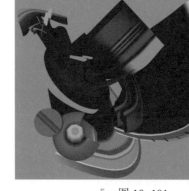

[➡ 图 10-191

05 继续绘制手臂零部件，分解图如图 10-193 所示。将其和手臂合并后的效果如图 10-194 所示。其他零部件分解图如图 10-195 所示。合并后的效果如图 10-196 所示。

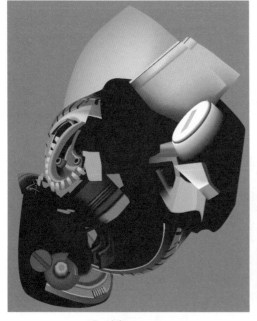

[➡ 图 10-192

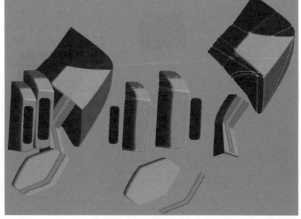

[➡ 图 10-193

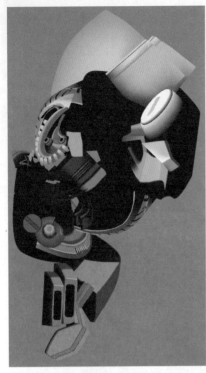

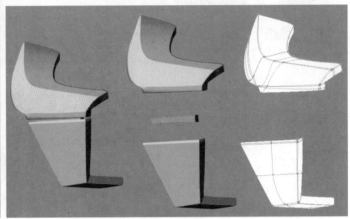

[➡ 图 10-194

[➡ 图 10-195

06 绘制最前方的黄色面板，分解图如图 10-197~ 图 10-199 所示。合并后的效果如图 10-200 所示。

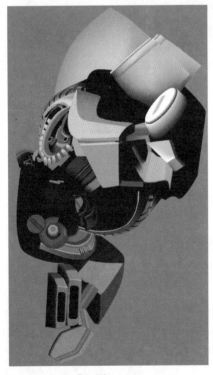

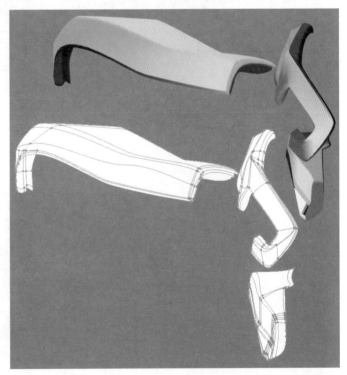

[➡ 图 10-196

[➡ 图 10-197

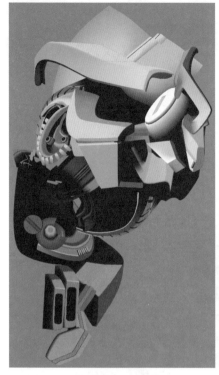

图 10–198

图 10–199

07 绘制手臂最大的部分，如图 10-201 所示。绘制前方齿轮部分，如图 10-202 所示。使用"椭圆工具"为其添加黑色小孔，如图 10-203 所示。绘制零件部分如图 10-204 和图 10-205 所示。将其和之前齿轮合并后的效果如图 10-206 所示。使用混合方法创建齿轮上部，如图 10-207 所示。将其和齿轮底部合并后的效果如图 10-208所示。将绘制完成的齿轮同之前的部分组合后的效果如图 10-209 所示。将其和手臂部分组合后的效果如图 10-210 所示。

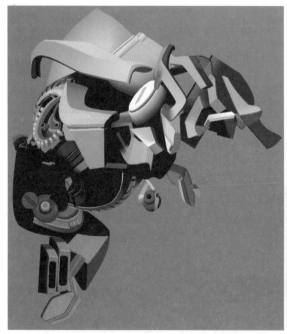

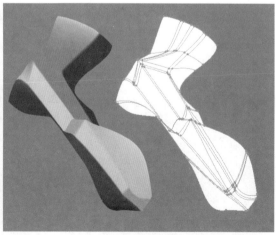

图 10–209

图 10–201

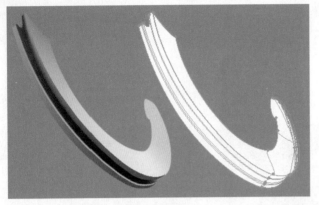

[→ 图 10-202

[→ 图 10-203

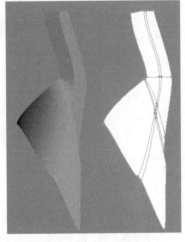

[→ 图 10-204

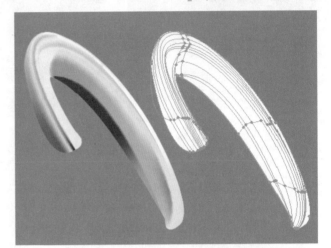

[→ 图 10-205

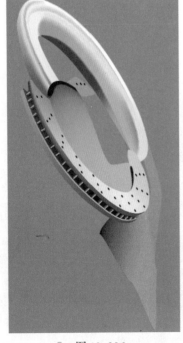

[→ 图 10-206

[→ 图 10-207

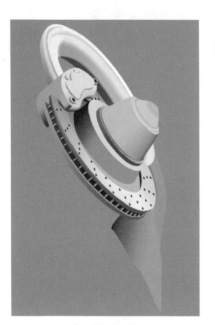

[➡ 图 10–208

[➡ 图 10–209

08 绘制手指部分，注意要单独分开绘制，如图 10-211 所示。将其置于手臂前部，如图 10-212 所示。继续绘制手指上的各个细节，如图 10-213 所示。将其置于手臂前部，如图 10-214 所示。至此，变形金刚左手部分绘制完成。使用同样的分组方法绘制右手，效果如图 10-215 所示。将其和躯干部分结合后的效果如图 10-216所示。

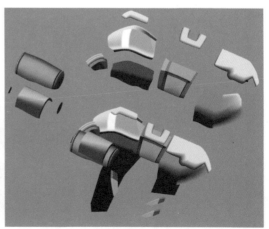

[➡ 图 10–210

[➡ 图 10-211

[➡ 图 10-212

[➡ 图 10-213

[➡ 图 10-214

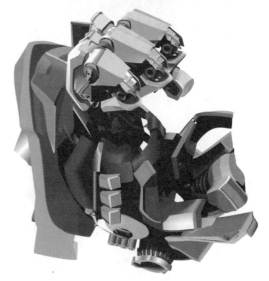

[➡ 图 10-215

[➡ 图 10-216

09　使用同样的分组方法将腰部分组绘制，如图 10-217 所示。将其和躯干部分结合后的效果如图 10-218 所示。绘制腿部方法同前面介绍的方法一致，此处不再逐一赘述。绘制腿部后，变形金刚的整体效果如图 10-219 所示。

[➡ 图 10-217

[➡ 图 10-218

图 10-219